Einladung zum Karriere-Netzwerk squeaker.net

Ihr Vorteil als Käufer dieses Buches

Als Käufer dieses Buches laden wir Sie ein, Mitglied im Online-Karrierenetzwerk squeaker.net zu werden. Auf der Website finden Sie zusätzliches Insider-Wissen zum Buch. Dazu gehören Interviewfragen aus dem Bewerbungsverfahren in der Konsumgüter-Branche, Trainingsaufgaben für das Assessment Center, Erfahrungsberichte über Unternehmen und Gehälter sowie Termine und Fristen für aktuelle Karriere-Events.

Ihr Zugangscode zu www.squeaker.net: **IDMV2013**

Eingeben unter: squeaker.net/einladung

 Den Weg zu Ihrem persönlichen E-Book finden Sie am Ende des Buches.

**Das Insider-Dossier:
Marketing und Vertrieb
Bewerbung und Karriere in der Konsumgüterindustrie**

Mit Trainingsaufgaben für das Assessment Center

2013 (3., vollständig überarbeitete Auflage)

Das Insider-Dossier:
Marketing und Vertrieb
Bewerbung und Karriere in der Konsumgüterindustrie
Mit Trainingsaufgaben für das Assessment Center

2013 (3., vollständig überarbeitete Auflage)

Copyright © 2013 squeaker.net GmbH

www.squeaker.net
kontakt@squeaker.net

Verlag	squeaker.net GmbH
Herausgeber	Stefan Menden, Jonas Seyfferth
Autoren	Prof. Dr. Jan-Philipp Büchler (1. Auflage), Prof. Dr. Jan-Philipp Büchler/Anna Czerny (Überarbeitung 2. und 3. Auflage)
Projektleitung	Jennifer Wroblewsky
Buchsatz	Andreas Gräber, MoonWorks media, Miesbach
Umschlaggestaltung	Ingo Solbach, i-deesign.de, Köln
Druck und Bindung	DCM Druck Center Meckenheim GmbH
Bestellung	Über den Fachbuchhandel oder versandkostenfrei unter squeaker.net.
ISBN	978-3-940345-30-1

Disclaimer
Trotz sorgfältiger Recherchen können Verlag, Herausgeber und Autoren für die Richtigkeit der Angaben keine Gewähr übernehmen. Anregungen, Lob oder Kritik für die nächste Auflage bitte an kontakt@squeaker.net.

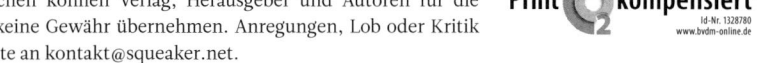

Bitte nicht kopieren oder verbreiten.
Das Buch einschließlich aller seiner Teile ist urheberrechtlich geschützt. Alle Rechte, insbesondere das Recht auf Vervielfältigung, Verbreitung sowie Übersetzung, bleiben dem Verlag vorbehalten. Kein Teil des Werks darf in irgendeiner Form ohne schriftliche Genehmigung des Verlages gespeichert, kopiert, übersetzt oder verbreitet werden. Kaufen Sie sich Ihr eigenes Exemplar! Nur so können wir dieses Projekt qualitativ weiterentwickeln.

Inhalt

Einleitung	**8**
Kapitel A: Einführung in die Konsumgüterindustrie	**9**
I. Marktsegmente und Top-Player	12
1. Nahrungsmittel & Getränke	12
2. Home & Personal Care	13
3. Sportartikel	15
4. Consumer Electronics	17
II. Herausforderungen und Trends	19
III. Beliebteste Arbeitgeber der Konsumgüterindustrie	22
Kapitel B: Karriere in der Konsumgüterindustrie	**23**
I. Berufsprofile in der Konsumgüterindustrie	23
1. Marketing Management	23
2. Sales Management	27
3. Weitere Funktionsbereiche	29
II. Anforderungen an Bewerber	33
III. Bachelor oder Master?	37
IV. Direkteinstieg oder Traineeprogramm?	38
V. Karriereoptionen	40
VI. Gehalt und Gehaltsbestandteile	42
Kapitel C: Bewerbung in der Konsumgüterindustrie	**45**
I. Vorbereitung	45
1. Stärken und Schwächen – lernen Sie sich kennen!	45
2. Welches Konsumgüterunternehmen ist das richtige für Sie?	48
3. Ihr Profil in der Social Media-Welt	51
II. Bewerbung in der Konsumgüterindustrie	52
1. Das Anschreiben	53
2. Der Lebenslauf	57
3. Die Anlagen	59
4. Der Bewerbungsweg	60
5. Die Initiativbewerbung	62

Kapitel D: Auswahlverfahren in der Konsumgüterindustrie   **65**

  I. Einstellungstests in der Konsumgüterindustrie   65
    1. Persönlichkeitstests   66
    2. Intelligenztests   75
    3. Kreativtests   107
  II. Assessment Center   111
  III. Gesprächsformate   139
    1. Telefoninterview   139
    2. Vorstellungsgespräch   144
    3. Weitere Tipps für die Gespräche   164

Kapitel E: Insider-Erfahrungsberichte aus der Konsumgüterindustrie   **171**

  Beiersdorf: Einstieg als Trainee   172
  GlaxoSmithKline: Bewerbungsprozess für ein Praktikum   173
  Henkel: Bewerbungsprozess für eine Einstiegsposition   174
  L'Oréal: Direkteinstieg als Produktmanager   175
  Peek & Cloppenburg: Bewerbung als Trainee   177
  Procter & Gamble: Bewerbungsprozess für ein Praktikum   178
  Unilever: Einstieg als Praktikant/Trainee   179
  Die ersten 100 Tage in der Konsumgüterindustrie   181

Kapitel F: Unternehmensprofile ausgewählter Konsumgüterunternehmen   **187**

  Douwe Egberts Retail Germany   188
  Henkel   192
  L'Oréal   196
  Pernod Ricard Deutschland   199

Appendix: Lösungen zu den Testaufgaben   **205**
Leseempfehlungen   **210**
Über die Autoren und squeaker.net   **212**

Einleitung

QR-Code

Die wichtigsten Internetlinks haben wir in Form eines QR-Codes dargestellt. Diesen können Sie mit Ihrem Handy abscannen und so bequem die entsprechende Webseite mobil ansteuern (Ihr Handy benötigt eine QR-/2D-Scanner-Applikation und Internetzugang). Folgender QR-Code führt Sie beispielsweise direkt zu squeaker.net/einladung.

Sie halten das squeaker.net-Insider-Dossier Marketing und Vertrieb »Bewerbung und Karriere in der Konsumgüterindustrie« in Händen. Wir bieten Ihnen mit diesem Insider-Dossier praktische Empfehlungen für den gesamten Bewerbungsprozess in der Konsumgüterindustrie und im Detail für die Top-Player dieser Industrie mit konkreten Insider-Informationen. Dazu zählen unter anderem Ausführungen zu Testverfahren und Beispielaufgaben aus Assessment Centerübungen sowie simulierte Interviews und Fallfragen für Fachinterviews.

Darüber hinaus verschaffen wir Ihnen einen Einblick in die Branche, der Ihnen in Kombination mit den Unternehmensprofilen der Top-Unternehmen Orientierung bei Ihrer Bewerbung geben soll. So werden verschiedene Marktsegmente, Unternehmen und Funktionsbereiche vorgestellt und entsprechende Anforderungsprofile besprochen. Sie lesen weiterhin über die aktuellen Herausforderungen und Trends in der Branche. All diese Informationen werden Ihnen dabei helfen, sich gezielt vorzubereiten und einen erfolgreichen Bewerbungsprozess zu durchlaufen.

Wir wünschen Ihnen viel Spaß beim Lesen und Durcharbeiten dieses Insider-Dossiers und vor allem viel Erfolg bei Ihrer Bewerbung!

Prof. Dr. Jan-Philipp Büchler, Anna Czerny
und die squeaker.net-Redaktion

Feedback

Unterstützen Sie dieses Buchprojekt
Um das Buch kontinuierlich weiterentwickeln zu können, sind wir auf Ihre Mithilfe angewiesen. Bitte schicken Sie uns Ihr Feedback oder Verbesserungsvorschläge über unser Feedback-Formular unter squeaker.net/buchfeedback.

Kapitel A: Einführung in die Konsumgüterindustrie

Apple, Coca-Cola, Nike, L'Oréal Paris, Milka, Persil, Nivea, Gilette, Knorr, ... Diese Aufzählung könnte noch lange weiter geführt werden, unsere Welt ist voller Marken. Eine Vielzahl von Markenprodukten begegnet uns Tag um Tag in unserem Alltag: in unserer Wohnung, im Supermarkt beim Einkaufen und natürlich auch in der Werbung. In der Radiowerbung am Morgen, in der Zeitungsanzeige, als Banner im Internet, als »friend« auf facebook, im TV-Spot am Abend.

Starke Marken sind fest in den Köpfen der Konsumenten verankert und erfüllen verschiedene Funktionen. Sie stehen für gleichbleibende Qualität und erleichtern dem Konsumenten damit seine Kaufentscheidung, da auf Bekanntes zurück gegriffen werden kann. Die Funktionen von Marken reichen allerdings weit über die Produkteigenschaften hinaus. So werden auch Erinnerungen und Emotionen an Marken geknüpft. Ein iPod ist nicht einfach nur ein MP3-Player, sondern auch ein Stück Lifestyle. Sein Besitzer demonstriert einen gewissen Geschmack, eine gewisse Zugehörigkeit. Konsumenten sind bereit, für ein Markenprodukt mehr Geld auszugeben als für ein generisches Produkt.

Der Aufbau einer starken Marke bedeutet für Markenhersteller zunächst einmal eine hohe Investition in Werbung und verkaufsfördernde Maßnahmen. Diese Investitionen können sich lohnen. Eine starke Marke ermöglicht z. B. eine größere Effizienz von Marketingmaßnahmen sowie eine bessere Verhandlungsposition gegenüber Kunden. Somit können starke Marken überdurchschnittliche Gewinnmargen realisieren.

Von einer Marke geht also nicht nur eine emotionale Faszination aus, sondern sie hat auch eine finanzwirtschaftliche Bedeutung. Besonders für die Hersteller von Konsumgütern ist der Aufbau einer starken Marke essenziell für den Geschäftserfolg. Die Konsumgüterindustrie ist nicht ohne Grund stark Marketing getrieben. Kaum eine andere Branche investiert so viel Geld in Marketing und Werbung und lebt so sehr von Emotionen. Kein Wunder, dass Konsumgüterhersteller so begehrte Arbeitgeber sind unter Absolventen, die einen Einstieg im Marketing oder Vertrieb anstreben.

Exkurs: Markennamen und ihre Geschichte

Haben Sie sich eigentlich schon einmal gefragt, wie Markennamen entstehen? Bekannte Markennamen sind in unseren Sprachgebrauch eingegangen – doch wer weiß wirklich, wie die Marken zu ihren Namen kamen? squeaker.net hat einige bekannte Markennamen und ihre Ursprünge für Sie zusammen getragen.

Markenname	Markennamen-Ursprung
Adidas	Der Firmengründer hieß Adolf – kurz **Adi** – **Das**sler.
Hanuta	Hanuta ist die Kurzform von **Ha**sel**nuss**ta**fel.
Haribo	**Ha**ns **Ri**egel aus **Bo**nn war der Erfinder der Goldbären.
IKEA	Die Anfangsbuchstaben des Gründers **I**ngvar **K**amprad, dem elterlichen Bauernhof **E**lmtaryd und dem Ort **A**gunnaryd.
Labello	Eine Zusammensetzung aus den lateinischen Worten »labium« (= Lippe) und »bellus« (= schön).
Lego	Das dänische »**Le**g **go**dt« bedeutet »Spiel gut«.
Microsoft	Bill Gates und Paul Allen wollten Software für kleine Computer entwickeln. Aus dem zu langen Namen Microcomputer-Software wurde dann Microsoft.
Milka	**Mil**ch und **Ka**kao sind die beiden Hauptbestandteile von Schokolade.
Nivea	Der Name Nivea ist abgeleitet vom lateinischen Wort »nix« bzw. »nivis«, das Schnee heißt. Die Nivea-Creme war die Schneeweiße.
Nutella	Das englische »nut« wurde mit der italienischen, weiblichen Verkleinerungsform »ella« kombiniert.
o.b.	Der Markenname o. b. ist eine Abkürzung für »**o**hne **B**inde«.
Persil	Zusammensetzung von zwei ursprünglichen Hauptbestandteilen **Per**borat (ein Bleichmittel) und **Sil**ikat (ein Schmutzlöser).
Vileda	Um die naturgleiche Qualität der Putztücher zu unterstreichen kam man über »wie Leder« zu »Vileda«.

Für die Konsumgüterindustrie wird oft auch die Bezeichnung FMCG verwendet, die Abkürzung des englischen »fast moving consumer goods«. Und um genau diese geht es hier: schnell drehende Konsumgüter. Konsumgüterhersteller produzieren Waren des täglichen, privaten Bedarfs. Diese umfassen Lebensmittel wie Brot und Butter, Kosmetikprodukte wie Duschgel, Cremes und Make-up oder Haushaltsprodukte wie Küchenpapier und Waschmittel.

Die klassischen Konsumgüter werden im Fachjargon auch »Schnelldreher« genannt und bringen damit genau eine ihrer Eigenschaften auf den Punkt. Konsumgüter zeichnen sich durch eine hohe Warenrotation aus, d.h. dass das Produkt nur kurz im Ladenregal verweilt. Dies ergibt sich aus einer hohen Wiederkaufrate der Konsumenten. Und tatsächlich lassen sich Konsumgüter nach den Kaufgewohnheiten der Konsumenten klassifizieren. So unterscheidet man zwischen Verbrauchsprodukten (convenience goods) und Gebrauchsprodukten (shopping goods und specialty goods).

Verbrauchsprodukte zeichnen sich durch eine hohe Wiederkaufrate aus, sind meistens niedrigpreisig und benötigen keine lange Vorbereitung der Kaufentscheidung. Diese Produkte werden von den Herstellern durch eine Massenmarktstrategie vertrieben und sind an vielen Verkaufspunkten erhältlich, wie z. B. im Lebensmitteleinzelhandel oder in Drogerien. In die Klasse der Verbrauchsprodukte fallen Produkte wie Butter, Milch, Käse, Süßigkeiten und Getränke oder Toilettenpapier, Taschentücher und Kosmetikprodukte.

Gebrauchsprodukte werden nicht »ver-braucht«, sondern gebraucht und erst nach ihrer Abnutzung wieder neu angeschafft. Daher haben sie eine wesentlich niedrigere Wiederkaufrate und sind höherpreisig als Waren des täglichen Bedarfs. Der Kauf dieser Produkte wird länger geplant, die Kaufentscheidung ist komplexer, Qualität und Preise müssen verglichen werden. Zu den Gebrauchsprodukten zählen z. B. Bekleidung und Parfüm (shopping goods) oder Luxusartikel wie sehr seltene und teure Uhren (specialty goods). Der Vertrieb dieser Produkte ist exklusiver. Auch Unterhaltungselektronik (Consumer Electronics) kann zu diesen Gütern gezählt werden.

Das folgende Kapitel bietet Ihnen einen Überblick über die Konsumgüterindustrie und erläutert die Marktsegmente dieser Branche. Es stellt ihre Besonderheiten und Herausforderungen dar und präsentiert die beliebtesten Arbeitgeber. Sie erlangen Branchenwissen, mit dem Sie im Bewerbungsgespräch punkten können.

I. Marktsegmente und Top-Player

Die Konsumgüterindustrie ist breit gefächert und verzweigt. Am einfachsten lässt sie sich anhand der verschiedenen Produktbereiche segmentieren. So können wir unterscheiden in die Bereiche Nahrungsmittel & Getränke, Home & Personal Care, Sportartikel sowie Consumer Electronics. Auf den folgenden Seiten möchten wir Ihnen diese Marktsegmente der Konsumgüterindustrie vorstellen. Außerdem finden Sie ein Ranking der größten Konsumgüterhersteller.

1. Nahrungsmittel & Getränke

Das Warenangebot im Bereich Nahrungsmittel & Getränke ist vielfältig: Wasser, Soft Drinks, Bier, Kaffee, Molkereiprodukte (MoPro), Speiseeis, Suppen, Tiefkühlprodukte, Süßwaren etc. Das Angebot ist schier unendlich und jährlich kommt eine Vielzahl von neuen Produkten auf den Markt, von denen ein hoher Prozentsatz allerdings floppt und nach kurzer Zeit wieder aus dem Handel genommen wird. 8 von 10 Produkten, die neu eingeführt werden, können sich beim Konsumenten nicht durchsetzen. Innovationen sind dennoch wichtig, damit die Hersteller den Konsumenten immer wieder neue Kaufanreize bieten können. Seit mehreren Jahren gibt es bereits den Trend von Light-Produkten. In den letzten Jahren ist der neue Trend des Functional Food zu beobachten. Dies sind Lebensmittel, die einen besonderen Zusatznutzen für die Gesundheit bieten. Und immer wieder entstehen neue Trends. Derzeit ist »Bio« im wahrsten Sinne des Wortes in aller Munde.

Nicht nur Marktführer im Segment Nahrungsmittel, sondern auch der größte FMCG-Hersteller der Welt ist der Schweizer Nahrungsmittel-Konzern Nestlé. Ebenfalls ein sehr breites Spektrum an Nahrungsmitteln bieten die Firmen Unilever, Kraft Foods und Danone, wobei Unilever auch Produkte im Bereich Home & Personal Care im Marken-Sortiment führt. Die Unternehmen Ferrero und Mars/Wrigley haben ihren Schwerpunkt im Bereich Süßwaren. Bis 2012 noch ein Teil von Sara Lee, agiert Douwe Egbert nun eigenständig mit seinem Kaffee- und Tee-Sortiment.

Zum Segment Nahrungsmittel & Getränke zählt man weiterhin die Hersteller von Getränken wie Soft Drinks, Bier und Spirituosen. PepsiCo und Coca-Cola sind die beiden Top-Player im Bereich von Soft Drinks. Coca-Cola rankt seit Jahren unter den Top 10 der Unternehmen mit dem größten Markenwert. Anheuser-Busch InBev und Heineken sind die weltweit größten Bierbrauereien und weisen ebenfalls einen beachtlichen Jahresumsatz auf. Zur Oetker-Gruppe, die hauptsächlich bekannt ist für ihre Marke Dr. Oetker, gehört die Radeberger Gruppe, die Marktführer im deutschen Biermarkt ist. Zwei konkurrierende

Spirituosen-Hersteller sind Pernod Ricard und Bacardi. Pernod Ricard vertreibt neben Spirituosen auch einige Weine und Champagner.

2. Home & Personal Care

In das Marktsegment Home & Personal Care gehören Wasch- und Reinigungsmittel für den privaten Haushalt und Kosmetikprodukte angefangen bei Gesichts- und Körperpflege, Haarpflege und -stylingprodukte über dekorative Kosmetik bis hin zu Parfums. Gerade das Marktsegment Personal Care ist eine große Marketingspielwiese. Schönheit ist ein sehr emotionales »Geschäft« und für ihre Schönheit und Jugendlichkeit sind die Konsumenten bereit, viel Geld auszugeben.

Der größte Hersteller im Bereich Home & Personal Care und gleichzeitig zweitgrößtes FMCG-Unternehmen weltweit ist Procter & Gamble (P&G). P&G ist Hersteller von Produkten sowohl im Bereich Haushaltspflege als auch Kosmetik- und Körperpflege. Im Gegensatz dazu ist Unilever zusätzlich im Marktsegment Nahrungsmittel aktiv und zweitgrößter Wettbewerber im Markt für Home & Personal Care in Deutschland. Die deutschen Unternehmen Henkel und Beiersdorf steuern ebenfalls jeweils ein Markenportfolio, das die vorgenannten Markt-Produkt-Segmente abdeckt. Die meisten verbleibenden Wettbewerber haben ihr Produktangebot allerdings stärker fokussiert. So vertreibt L'Oréal ausschließlich Kosmetikmarken, jedoch in verschiedenen Vertriebskanälen, und ist damit Weltmarktführer im Bereich Kosmetik. Johnson & Johnson hat ebenfalls einen Fokus auf den Bereich Kosmetik und Gesundheit und Reckitt-Benckiser ist der größte Hersteller von Haushaltsreinigern.

Abgrenzung des relevanten Marktes

Alle Unternehmen segmentieren den Markt zum Zweck einer spezifischen und zielgruppenorientierten Marktbearbeitung. In diesem Zusammenhang wird der relevante Markt abgegrenzt, d. h. diejenigen Produktsegmente, Vertriebskanäle, Regionen und Kundengruppen definiert, die mit einem bestimmten Leistungs- bzw. Produktangebot angesprochen werden sollen. In dem relevanten Markt befinden sich dann auch die relevanten Wettbewerber eines Unternehmens. In Abhängigkeit von den Segmentierungskriterien sieht der relevante Markt für Kosmetikprodukte aus der Perspektive von L'Oréal vollkommen anders aus als aus der Perspektive von Beiersdorf. Seien Sie daher vorsichtig und aufmerksam, wenn ein Unternehmen vom relevanten Markt spricht und fragen Sie gezielt nach den Kriterien der Marktabgrenzung.

Die folgende Tabelle bietet Ihnen einen Überblick über die größten Unternehmen in der Konsumgüterindustrie weltweit. Die Unternehmen sind nach ihrem Jahresumsatz im Lebensmitteleinzelhandel gerankt. Damit Sie schneller erkennen, welche Marken alle zu einem Konzern gehören, haben wir auch die bekanntesten Marken des jeweiligen Unternehmens für Sie aufgeführt.

Überblick: Konsumgüter-Unternehmen nach Umsatz

Unternehmen (Sitz Headquarter) und bekannte Marken	**Umsatz 2011** in Mio. USD	**Anzahl Mitarbeiter**
Nestlé (CH) Alete, KitKat, Lion, Maggi, Nescafé, Nespresso, Smarties, Thomy, Vittel, …	106.935	328.000
P&G (US) Ariel, Boss, Gillette, Head & Shoulders, Oil of Olaz, Oral-B, Pampers, Wella, …	82.559	126.000
PepsiCo (US) 7up, Gatorade, Lay's, Lipton, Mirinda, Pepsi, …	66.504	285.000
Unilever (UK/NL) AXE, Dove, Du darfst, Knorr, Lätta, Langnese, Magnum, Mondamin, Pfanni, Sunil, Viss, …	64.710	171.000
Kraft Foods (US) Jacobs Kaffee, Kaffee HAG, Milka, Miracel Whip, Philadelphia, Suchard, Toblerone, …	54.365	126.000
Coca-Cola (US) Bonaqua, Coca-Cola, Fanta, Lift, MezzoMix, Powerade, Sprite, …	46.542	140.000
Anheuser-Busch InBev (BE) Beck's, Budweiser, Diebels, Franziskaner, Löwenbräu, Stella Artois, …	39.046	116.000
Mars/Wrigley (US) Airwaves, Mars, m&m's, Pedigree, Snickers, Twix, Uncle Ben's, Whiskas, Wrigley's, …	30.000	70.000
L'Oréal (FR) Biotherm, Body Shop, Diesel, Garnier, Giorgio Armani, L'Oréal Paris, Lancôme, Vichy, …	28.330	69.000
Danone (FR) Actimel, Activia, Danone, Dany Sahne, Evian, Milupa, Obstgarten, Volvic, …	26.902	102.000
Heineken (NL) Desperados, Gösser, Karlsberg, Heineken, Paulaner, UrPils, …	23.845	70.000

Colgate-Palmolive (US) Ajax, Colgate, Palmolive, Softlan, …	16.734	30.000
Johnson & Johnson (US) bebe, Compeed, Neutrogena, o.b., Penaten, PizBuin, RoC, …	14.883	129.000
Reckitt-Benckiser (US) Calgon, Clearasil, Kukident, Sagrotan, Vanish, Veet, …	13.993	38.000
Henkel (DE) Fa, Pattex, Persil, Perwoll, Pril, Pritt, Schauma, Schwarzkopf, Spee, …	10.727	47.000

Quellen: Lebensmittelzeitung Ranking online, unter:
http://www.lebensmittelzeitung.net/business/daten-fakten/rankings/
Top-50-Lieferanten-Welt-2012_322.html#rankingTable (Umsatzzahlen),
Unternehmenswebsites (Mitarbeiterzahlen), letzter Abruf am 20.02.2013

3. Sportartikel

Sportartikel gehören nicht zu den schnelldrehenden convenience goods, sondern sind mit ihrem Produktportfolio von Sportbekleidung, -schuhen und -accessoires den shopping goods zuzurechnen. Die Sportartikelindustrie ist ebenfalls sehr Marketing getrieben, denn auch im Sport geht es um Emotionen: Leistung, Wettkampf, Idole und »Yes, I can.« sind nur einige Schlagworte, die an sich schon emotionsgeladen sind und gut im Marketing verwendet werden können.

Durch ihr Produktportfolio mit einem Schwerpunkt bei Textilien sehen sich Sportartikelhersteller mit lohnintensiven Produktionsstrukturen (Nähen, Sticken) konfrontiert. Großteile der Produktion wurden daher bereits frühzeitig nach Asien verlagert, um unter dem immensen Wettbewerbsdruck effizient produzieren zu können. Darüber hinaus ist es in diesem modenahen Segment entscheidend, bezüglich Designs und Materialien nicht nur up-to-date zu sein, sondern Trends zu generieren. Eine hohe Innovationsrate ist auch hier ein ausschlaggebender Erfolgsfaktor.

Die drei Top-Player der Sportartikelindustrie sind Nike, Adidas und Puma. Nike ist der größte Sportartikelhersteller der Welt, schaut aber auf eine recht junge Historie: Das US-amerikanische Unternehmen mit Sitz in Oregon wurde 1971 gegründet. Nach der griechischen Siegesgöttin Nike benannt, profitierte das Unternehmen in den 80er Jahren von einem Sieger unter den Basketballern: Mit Michael Jordan und der Einführung der luftgepolsterten Basketballschuhe (Nike Air) wuchs Nike zum Weltkonzern mit rund 38.000 Mitarbeitern. Während das Unternehmen sich lange Zeit auf klassische Sportarten fokussierte, setzt es jetzt – unter der Subbrand Nike 6.0 – auch auf Trendsportarten wie Skateboarding, Snowboarding und Surfen. Das Logo, der Nike-»Swoosh«, ist eines der bekanntesten Markenzeichen der Welt. Anfangs war es noch mit dem Schriftzug Nike versehen, heute steht es auf Grund seiner hohen Bekanntheit für sich allein.

Überblick: Sportartikel-Unternehmen nach Umsatz

Unternehmen (Sitz Headquarter)	Umsatz 2011 in Mio. USD	Anzahl Mitarbeiter
Nike (US)	24.128	38.000
Adidas (DE)	17.279	47.000
Puma (DE)	3.896	11.000

Quelle: www.hoovers.com, letzter Abruf am 20.02.2013

Die zwei größten Konkurrenten des US-amerikanischen Marktführers sind zwei deutsche Unternehmen: Adidas und Puma. Die Adidas AG, ursprünglich benannt nach ihrem Gründer Adolf Dassler, ist der zweitgrößte Sportartikelhersteller der Welt. Die Marke Adidas wurde mit dem Sieg der deutschen Mannschaft bei der Fußballweltmeisterschaft 1954 in Bern weltweit bekannt. Adidas hat sein Stammportfolio – Sportschuhe und -bekleidung für sämtliche Sportarten – durch internationale Zukäufe erweitert, wie beispielsweise durch die 1997 akquirierte Salomon Gruppe und den Kauf von Reebok in 2005. Von Herzogenaurach aus werden die strategischen Geschäftseinheiten Running, Fußball und Tennis geführt. Die weiteren SGEs Basketball, Adventure, Golf und Alternative Sports werden von den USA aus gesteuert.

Die Puma AG wurde 1948 von Rudolf Dassler nach Meinungsverschiedenheiten mit seinem Bruder Adolf, der von da an Adidas allein weiterführte, als »Puma Schuhfabrik Rudolf Dassler« gegründet. Die Gesellschaft produziert heute in über 30 Ländern und hat rund 11.000 Mitarbeiter. Auch ihr Produktportfolio konzentriert sich auf drei Geschäftsfelder: Sportschuhe, Sporttextilien und Sportaccessoires.

4. Consumer Electronics

Das Marktsegment Consumer Electronics wird klassischerweise auch nicht zur Konsumgüterindustrie gezählt, da es sich bei diesen Produkten ebenfalls nicht um schnelldrehende Güter handelt. Jedoch handelt es sich um Produkte, die täglich verwendet werden, und ein Marktsegment, in dem Marketing auch eine große Rolle spielt. Daher finden Absolventen mit einem Marketingschwerpunkt im Bereich Consumer Electronics auch ein spannendes Arbeitsfeld.

Im Deutschen wird anstelle von Consumer Electronics auch der Begriff Unterhaltungselektronik verwendet. Dieser ist streng genommen etwas eng gefasst, da zum Bereich Consumer Electronics nicht nur Unterhaltungsprodukte gehören, sondern auch Produkte der privaten und Büro-Kommunikation. So ist die Produktpalette breit: Angefangen bei TV-Geräten, DVD-Playern und Stereoanlagen reicht das Angebot über Foto- und Videokameras, MP3-Player, Lautsprecher und Kopfhörer bis hin zu Computern und Notebooks, Navigationsgeräten und den neuen Tablet-PCs. So zahlreich wie das Produktangebot ist, so zahlreich sind auch die Hersteller.

Hintergrund-Info

Unterhaltungselektronik wird manchmal noch als braune Ware bezeichnet, da Fernseh- und Rundfunkgeräte früher häufig aus Holzgehäusen bestanden. Als Weiße Ware hingegen bezeichnet man Gebrauchshaushaltsgeräte vom Mixer bis zur Waschmaschine.

Die Branche wird dominiert von amerikanischen, japanischen und südkoreanischen Herstellern. Apple nimmt – vor allem auch aus Marketing-Sicht – eine Vorreiterrolle ein: Für Smartphones und Tablet-PCs setzen iPhone und iPad klare Standards. Nach erfolgreichen Apple-Launches ziehen weitere Hersteller mit Me-Too-Produkten nach. Zu den weiteren namhaften Anbietern gehören unter anderem Sony, Panasonic, JVC, Toshiba, Samsung, LG Electronics, Philips. Je nach Produktkategorie reihen sich weitere Hersteller ein wie z. B. Nikon, Olympus oder Canon für Kameras; Nokia, Sony Ericsson oder BlackBerry für Smartphones; und Dell, IBM oder HP für Computer und Notebooks.

Der Consumer Electronics Markt ist auf Grund der stetigen technischen Fortschritte ein sehr dynamischer Markt, da er stark von Innovationen getrieben wird. Ein klarer und anhaltender Trend ist eine steigende Leistung zu fallenden Preisen. Wenn wir die heutige Rechner-Leistung unserer Notebooks und die derzeitig mögliche Bildauflösung unserer Digitalkameras mit denjenigen von vor zwei oder drei Jahren vergleichen, so ist es unglaublich, welche Fortschritte in kürzester Zeit erreicht werden. Erfolgreich ist in diesem Markt nicht, wer mit diesen Fortschritten Schritt hält, sondern wer diese maßgeblich voran treibt.

Tipp

Verschaffen Sie sich einen Überblick über die Branche, die Top-Player und das Markenportfolio der jeweiligen Unternehmen. Im Bewerbungsgespräch sollten Sie zeigen können, dass Sie nicht nur das Unternehmen kennen, bei dem Sie sich beworben haben, sondern auch über das Wettbewerbsumfeld Bescheid wissen. So zeigen Sie dem Personaler, dass Sie sich bereits ausführlich mit der Branche beschäftigt haben. Als erste Informationsquelle empfehlen wir die jeweiligen Internetseiten der Unternehmen.

Überblick: Consumer Electronics-Hersteller nach Umsatz

Unternehmen (Sitz Headquarter)	Umsatz 2010 in Mio. USD	Anzahl Mitarbeiter
Samsung (KR)	134.528	344.000
Panasonic (JP)	101.704	331.000
Sony (JP)	73.761	163.000
Apple (US)	65.225	73.000
Nokia (FI)	56.364	122.000
LG Electronics (KR)	48.506	200.000
Sharp (JP)	35.357	57.000
Philips (NL)	33.754	125.000
Lenovo (HK)	21.594	30.000
Acer (TW)	19.973	8.000

Quellen: Lebensmittelzeitung Ranking online, unter:
http://www.lebensmittelzeitung.net/business/daten-fakten/rankings/Top-40-Konsumgueter-Hersteller-Welt-_277.html#rankingTable (Umsatzzahlen), Unternehmenswebsites (Mitarbeiterzahlen), letzter Abruf am 20.02.2013

II. Herausforderungen und Trends

Konsumgüterhersteller sehen sich hierzulande gesättigten Märkten gegenüber. Eine steigende Preissensitivität der Konsumenten bei gleichzeitiger Abnahme ihrer Loyalität erschwert den Kampf um die Marktanteile. Viele Unternehmen behelfen sich mit Akquisitionen, um ihre Marktmacht zu erhalten. Beispiele sind der Kauf von Yves-SaintLaurent Beauté durch L'Oréal in 2008, die Übernahme des britischen Süßwarenherstellers Cadburry durch Kraft Foods Anfang 2010 oder die Übernahme von Modelo (Hersteller der Marke Corona) durch AB InBev in 2012. So zeigt der Konsumgütermarkt heute eine starke Konsolidierung. Die weltweit fünf größten Hersteller aus dem Marktsegment Home & Personal Care vereinigen nahezu die Hälfte des Weltmarktes auf sich.

Die Konsolidierung in der Konsumgüterindustrie wird auch bedingt durch eine Konzentration auf Seiten des Handels. Diese stärkt die Macht der Einzelhändler gegenüber der Industrie. Auch durch die Einführung und Professionalisierung von Handelsmarken, die eine ernstzunehmende Konkurrenz für Markenhersteller sind, hat sich der Handel unabhängiger von diesen gemacht. Konsumgüterhersteller müssen gut aufgestellt sein, um weiterhin am Markt zu bestehen. Gut aufgestellt sind sie, wenn ihre Marken klar positioniert sind – entweder im preisgünstigen Entry-Segment oder im führenden oberen Preissegment. Der »goldenen Mitte« wird in diesem Fall prophezeit auszusterben. Die beste Lösung ist jedoch, innovative Produkte mit einem besonderen USP auf den Markt zu bringen.

Die Fähigkeit, innovative Produkte zu entwickeln, ist im Kampf um Marktanteile in gesättigten Märkten wichtiger denn je. Konsumenten reagieren stark auf Neuheiten als Kaufanreiz. Im Lebensmittelbereich haben sich z. B. saisonale Produkte oder Limited Editions etabliert. Bei besonderem Verkaufserfolg werden diese ins Dauersortiment übernommen. Innovationen sind nicht nur ein wichtiges Argument gegenüber dem Endkonsumenten, sondern auch gegenüber dem Handel, der stets daran interessiert ist, seinen Kunden ein attraktives Produktsortiment zu offerieren.

Während die Konsumgüterindustrie auf der einen Seite einem hohen Preis- und Kostendruck ausgesetzt ist, der zur konsequenten Standardisierung und damit zur Ausnutzung von Skaleneffekten führt, zeichnet sich auf der anderen Seite eine Fragmentierung der Konsumenten ab. Kundenbedürfnisse werden differenzierter, die Zielgruppen sind nicht mehr so klar voneinander zu trennen wie früher. Daraus ergeben sich stark differenzierte Ansprüche an Produkte, so dass die Industrie hierauf reagieren muss und versucht, stärker differenzierte Produkte anzubieten.

> **Marketingsprache**
>
> USP steht für Unique Selling Proposition. Damit wird ein Alleinstellungsmerkmal eines Produktes bezeichnet, das es von seinen Wettbewerbern abhebt. Fachbegriffe wie USP sollten Sie sich aneignen, wenn Sie sie nicht schon längst im Studium gelernt haben.

Die Fragmentierung zeigt sich auch in den Marketingkanälen. Die Macht der Massenmedien nimmt ab. Während über das Fernsehen früher eine Vielzahl der Konsumenten erreicht werden konnte, wird eine effiziente Werbeplanung heute durch die vielen neuen Technologien und Kommunikationskanäle erschwert. Bei der Vielzahl der neuen Werbe-Möglichkeiten (Internet, Social Media, mobile Endgeräte, Videospiele, Bezahlfernsehen) werden die früheren Werbemedien allein stehend weniger effizient. Die große Herausforderung für das Marketing von heute ist, alternative Marketing- und Werbeansätze zu finden.

Um neue Wachstumspotenziale zu erschließen, lenken die Top-Konzerne ihr Augenmerk heute verstärkt auf Wachstumsmärkte in Asien und Südamerika und Afrika (BRICS-Staaten: Brasilien, Russland, Indien, China und Südafrika). Auch in diesem Kontext sind Innovationsfähigkeit und Produktdifferenzierung wichtige Erfolgstreiber. Hersteller sind gut beraten, ihre Produkte an die lokalen Bedürfnisse anzupassen. Bei Lebensmitteln können dies unterschiedliche Geschmacksrichtungen, bei Kosmetika verschiedene Düfte sein. Manchmal bleibt es aber auch das gleiche Produkt, nur eine andere Verpackungsform oder Kommunikation ist von Nöten. Um die unterschiedlichsten Konsumentenbedürfnisse kennen zu lernen, haben große Konzerne Forschungszentren in den neuen Absatzmärkten eingerichtet.

Eine weitere große Herausforderung für die Konsumgüterindustrie geht einher mit der Entwicklung des Web 2.0. Während früher eine one-to-many Kommunikation vorherrschte (das Unternehmen kommunizierte über Massenmedien mit den Konsumenten), erlaubt das Web 2.0 heute die many-to-many Kommunikation. Durch Internetplattformen und Social Media haben die Konsumenten die Möglichkeit, sich weltweit miteinander auszutauschen. Treue Konsumenten können ihre Begeisterung für Marken und Produkte teilen. Kritische Verbraucher können ihren Missmut äußern und so relativ leicht und schnell einer Marke schaden. In diesem Kontext ist die Herausforderung für Markenhersteller, die neuen Medien und Kommunikationsformen aktiv zu nutzen, mit den Konsumenten in Dialog zu treten und diesen Dialog wiederum beim Aufbau und der gezielten Pflege der Marke zu verwenden.

Durch den einfachen, schnellen und günstigen Zugang zu Informationen sind Konsumenten heute tendenziell besser informiert und dadurch auch kritischer. Die Konsumenten beobachten Unternehmen und ihren Einfluss in der Gesellschaft immer genauer. Die Themen Nachhaltigkeit und Corporate Social Responsibility (CSR) sind in aller Munde und von Unternehmen wird nachhaltiges Agieren erwartet und gefordert. Reagieren Unternehmen pro-aktiv auf diese Entwicklung, können das Image und der Wert ihrer Marken hiervon profitieren.

Gleichzeitig können Produktionskosten – z. B. durch weniger und damit umweltfreundlichere Verpackungen – gesenkt werden.

Die genannten Entwicklungen haben natürlich auch Auswirkungen auf den einzelnen Mitarbeiter in der Konsumgüterindustrie und im Speziellen auf die Mitarbeiter in Marketing und Vertrieb. Durch die Fragmentierung der Kunden wird Marktforschung immer anspruchsvoller und ihre Ergebnisse müssen in entsprechende Produkte und Services übersetzt werden. Hierzu bedarf es kreativer und analytischer Mitarbeiter, die die Fähigkeit haben, der Zeit voraus zu denken und damit auch der Konkurrenz voraus zu sein. Da sich der Wandel in der Konsumgüterindustrie nicht langsamer vollzieht, sind flexible Mitarbeiter gefragt, die sich schnell auf neue Situationen einstellen können.

Langfristig werden diejenigen Unternehmen erfolgreich sein, die es geschafft haben, auf der einen Seite mit Kosteneinsparungen durch eine effiziente Organisation ihre Profitabilität zu verbessern, und auf der anderen Seite gleichzeitig starke, differenzierte Marken aufzubauen und zu pflegen.

> **Tipp**
>
> Wir raten Ihnen, die hier angesprochenen Trends in den einschlägigen Branchenmagazinen wie z. B. Absatzwirtschaft, Lebensmittelzeitung, Brand Eins, Horizont oder Werben&Verkaufen nachzulesen. Diese erhalten Sie kostenlos an den meisten Lehrstühlen oder in der Universitätsbibliothek. Verfolgen Sie außerdem aufmerksam die Branchenentwicklung. Gab es größere Akquisitionen oder Produktinnovationen? Welches sind die treibenden Marktkräfte? Welche Trends zeichnen sich ab?

III. Beliebteste Arbeitgeber der Konsumgüterindustrie

Die Top-Player der Konsumgüterindustrie zählen zu den beliebtesten Arbeitgebern – sowohl im deutschsprachigen Raum als auch international. Jahr um Jahr belegen Konsumgüterhersteller gute Plätze bei Befragungen von Studenten und Absolventen. In der »Universum German Student Survey 2012« des Employer Branding Instituts Universum wurden über 23.000 Wirtschafts-Studenten von über 100 deutschen Universitäten zu ihren Wunscharbeitgebern befragt. Die ersten drei Plätze belegen zwar keine Unternehmen aus der Konsumgüterindustrie, unter den Top 100 finden sich allerdings 24 Unternehmen. Bei einer europäischen Umfrage von Universum schneiden die Konsumgüter sogar noch besser ab und belegen 28 der Top 100-Plätze. Mehr als ein Viertel der Wunscharbeitgeber stammt also aus der begehrten Konsumgüterindustrie.

Unternehmen	Rang	Unternehmen	Rang
Audi	1	Apple	1
BMW Group	2	Google	2
Porsche	3	McKinsey & Company	3
Siemens	8	L'Oréal	4
adidas	10	Coca-Cola	7
L'Oréal	13	Procter & Gamble	8
Procter & Gamble	18	LVMH	11
Coca Cola	22	Nestlé	17
Unilever	24	Unilever	19
Beiersdorf	29	Nike	23
Ferrero	32	adidas	29
Henkel	33	Danone	35
Nestlé	34	Sony	38
Puma	42	Kraft Foods	39
Sony	45	IBM	41
Haribo	47	Heineken	42
Dr. Oetker	48	Nokia	43
IBM	53	Johnson & Johnson	46
Kraft Foods	58	Mars	51
Johnson & Johnson	62	Siemens	52
Philips	79	Henkel	54
Bahlsen	80	PepsiCo	63
Danone	83	Philips	64
Dell	88	Beiersdorf	68
Nokia	92	Carlsberg Group	69
Mars	96	Hewlett-Packard	76
HP	99	Sony Ericsson	82
		Dell	86
		Philip Morris International	92
		British American Tobacco	95

Quelle: Auszug aus der Universum German Student Survey 2012, http://www.universumglobal.com/IDEAL-Employer-Rankings/The-National-Editions/German-Student-Survey, letzter Abruf am 20.02.2013

Quelle: Auszug aus der Universum Pan-European Student Survey 2011, http://www.universumglobal.com/IDEAL-Employer-Rankings/The-Pan-European-Student-Survey, letzter Abruf am 20.02.2013

Die aktuellen Ergebnisse der Universum Student Survey finden Sie immer auf squeaker.net in der Rubrik Karriere.

Kapitel B: Karriere in der Konsumgüterindustrie

Was reizt Bewerber an einer Karriere in der Konsumgüterindustrie? Neben der Tatsache, dass Marketing und Werbung einen hohen Stellenwert haben, ist es sicherlich die Schnelllebigkeit der Branche und damit der abwechslungsreiche Arbeitsalltag. Das folgende Kapitel gibt Ihnen einen Überblick über die Aufgaben in den unterschiedlichen Funktionsbereichen in der Konsumgüterindustrie und die sich daraus ergebenden Anforderungen an Bewerber. Im Anschluss werden Einstiegsmöglichkeiten sowie weitere Karriereoptionen skizziert.

I. Berufsprofile in der Konsumgüterindustrie

Die Konsumgüterindustrie bietet vielfältige Berufsprofile und durch ihre Schnelllebigkeit einen abwechslungsreichen und spannenden Arbeitsalltag. Entlang der gesamten Wertschöpfungskette gibt es herausfordernde Aufgaben, die die Unternehmen gerne mit Top-Absolventen besetzen.

»Marketing & Sales is where it happens«. Hier findet das Produkt seinen Weg vom Hersteller über den Absatzkanal zum Konsumenten, hier findet »das eigentliche Geschäft« statt, hier wird der Umsatz erwirtschaftet. Dies mag den besonderen Reiz der Stellen im Marketing und Vertrieb ausmachen. Die Marke als solche ist für viele Konsumgüterhersteller ein wichtiges Asset, ein wichtiger Erfolgsfaktor in ihrem Business. Daher sind die meisten FMCG-Unternehmen eindeutig »Marketing getrieben«.

1. Marketing Management

Die Frage »Was genau machst du eigentlich beruflich?« mag so manchen Produkt oder Marketing Manager zur Verzweiflung treiben. Die Aufgaben sind so vielfältig und abwechslungsreich, dass es schwer fällt, den Arbeitsalltag in wenigen Sätzen zusammen zu fassen. In einer Schnittstellenfunktion ist man im Marketing für alle Belange verantwortlich, die seine Produkte und seine Marken betreffen.

Um die genauen Aufgabenbereiche besser beschreiben zu können, ist eine wichtige Unterscheidung notwendig: Auf der einen Seite gibt es das »Internationale Marketing« (auch »Strategisches Marketing«

oder »Produktentwicklung« genannt) und auf der anderen Seite das »Nationale Marketing« bzw. »Lokale Marketing«. Die Aufgaben unterscheiden sich in diesen beiden Bereichen grundlegend. Die Hauptaufgabe des Internationalen Marketings ist klassischerweise die Entwicklung einer langfristigen Markenstrategie sowie die Entwicklung und Pflege eines entsprechenden Produktportfolios. Dies umfasst natürlich auch die Entwicklung von neuen Produkten, was mit Sicherheit die spannendste Aufgabe im Internationalen Marketing ist. Der Anstoß für neue Produkte kommt entweder aus dem Marketing oder aus der Forschung & Entwicklung. Wenn ein Produktmanager durch Analyse oder Feedback aus den einzelnen Ländern einen neuen Bedarf erkennt, kann er ein Konzept für ein neues Produkt erarbeiten und dieses entwickeln lassen. Es kann andersherum auch sein, dass die Forschung & Entwicklung einen neuen Inhaltsstoff oder eine neue Technologie entwickelt, die als innovativer Bestandteil in ein neues Produkt einfließt. In beiden Fällen ist es Aufgabe des Internationalen Marketings, ein attraktives Produktkonzept zu erstellen als Grundlage für eine erfolgreiche Vermarktung in den einzelnen Ländergesellschaften. Zu den Aufgaben des Internationalen Marketings gehört auch die Entwicklung der Marketing-Kommunikation (TV-Spots, Anzeigen, etc.), die in den einzelnen Ländern adaptiert wird. Nur so kann ein einheitlicher Markenauftritt weltweit garantiert werden. Zumeist angesiedelt in der Konzernzentrale, fungiert das Internationale Marketing als Schnittstelle zwischen dieser und ihrem Management, der Entwicklungsabteilung sowie den Marketingteams in den einzelnen Absatzmärkten.

Diese Aufgabenverteilung gilt für Produkte, die international vertrieben werden. Manche Produkte werden aber lokal entwickelt oder zumindest adaptiert, da es in verschiedenen Märkten auch unterschiedliche Kundenbedürfnisse gibt. Zum Beispiel gilt helle Haut in asiatischen Ländern als Schönheitsideal, so dass Kosmetikhersteller Whitening-Cremes entwickelt haben. Auch im Food-Bereich muss oft auf lokale Geschmäcker reagiert werden. Topfenknödel z. B. sind ein typisch österreichisches Produkt. In diesen Fällen ist das lokale Marketing oft sehr stark in die Aufgaben der Produktentwicklung mit eingebunden.

Hauptaufgabe des lokalen Marketings in den einzelnen Ländergesellschaften ist die erfolgreiche Vermarktung von bestehenden und neuen Produkten. Die Hauptfrage, die sich ein Produktmanager im operativen Geschäft stellen muss, lautet: »Mit welchem Marketing-Mix vertreibe ich das Produkt am erfolgreichsten in meinem Markt?« Es gilt, die richtigen Entscheidungen für die jeweiligen Begebenheiten im eigenen Land zu treffen. Hat das neue Produkt Potenzial und führen wir es in den Markt ein – ja oder nein? Und wie? Wie sieht unsere Zielgruppe aus? Wie und mit welchen Medien vermitteln wir den USP an unsere Verbraucher? Wie muss die Kommunikation hierzulande aussehen? Eher emotional oder eher sachlich? Oft wird auch entschieden, ein Produkt mit unterschiedlichen Markennamen in verschiedenen Ländern zu vertreiben. Bekannt ist z. B., dass Procter&Gamble das Waschmittel Ariel im US-Markt unter dem Namen Tide vertreibt. Der Allzweckreiniger Mr. Clean vom gleichen Konzern heißt in Deutschland »Meister Proper« und in Spanien »Don Limpio«. Diese Fragen der Produktpositionierung im internationalen Marktumfeld beziehen sich auf die Erfordernisse lokaler Marktanpassung durch Produktdifferenzierung gegenüber der Realisierung globaler Synergieeffekte durch Produktstandardisierung. Hierbei gibt es keinen Königsweg, sondern es ist stets eine spezifische Entscheidung in Abhängigkeit der Marke, des Produkts, der Branche und des lokalen Marktes zu treffen.

Um solche Entscheidungen zielführend und gewinnbringend treffen zu können, müssen die Produktverantwortlichen in den nationalen Marketingteams Experten sein: Experten für die von ihnen betreuten Produkte und Produktgruppen und Experten für den Markt und die Verbraucher. Durch Marktforschung sowie Markt- und Konkurrenzbeobachtung wissen sie, wie die Märkte sich entwickeln, gegen welche Konkurrenz sie antreten und wer die Verwender ihrer Produkte sind. Neben qualitativen Informationen werden auch quantitative Daten wie Absatzmengen und Umsatzzahlen analysiert.

Hauptaufgabe des Marketings ist es nun, die Produkte und Produktlinien durch Einsatz eines geeigneten Marketing-Mix am Markt und in den Köpfen der Verbraucher zu verankern und sie fortlaufend weiter zu entwickeln. Zu diesem Zweck werden Marketingpläne für Marken, Produktlinien und einzelne Produkte erarbeitet, fortlaufend justiert und umgesetzt. Hierzu gehört auf der einen Seite die Entwicklung und Verkaufsförderung der bestehenden Produkte, auf der anderen Seite die Vorbereitung, Umsetzung und Nachverfolgung von Produktneueinführungen.

Die konkreten Tätigkeiten eines Produktmanagers sind wie eingangs erwähnt sehr vielfältig. Wenn ein neues Produkt eingeführt wird, wird der Produktmanager in aller Regel erste Informationen vom Internationalen Marketingteam aus der Konzernzentrale erhalten und diese für seinen Absatzmarkt bewerten. Funktioniert das Produktkonzept hierzulande? Wie sollen die Verpackungs- und Anzeigentexte übersetzt werden? Was sind die Benefits, die »unsere« Verbraucher interessieren und überzeugen? Zeitgleich muss der Produktmanager auch Potenzialanalysen im eigenen Absatzmarkt durchführen, um ermitteln zu können, wie viele Stück sich schätzungsweise verkaufen werden. Hieraus ergeben sich einerseits Produktionsmengen und andererseits Verkaufsziele für den Vertrieb. Zwei wichtige Schnitt-

> **Insider-Tipp**
>
> Es gibt zahlreiche spannende Fallstudien zu Fragen und Problemstellungen der Markenführung, mit denen Sie Ihre Marketingexpertise vertiefen oder auffrischen können. Das Center for Applied Studies & Education in Management (CASEM) bietet eine Auswahl von Fallstudien auf casem.eu sowie Empfehlungen zur weiteren Lektüre.

stellen für den Produktmanager sind hiermit die Konzernzentrale selbst sowie das lokale Sales-Team.

In der Konsumgüterindustrie herrscht der indirekte Handel vor, das heißt, dass die Sales-Teams der Konsumgüterhersteller ihre Waren an den Einzelhandel vertreiben, der die Ware wiederum an Endverbraucher weiter verkauft. Im ersten Schritt müssen die Produkte also an den Handel verkauft werden (Reinverkauf, engl. Sell-in), im zweiten Schritt an den Endkonsumenten (Abverkauf, engl. Sell-out). Beide Verkäufe werden vom Marketing unterstützt. Für einen erfolgreichen Sell-in bereitet das Marketing umfangreiche Informationen für den Vertrieb vor, damit dieser mit schlagkräftigen Argumenten Promotions und neue Produkte an den Handel verkaufen kann. Für einen regelmäßigen Sell-out ist die Werbung an Endverbraucher wichtig. Diese wird meistens in enger Zusammenarbeit mit externen Partnern wie Werbe-, PR- und Mediaagenturen abgewickelt. In Konzernen, in denen die Werbelinie in der Konzernzentrale entwickelt wird, wird in der Regel mit großen Netzwerk-Agenturen zusammen gearbeitet.

Exkurs in die Werbewelt

Marketingabteilungen stehen im Arbeitsalltag in engem Kontakt mit Werbeagenturen. Für Marketing-affine Absolventen kann die Werbewelt auch eine attraktive Karriereoption darstellen. Zwar liegen die durchschnittlichen Einstiegsgehälter etwas unter denen in der Konsumgüterindustrie, doch dafür lernen junge Key Accounter in Agenturen das Werbegeschäft von mehreren Marken und Produkten gleichzeitig kennen, während der junge Produktmanager beim Hersteller nur »seine« eigenen Produkte kennt.

Die Tabelle gibt Ihnen einen Überblick über die kreativsten Werbeagenturen in Deutschland. Aus betriebswirtschaftlicher Sicht ist der Umsatz einer Werbeagentur natürlich relevant. Da es in der schillernden Werbewelt aber immer auch um Kreativität und Ruhm geht, zeigen wir Ihnen ein Kreativranking. Für dieses ist relevant, wie viele Preise die Agenturen auf den verschiedenen Kreativwettbewerben wie z. B. den Cannes Lions gewonnen haben.

squeaker.net-Infobox: Die 10 kreativsten Werbeagenturen Deutschlands 2012	
1. Jung von Matt	6. BBDO Proximity
2. Serviceplan	7. Kolle Rebbe
3. Heimat	8. Thjnk (ehem. Kemper Trautmann)
4. Scholz & Friends	9. DDB Tribal
5. Ogilvy & Mather	10. Lukas Lindemann Rosinksi

Quelle: HORIZONT online, http://www.horizont.net/aktuell/agenturen/pages/, letzter Abruf: 20.02.2013

In den meisten großen Unternehmen wird die Marktforschungsarbeit von eigenen Abteilungen geleistet. Die MaFo-Abteilung stellt dem Marketing wie auch dem Sales-Team die laufenden Abverkaufs- und Marktanteils-Zahlen zur Verfügung. Darüber hinaus werden hier weitere Studien wie zum Beispiel zu Produktpotenzial und Werbewirkung geplant und in Auftrag gegeben.

Weitere Schnittstellen für den Produktmanager sind das Controlling und die Logistik. In Zusammenarbeit mit dem Controlling wird das Marketingbudget geplant, gesteuert und kontrolliert und die laufende Geschäftsentwicklung auf Marken- und Produktebene analysiert. Es ist abhängig vom einzelnen Unternehmen, welche Verantwortung auf welcher Hierarchieebene liegt. Oft haben bereits die einzelnen Produktmanager die Verantwortung für die Erstellung und Einhaltung des Marketingbudgets. Die Logistik hingegen spielt eine entscheidende Rolle bei der Mengenplanung der Verkaufsprodukte sowie bei der zeitnahen Auslieferung der Produkte, Verkaufsaktionen und Werbematerialien. Auch mit den weiteren Abteilungen wie PR, Category Management, Personalschulung, Recht, Forschung & Entwicklung und Kundendienst steht das Marketing in engem Austausch. Der Produktmanager muss viele Fäden gleichzeitig in der Hand halten, was ein hohes Maß an Organisationsgeschick sowie Stressresistenz voraus setzt.

2. Sales Management

Betrachten wir Marketing-Lehrbücher, so handelt es sich beim Vertrieb um ein Element des Marketing-Mix (Vertriebspolitik, Distributionspolitik). Im Unternehmen ist der Vertrieb allerdings eine eigenständige, und wichtige Abteilung. Hauptaufgabe des Sales-Teams ist die erfolgreiche Umsetzung der Marketingpläne und damit die Erreichung von Umsatzzielen. Im Vertrieb entscheidet sich das Business. Hier gibt es direktes Feedback in Form von harten Fakten. Die Umsatzzahlen spiegeln den Verkaufserfolg direkt wider.

Während der Arbeitsschwerpunkt des Vertriebs früher der reine Verkauf war, hat sich das Tätigkeitsfeld heute stark erweitert. Im Mittelpunkt steht die Beziehungsarbeit, der Aufbau von Partnerschaften zwischen Industrie und Handel. Das leitende Ziel ist immer die Maximierung der Kundenzufriedenheit. Neben dem Verkauf stehen also auch die Beratung sowie das Ausarbeiten individueller Lösungen für einzelne Handelspartner im Vordergrund.

In diesem Kontext erhält die im Vertrieb angesiedelte Abteilung Category Management eine wichtige Bedeutung. Das Category Management ist verantwortlich für die Produktgruppen- und Regaloptimierung der Key Accounts, also der wichtigsten Handelspartner.

Hierzu tritt ein Hersteller Marken- und Hersteller-übergreifend für eine gesamte Produktkategorie auf und berät den Handelspartner. Diese Rolle übernimmt üblicherweise der Marktführer einer Produktkategorie, der sogenannte Category Captain.

Während das Category Management in erster Linie eine beratende und erst mittel- und langfristig eine Umsatz steigernde Funktion einnimmt, sind das Key Account Management und der Vertriebsaußendienst direkt verantwortlich für den Umsatz und damit tragende Säulen eines Unternehmens. Das Key Account Management betreut Großkunden, in der Konsumgüterbranche zumeist also Handelsketten. Durch die Konzentration und Professionalisierung des Handels hat auf Herstellerseite die Bedeutung der Key Accounts zugenommen. Für manch großen Handelspartner werden durch den Key Account Manager in Absprache mit dem Marketing individuelle Marketingpläne ausgearbeitet. Manche Handelsketten fordern sogar individuelle Produkte, die nur bei ihnen vertrieben werden. So werden zum Beispiel Pampers in verschiedenen Drogerien in unterschiedlichen Packungsgrößen angeboten. Der Konsumgüterhersteller betrachtet das Zuverfügungstellen dieser zusätzlichen Produkte (eine neue Packungsgröße ist eine weitere SKU) als »Service« für seinen Handelspartner.

Ein Großteil des Verkaufs und der Beratung wird bereits durch den Vertriebsinnendienst bzw. das Key Account Management abgewickelt. Dennoch ist die Betreuung der einzelnen Verkaufspunkte vor Ort unerlässlich. Der Außendienstmitarbeiter, früher auch bezeichnend Handlungsreisender genannt, hat den direkten Kontakt zum Handelspartner. Er besucht die Verkaufspunkte in regelmäßigen Abständen, um Produktneuheiten oder Verkaufsaktionen für bestehende Produkte vorzustellen. Schon in diesem Kontext finden oft Kurzschulungen statt, damit das Verkaufspersonal die neuen Produkte den Endverbrauchern erklären und erfolgreich verkaufen kann. Dem Außendienstmitarbeiter kommt hier eine Schlüsselrolle zu, um seine Marke gegenüber den Wettbewerbern zu differenzieren. Denn neben der Werbung kommt dem Verkaufspersonal eine wichtige Rolle zu, welches Produkt letztlich über den Ladentisch geht. Neben Verkauf, Schulung und Motivation ist der Außendienstmitarbeiter oft auch verantwortlich für die Regalpflege am Verkaufspunkt. Viele Handelsketten legen diese Verantwortung in die Hände der Hersteller, da diese das größte Interesse daran haben, dass ihr Produktportfolio ansprechend präsentiert wird. Der Vertriebsmitarbeiter ist auch der erste, der einen Blick auf die Preisgestaltung am jeweiligen Verkaufspunkt werfen kann. Im Herstellerinteresse ist es zum Beispiel, dass hochwertige Produkte nicht »unter Wert« verkauft werden. Dies könnte das Markenimage schädigen. Eine weitere Aufgabe des Außendienstmitarbeiters ist es, direktes Feedback aus den Märkten zurück zu geben an das Marketing-Team, damit Wünsche der Handelspartner sowie auch Bedarfe der Verwender rasch erkannt und umgesetzt werden können.

Je nach Landes- und Teamgröße gibt es entweder nur einen Vertriebsleiter, an den die einzelnen Außendienstmitarbeiter berichten, oder aber sie sind in Regionalteams organisiert. In diesem Fall gibt es Regionalleiter, die Führungsverantwortung für ein Team von einzelnen Außendienstmitarbeitern haben. Neben der Führung des Teams übernehmen die Regionalleiter auch die Betreuung von Schlüsselkunden in ihrem Verkaufsgebiet. Während der Arbeitsplatz der Regionalleiter zu einem Großteil auch beim Kunden vor Ort ist, hat der Vertriebsleiter seinen Arbeitsplatz im Innendienst in der Zentrale. An den Vertriebsleiter berichtet nicht nur der Außendienst, sondern auch die Key Accounter sowie unterstützende Funktionen wie das Sales Controlling. Aufgabe des Vertriebsleiters ist neben dem laufenden Geschäft die strategische Ausrichtung der Vertriebsaufgaben.

Vertriebsmitarbeiter repräsentieren das Unternehmen nach außen, daher wird von ihnen ein professionelles Auftreten erwartet. Im Vertrieb fühlen sich – wie auch im Marketing – vor allem extrovertierte Charaktere zu Hause, die gerne viel Kundenkontakt und ein gutes Gespür für Marken und Märkte haben. Vertriebsmitarbeiter glänzen außerdem durch Argumentationsgeschick und Überzeugungskraft.

3. Weitere Funktionsbereiche

Die meisten Unternehmen der Konsumgüterindustrie sind naturgemäß stark Marketing getrieben. Daher liegt der Fokus des vorliegenden Insider-Dossiers auf den Berufen im Marketing und Vertrieb. Doch es gibt viele weitere spannende Berufsmöglichkeiten in anderen Funktionsbereichen, die wir Ihnen im Folgenden kurz vorstellen möchten.

Finance Management
Das Finanzwesen nimmt eine tragende Rolle in jedem Unternehmen ein. Durch die Planung, Steuerung und Analyse von Finanzkennzahlen werden wichtige Entscheidungsprozesse vorbereitet und begleitet. Die unterschiedlichen Bereiche – Rechnungswesen, Controlling, Corporate Finance und Interne Revision – leisten gemeinsam einen entscheidenden Beitrag zum Konzernwachstum.

In den Marketing getriebenen Unternehmen der Konsumgüterindustrie kommt dem Marketingcontrolling eine besondere Bedeutung zu. Der Marketingcontroller arbeitet sehr eng mit den Marketingabteilungen zusammen und unterstützt diese bei der Planung, Steuerung und Nachverfolgung der Marketingbudgets. Dadurch hat er einen sehr guten Überblick über die operative Marketingarbeit und ist »nah dran« am operativen Tagesgeschäft. Weitere Schnittstellen des Marketingcontrollings sind das Gemeinkostencontrolling, das auf Gesamtunternehmensebene angesiedelt ist, das Rechnungswesen sowie das Controlling der Konzernzentrale, an das zu Zwecken der Konsolidierung berichtet wird.

Während Rechnungswesen und Controlling in jeder einzelnen Ländergesellschaft angesiedelt sind, finden sich andere Bereiche ausschließlich in der Konzernzentrale: Corporate Finance plant und analysiert die Kapitalbeschaffung, um die Liquidität sicherzustellen und koordiniert die Finanzberichterstattung. Die Interne Revision ist meist als Finanzvorstandsressort zu finden und analysiert und prüft Aktivitäten und Prozesse im gesamten Konzern unter Effizienzgesichtspunkten. Mit Wirtschaftlichkeits- und Risikoanalysen wird die Profitabilität überwacht und gesteuert. Vielen Revisoren kommt die Rolle eines Inhouse Consultants zu. Weitere Aufgaben im Finanzwesen sind Risiko- und Währungskursanalysen, die Optimierung der Vermögenswerte sowie die Analyse makroökonomischer Indikatoren.

Berufe im Finanzbereich eignen sich besonders für Betriebs- und Volkswirte mit Kenntnissen und Interesse in den Bereichen Controlling, Finanzierung, Organisation, Steuern oder strategische Planung. Gefragt sind unternehmerisches Denken, ausgeprägte analytische Fähigkeiten und eine genaue und sorgfältige Arbeitsweise. Eine »0« zu viel kann im Finanzbereich eine ungewollt große Bedeutung haben.

Supply Chain Management
Unter Supply Chain Management werden die Funktionsbereiche Einkauf, Produktion und Logistik entlang der Lieferkette zusammengefasst. Die gemeinsame Aufgabe aller Abteilungen ist das effiziente Management und die Optimierung aller Waren- und Informationsflüsse im Unternehmen. Ein effizientes Supply Chain Management orientiert sich an den Bedürfnissen des Kunden und steigert dessen Zufriedenheit.

Der Einkauf ist für die Beschaffung von Rohstoffen und Verpackungsmaterialien verantwortlich und hat engen Kontakt sowohl mit dem Internationalen Marketing als auch mit der Produktion. Durch Standardisierung und Einkaufsvereinbarungen werden Kostensenkungen erzielt. Aufgaben der Produktion sind die Kapazitätsplanung sowie die Senkung der Produktionskosten – selbstverständlich bei Aufrechterhaltung oder Erhöhung der Produktqualität.

Die Schnelllebigkeit der Konsumgüterindustrie macht besonders den Job des Logistikmanagers spannend. Der operativ arbeitende Logistiker ist für die Koordination von sämtlichen logistischen Prozessen verantwortlich. Auf der einen Seite hat er Kontakt zur Produktion bzw. zur Internationalen Logistik, auf der anderen Seite zum

Marketing und Vertrieb, um gemeinsam die Bedarfsplanung zu koordinieren. Der Logistikmanager leistet einen entscheidenden Beitrag zur Optimierung der Prozesse und damit zur Senkung von Logistikkosten. Gleichzeitig optimiert er die Kundenzufriedenheit, indem der Güterfluss vereinfacht, out-of-stock-Situationen vermieden, Lieferzeiten verkürzt und Lagerbestände niedrig gehalten werden.

Der Funktionsbereich Supply Chain Management ist ebenfalls von viel Projektarbeit gekennzeichnet. Diese hat zumeist Effizienzsteigerung und Kostensenkung zum Ziel. Projekte können sein die Implementierung einer neuen Logistiksoftware, die Restrukturierung eines Produktionsstandortes oder Logistikzentrums oder die Verbesserung der Distributionsstruktur. Die Aufgaben von Projektmanagern in der Logistik ähneln denen eines Unternehmensberaters mit dem Unterschied, dass Sie nicht nur analysieren und beraten, sondern auch die Umsetzung begleiten und koordinieren.

Logistikmanager haben mit vielen internen Kunden und Schnittstellen zu tun. Sie müssen vor allem Konfliktlösungsfähigkeiten und Verhandlungsgeschick besitzen. Bevorzugte Studienschwerpunkte sind Produktion und Logistik, Beschaffung, Operations Research, aber auch Controlling und Absatzmarketing. Neben wirtschaftlichem Verständnis kann technisches Verständnis hilfreich sein.

Forschung & Entwicklung

Der Bereich Forschung & Entwicklung hat eine immense Bedeutung für den Erfolg eines Konsumgüterherstellers. Hier wird der Grundstein für innovative Produkte gelegt. Viele Unternehmen betreiben Forschung, die in den Bereich der Grundlagenforschung fällt, um Wissen auf- und auszubauen, Kosmetikhersteller erforschen z. B. die Entstehung von Falten. Der Schwerpunkt der Forschungsarbeit liegt allerdings im Bereich der angewandten Forschung sowie in der Produktentwicklung. Anstoß für die Entwicklung eines neuen Produktes kann entweder die Entdeckung eines neuen Wirkstoffes sein oder aber die Formulierung von Anforderungen seitens des Marketings, um neue Konsumentenbedürfnisse zu bedienen.

In den Abteilungen der Forschung & Entwicklung werden neue Inhaltsstoffe und Düfte für Kosmetikprodukte erforscht und neue Geschmacksrichtungen für Lebensmittel entdeckt, aber auch neue Verpackungsmaterialien und -formen entwickelt. Es wird sowohl mit und um die Inhalts- und Rohstoffe herum Forschung betrieben als auch um das fertige Produkt. Dieses muss auf Wirksamkeit, Sicherheit und Verträglichkeit hin untersucht werden.

Der äußerst spannende und wichtige Bereich der Forschung & Entwicklung bleibt Wirtschaftswissenschaftlern meistens verschlossen. Für diesen Tätigkeitsbereich werden Hochschulabsolventen mit einem Abschluss oder einer Promotion in einem naturwissenschaftlichen oder technischen Studiengang gesucht. Gesuchte Fachrichtungen sind Biologie, Chemie, Lebensmittelchemie, Physik oder Materialwissenschaften – abhängig vom Produktportfolio des jeweiligen Unternehmens. Neben ihrer fachlichen Kompetenz wird von Forschern in Entwicklungsabteilungen eines großen Konzernes erwartet, dass sie auch unternehmerisches Denken, Flexibilität und Kommunikationsfähigkeiten mitbringen.

Im Bereich Forschung & Entwicklung sind auch weitere Spezialisten zu finden, beispielsweise in den Bereichen Patentanmeldung/-verwaltung oder als Experten für Normen und Vorschriften im jeweiligen Produktbereich, als Verpackungsdesigner sowie als Koordinatoren an der Schnittstelle zwischen Entwicklung und Marketing.

Human Resources Management

Auch der Bereich Human Resources (HR) bietet ein umfangreiches Aufgabenfeld: von der Personalplanung und -verwaltung über das Hochschulmarketing und Recruitment bis hin zur Personalentwicklung. Je nach Gebiet umfassen die Aufgaben die Präsentation des Unternehmens als Arbeitgeber, die Auswahl und Einstellung von Mitarbeitern sowie die Konzeption von Weiterbildungs- und Mitarbeiterentwicklungsplänen. Personalmanager benötigen ein Gespür für Menschen, gutes Verhandlungsgeschick und Diplomatie, um sowohl die Interessen der Arbeitnehmer als auch des Unternehmens vertreten zu können. Weiterhin sind gute Networking-Fähigkeiten hilfreich, da Personalmanager den Überblick über ganze Unternehmensbereiche haben müssen. In den HR-Abteilungen finden sich neben Betriebswirten auch Psychologen und Juristen.

Während der Arbeitsort im Marketing zumeist der Hauptstandort des Unternehmens im jeweiligen Land ist, finden sich die Arbeitsplätze von Logistik- und HR-Managern oft an einzelnen Produktions- oder Logistikstandorten, die über das ganze Land verteilt sein können. Berücksichtigen Sie dies und bringen Sie geographische Flexibilität mit.

II. Anforderungen an Bewerber

Wie eingangs bereits skizziert, ist die Konsumgüterindustrie eine Branche, die von raschem Wandel und hoher Komplexität geprägt ist. »Fast moving« sind nicht nur die Produkte selbst, auch der Arbeitsalltag lässt keine Langeweile aufkommen. Hieraus ergeben sich die ersten Anforderungen an Bewerber.

Gesuchte Persönlichkeiten und Soft Skills

Wer in der schnelllebigen Welt der Konsumgüterindustrie bestehen will, darf keine gemütliche Arbeitseinstellung zeigen. Sie müssen sich in einer Arbeitswelt mit hohem Tempo gut zurecht finden können. Wenn Sie sich nach immer gleichen Abläufen sehnen, ist die Konsumgüterindustrie nichts für Sie. Ein Arbeitstag im Marketing gleicht keinem anderen. Situationen und Anforderungen ändern sich schnell und Sie müssen flexibel darauf reagieren können und wollen. Wenn Sie eine Person sind, die offen ist für Veränderungen und ein gutes Gespür für Trends und Marktentwicklungen hat, dann sind Sie in der Welt der Marken gut aufgehoben.

Als Produktmanager sind Sie im Unternehmen die wichtigste »Spokesperson« für die von Ihnen betreuten Produkte. Dabei zeichnet Sie nicht nur aus, dass Sie alle Fakten und Merkmale Ihrer Produkte kennen, sondern dass Sie Leidenschaft für diese entwickeln. Sie benötigen eine gehörige Portion Begeisterungsfähigkeit, damit Sie Produktneuheiten und verkaufsfördernde Maßnahmen erfolgreich an das Sales-Team »verkaufen« können. Wenn Sie auch gerne präsentieren und es nicht scheuen, vor größeren Runden aufzutreten, umso besser.

Neben der Schnittstelle zum Sales hat das Marketing, wie bereits beschrieben, viele weitere interne wie externe Schnittstellen zu koordinieren. Als Marketingmanager haben Sie mit vielen verschiedenen Personen Kontakt und müssen die unterschiedlichsten Themen und Aufgaben parallel im Blick behalten. Dabei dürfen Sie nicht den Überblick verlieren über Ihre Prioritäten und die gesetzten Deadlines. Sie benötigen also ein ausgeprägtes Organisationsgeschick sowie gute Kommunikationsfähigkeiten und ein diplomatisches Geschick, um die Arbeit in allen Abteilungen zum Erfolg Ihrer Produkte und Marken lenken zu können. Eine rasche Auffassungsgabe hilft Ihnen zudem, die Komplexität Ihrer Aufgaben schnell zu erfassen. Ein kontaktfreudiges Wesen erleichtert Ihnen, schnell ein Netzwerk im Unternehmen aufzubauen.

Die vielleicht »kniffligste« Fähigkeit, die ein Marketingmanager benötigt, ist die Kombination aus Kreativität auf der einen und analytischen Fähigkeiten auf der anderen Seite. Kreativität ist gefragt bei

---

Insider-Tipp

»Menschen, die zu uns passen, sind in der Regel aufgeschlossene Persönlichkeiten, die mit unternehmerischem Denken und viel Teamgeist etwas bewegen wollen. Eine ausgeprägte Hands-on-Mentalität ist ebenso wichtig wie Ideenvielfalt und Innovationsstärke.«
*Bettina Thünker,
HR Director,*
Pernod Ricard Deutschland

der Planung des Marketing-Mix, bei der Erstellung von Werbematerialien sowie bei Präsentationen. Doch alle Kreativität muss zu praktikablen und sinnvollen Ergebnissen führen – der kreativen Arbeit geht also die Analyse voraus. Marketing wird oft assoziiert mit schillernden Werbewelten, doch die Basis aller Marketingarbeit sind harte Fakten. Bei Produkteinführungen müssen Potenzial- und Preissensitivitätsanalysen durchgeführt werden. Weiterhin werden Ergebnisse aus quantitativer wie qualitativer Marktforschung ausgewertet – in Zusammenarbeit mit externen Dienstleistern sowie einer internen Marktforschungsabteilung. Beim bestehenden Sortiment werden laufend Umsatz- und Verkaufsanalysen durchgeführt, um stets im Blick zu haben, ob ein Produkt sich wie erwartet entwickelt oder ob weitere Verkaufsmaßnahmen ergriffen werden müssen. Dienstleister wie AC Nielsen, Euromonitor, GfK oder IMS liefern eine schier endlose Zahl an Daten, die analysiert werden wollen. Machen Sie sich also bewusst, dass Analyse einen großen Anteil in Ihrem Marketingarbeitsalltag ausmachen wird. Sie sollten sich gerne mit Daten auseinander setzen, ein statistisches Grundverständnis besitzen sowie den Umgang mit Excel nicht scheuen.

Die Arbeitszeiten im Marketing übersteigen in aller Regel die einer 40-Stunden-Woche, schwanken allerdings von Zeit zu Zeit. In Phasen von Produktneueinführungen oder Jahresplanungen steigt die wöchentliche Arbeitszeit. 50-60 Stunden pro Woche können durchaus erreicht werden. Sie sollten also genügend Energie und Belastbarkeit mitbringen. Die meisten großen Unternehmen heutzutage haben allerdings die Bedeutung von Work-Life-Balance erkannt, so dass bereits viele Maßnahmen gesetzt werden, um eine zu hohe, langfristig schadende Arbeitsbelastung zu reduzieren.

Die Anforderungen an Bewerber im Vertrieb unterschieden sich nur leicht von denjenigen im Marketing. Durch den ständigen und direkten Kundenkontakt ist ein professionelles und souveränes Auftreten im Vertrieb eine noch wichtigere Eigenschaft. Ein selbstbewusstes und extrovertiertes Wesen passt gut in den Vertrieb. Rhetorische Sicherheit und Verhandlungsgeschick erleichtern die Verkaufs- und Überzeugungsarbeit. Gerade im Key Account Management, bei dem Großkunden mit großen Umsatzvolumina betreut werden, ist die Kenntnis von Verhandlungs- sowie Argumentationstechniken essenziell. Überzeugungskraft und die Fähigkeit, Produkte und Verkaufspromotions begeisternd zu präsentieren und zu verkaufen, sind besonders im Vertrieb wichtige Fähigkeiten.

Geforderte Ausbildung und Fachkenntnisse

Für eine Marketing- oder Vertriebskarriere bei einem Konsumgüterhersteller ist in aller Regel ein Wirtschaftsstudium an einer Hochschule eine gute Voraussetzung. Durch das betriebswirtschaftliche Wissen, das Sie sich im BWL-Studium aneignen, wird es Ihnen leichter fallen, die Gesamtzusammenhänge im Konzern zu verstehen und Entscheidungen auf einer ökonomischen Grundlage zu treffen. Weiterhin benötigen Sie auch spezifische Kenntnisse im Bereich Marketing bzw. Sales. Geeignete Vertiefungsfächer sind neben Marketing, Absatzwirtschaft und Handel & Distribution die Fächer Marktforschung, Werbe- und Konsumpsychologie, Statistik, aber auch Controlling. Kenntnisse letzteren Faches sind z. B. wichtig für die korrekte Planung und Nachverfolgung des Marketingbudgets, was in manchen Konsumgüterunternehmen die Aufgabe des einzelnen Produktmanagers sein kann.

Die theoretischen Kenntnisse, die Sie im Studium erworben haben, bilden die Basis Ihrer Fachkompetenz. Wichtiger ist es jedoch, dass Sie bereits während des Studiums viel Praxiserfahrung sammeln. Nicht selten führt ein erfolgreiches Praktikum gegen Studienende zu einem Jobangebot. Praktika sind außerdem Ihre Chance, sich gegenüber Ihren Wettbewerbern abzusetzen. Da Praktika in vielen Studiengängen nicht verpflichtend sind, beweisen Sie durch Ihren Antrieb, ein Praktikum eigeninitiativ zu absolvieren, Interesse und Ehrgeiz. Last but not least lernen Sie den Marketingalltag bereits vor Ihrem späteren Berufseinstieg kennen und eignen sich wichtige praktische Kenntnisse an, die Ihnen nicht nur Vorteile im Bewerbungsprozess verschaffen, sondern Ihnen auch den späteren Berufsalltag erleichtern werden.

Wenn Sie eine Karriere in einem internationalen Konzern anstreben, so sollten Sie unbedingt schon während des Studiums Auslandserfahrung sammeln. Dies kann in Form eines Auslandssemesters oder -praktikums, aber auch durch freiwillige Projekte im Ausland geschehen.

Die Studienzeit spielt zwar keine alles entscheidende Rolle, sollte aber im Regelfall nicht zu stark von der Regelstudienzeit abweichen. Semester, die über die Regelstudienzeit hinausgehen, sind zu erklären. Z. B. durch Auslandssemester, Praktika oder besonderes außeruniversitäres Engagement. Sehr gute akademische Leistungen gelten als Indikator für die fachliche Qualifikation, wobei hier zwischen den Universitäten differenziert wird. Die Reputation der Universitäten spielt eine erhebliche Rolle. Personaler wissen, was ein »Sehr gut« einer zweitklassigen Universität und ein »Gut« einer Top-Universität bedeuten.

Tipp

Sollten Ihnen im Bewerbungsgespräch Produkte gezeigt werden, so haben Sie keine Scheu, diese in die Hand zu nehmen, zu öffnen (Sie können ja fragen, ob das erlaubt ist.), zu testen und sich eingehend mit diesen auseinander zu setzen. Andernfalls könnte man glauben, Sie haben Berührungsängste mit Ihrem späteren »Arbeitsgegenstand« oder Sie sind desinteressiert und nicht begeisterungsfähig.

Eventuelle Nachteile hinsichtlich Noten bzw. Reputation der Universität gleichen Sie jedoch durch herausragende Praktika, außeruniversitäre Aktivitäten oder Auslandsaufenthalte aus. Letztlich sind bei den meisten Unternehmen das Gesamtprofil und die Persönlichkeit des Bewerbers Ausschlag gebend.

Neben Ihren Studienleistungen, Ihren praktischen Erfahrungen und Ihrer Persönlichkeit ist in der Konsumgüterindustrie ein Aspekt absolut wesentlich: Ihre Affinität zu und Ihre Begeisterung für die Marken und Produkte des Unternehmens. Dies gilt vor allen Dingen für Berufe im Marketing und Vertrieb, da Sie in beiden Fällen Produkte »verkaufen« müssen und dies Ihnen nicht nur besser gelingt, sondern Ihnen auch mehr Freude macht, wenn Sie mit Leidenschaft bei der Sache, also beim Produkt sind. Überlegen Sie sich daher also sehr genau, mit welchen Konsumgütern Sie sich identifizieren können, damit Sie den für Sie richtigen Konsumgüterhersteller als Arbeitgeber ins Visier nehmen.

Insider-Tipp

»Wichtiger als eine kurze Studienzeit sind uns bei Bewerbern zwei Punkte: Zum einen die Persönlichkeit und zum anderen, dass Sie viel praktische Erfahrung gesammelt haben.«
Eva Szreder,
Talent Recruitment Director,
L'Oréal

III. Bachelor oder Master?

Eine Frage, die sich Studierende aktuell stellen müssen, ist die Frage »Bachelor oder Master?«. In den letzten Jahren ist die Umstellung von Diplom- zu Bachelor- und Master-Abschlüssen vollzogen worden. Diese Umstellung wurde im Rahmen des Bologna-Prozesses gefordert, dessen Ziel es ist, eine einheitliche europäische Hochschullandschaft und vor allen Dingen über Ländergrenzen hinweg vergleichbare Abschlüsse zu schaffen. Der Bachelor-Abschluss, für den in der Regel sechs bis acht Semester Regelstudienzeit gelten, ist ein erster berufsqualifizierender Hochschulabschluss. Für die Studierenden bedeutet dies, dass sie ihre Ausbildungszeit verkürzen und bereits früher in das Berufsleben einsteigen können. Was bedeutet dies jedoch für Unternehmen?

Für Unternehmen war die Umstellung von Diplom- zu Bachelor- und Master-Abschlüssen ein neues Thema im Recruiting-Bereich, auf das sie reagiert haben. Die meisten Unternehmen erkennen den Bachelor als einen vollwertigen Hochschulabschluss an, durch die kürzere Studiendauer werden sie jedoch vor folgende Tatsachen gestellt: Bewerber mit Bachelor-Abschluss haben durch ein verschulteres System weniger Zeit, um Praxiserfahrung neben dem Studium zu sammeln und sie sind jünger beim Berufseintritt. Dies bedeutet in aller Regel, dass sie weniger Zeit hatten für ihre berufliche Orientierung und damit auch für ihre Persönlichkeitsentwicklung.

Unternehmen suchen Bewerber, die sich sicher sind, welchen Beruf sie ergreifen möchten und die eine gewisse Seniorität mitbringen. Je jünger ein Absolvent ins Berufsleben einsteigt, desto jünger wird er beim nächsten Karriereschritt sein. Persönliche Reife ist für eine Management-Position – vor allen Dingen für Positionen mit Personalverantwortung – jedoch eine sehr relevante Eigenschaft. Mit der kürzeren Studienzeit des Bachelors geht auch ein Lebensabschnitt verloren. Zeit, in der man viele Erfahrungen macht und damit auch persönlich reift. Wenn Sie demonstrieren können, dass Sie genau wissen, was Sie wollen, Sie eine entsprechende Reife für einen Berufseinstieg mitbringen, und dass Sie ausreichend praktische Erfahrung gesammelt haben, dann haben Sie bei vielen Unternehmen die gleichen Einstiegsmöglichkeiten wie Master-Absolventen. Achten Sie dann aber darauf, dass Sie nicht in eine »Karriere-Sackgasse« abbiegen, sondern dass das Unternehmen Ihnen – wenn Sie einmal eingestellt sind – die gleichen Entwicklungsmöglichkeiten wie Einsteigern mit Master-Abschluss bietet. Wenn Sie einen Berufseinstieg nach dem Bachelor-Abschluss anstreben, sollten Sie sich unbedingt Zeit nehmen, um praktische Erfahrungen zu sammeln. In einem sechsmonatigen Praktikum lernen Sie erheblich mehr als während drei Monaten und Sie erhöhen durch die Übernahme eigenständiger Projekte nach der Einarbeitung Ihre Chancen auf eine Einstellung.

Insider-Tipp

Auch, wenn Sie rein theoretisch in vielen Unternehmen die gleichen Chancen mit einem Bachelor-Abschluss haben, so wird es immer noch leichter sein, mit einem Master-Abschluss ein Angebot zu erhalten. Überlegen Sie sich also gut, mit welchem Abschluss Sie die Hochschule verlassen wollen. Zur weiterführenden Vorbereitung auf Ihr Master-Studium oder Ihr Praktikum empfehlen wir das Insider-Dossier »Das Master-Studium« und »Praktikum bei Top-Unternehmen«.

IV. Direkteinstieg oder Traineeprogramm?

Hochschulabsolventen stehen beim Berufseinstieg zwei verschiedene Möglichkeiten zur Auswahl: die eines Direkteinstieges oder ein Traineeprogramm. Viele Unternehmen haben sich je nach Philosophie und Kultur für eine dieser beiden Möglichkeiten entschieden. Im Folgenden stellen wir Ihnen kurz die Vor- und Nachteile der beiden Einstiegsformen dar, damit Sie die für Sie richtige Wahl treffen können.

Der Direkteinstieg bindet Sie fest in eine konkrete Position innerhalb einer Unternehmensorganisation ein. Damit werden Ihnen definierte Aufgaben, individuelle Projekte und eigene Verantwortlichkeiten für einen längeren, festen Zeitraum übertragen. Sie übernehmen die vollen Rechte und Pflichten eines festangestellten Mitarbeiters inklusive vollem Gehalt und arbeiten sich vom ersten Tag an kontinuierlich und mit klaren Zielen in Ihren spezifischen Bereich und Ihre Aufgaben ein. In der Regel bieten die meisten Unternehmen eine Einarbeitungsphase begleitet von Trainings und Weiterbildungen sowie einer umfassenden Vorstellungsrunde über die Abteilungsgrenzen hinaus. Viele Unternehmen bezeichnen diese Form der Einarbeitung als »Training on-the-job«.

Das Traineeprogramm ist eine Art Ausbildungsprogramm nach dem Studium und bietet Hochschulabsolventen die Möglichkeit, sich vor Übernahme einer konkreten Position einen Überblick über mehrere Unternehmensbereiche zu verschaffen. Ein Traineeprogramm dauert von Unternehmen zu Unternehmen unterschiedlich lang, meist jedoch zwischen einem halben und zwei Jahren. In dieser Zeit bieten sich Ihnen viele Lernmöglichkeiten in diversen Abteilungen, Funktionsbereichen oder sogar Ländern sowie die Chance, den für Sie attraktivsten Arbeitsbereich kennen zu lernen – sollten Sie sich noch nicht festgelegt haben. Durch das Traineeprogramm genießen Sie eine generalistische Grundausbildung und haben ausreichend Gelegenheit, sich von Beginn an ein breites Netzwerk im Unternehmen aufzubauen. Nachdem Sie als Trainee auf die Übernahme eines eigenverantwortlichen Aufgabenbereichs vorbereitet worden sind, haben Sie durch die bereits geknüpften Kontakte eine optimale Startposition. Das Traineegehalt ist oftmals niedriger als das eines Direkteinsteigers, nach Abschluss des Traineeprogramms können Sie teilweise allerdings höhere Jahresgehälter erwarten als ein Direkteinsteiger nach der gleichen Zeit.

Die nachfolgende Tabelle zeigt die Unterschiede zwischen dem Direkteinstieg und einem Traineeprogramm übersichtlich auf:

Direkteinstieg	Traineeprogramm
• Integration in eine feste Organisationseinheit, Übernahme einer konkreten, längerfristigen Position	• Job Rotation, Übernahme von verschiedenen Aufgaben und Positionen nacheinander
• Funktionsspezifische Einarbeitung	• Generalistische Ausbildung
• Übernahme eigenverantwortlicher Aufgaben	• Vorbereitung zur Übernahme von eigenverantwortlichen Aufgaben
• Volles Gehalt + evtl. Bonus	• Traineegehalt
• Keine Altersbeschränkungen	• Altersobergrenze meist Ende 20

Für welchen Einstieg Sie sich entscheiden, ist von Ihren individuellen Präferenzen sowie von der Wahl des Arbeitgebers abhängig. Wenn Sie sich noch nicht auf eine bestimmte Position oder einen bestimmten Funktionsbereich festlegen möchten, dann könnte das Traineeprogramm die richtige Wahl für Sie sein. Wenn Sie jedoch schon – z. B. durch absolvierte Praktika – genau wissen, wohin Sie möchten, dann verlieren Sie keine Zeit und streben einen Direkteinstieg an. In Kapitel E und F dieses Insiders-Dossiers erfahren Sie von den Einstiegsmöglichkeiten bei den jeweiligen Unternehmen.

V. Karriereoptionen

> **Tipp**
>
> Informieren Sie sich über die typischen Einstiegspositionen bei Ihrem Wunscharbeitgeber und spüren Sie nach, ob der erste Verantwortungsbereich stimmig ist für Sie. Über den Einstieg informiert das Unternehmen selbst. Geschickt ist es jedoch auch, Bekannte zu befragen, die das Unternehmen »von innen« kennen. Und natürlich empfehlen wir Ihnen auch, die Erfahrungsberichte auf squeaker.net zu lesen.

Die typische Karrierelaufbahn gibt es nicht, die Karrierewege sind von Unternehmen zu Unternehmen sehr unterschiedlich. In aller Regel steigen Hochschulabsolventen zunächst auf dem untersten Management-Level ein. In manchen Unternehmen ist dies die Position des Junior-Produktmanagers mit der vollen Verantwortung für den eigenen Produktbereich – hier erlebt man den bekannten »Wurf ins kalte Wasser«. In anderen Unternehmen ist die typische Einstiegsposition die des Assistant Product Managers. In dieser Funktion unterstützt der Mitarbeiter den ihm vorgesetzten Produktmanager und wird damit schrittweise an die Aufgaben herangeführt. In beiden Fällen ist ein Hochschulstudium jedoch eine klare Voraussetzung für den Berufseinstieg, da Sie von dieser Position in weitere Managementpositionen entwickelt werden.

Je nach Modell ist der nächste Karriereschritt derjenige zum Junior oder zum Produktmanager. Mit dieser Position wächst ihr Verantwortungsbereich. Sie haben Routine erlangt und übernehmen größere Projekte und Aufgaben. Dieser Entwicklungsschritt erfolgt leistungsabhängig, oftmals jedoch nach ein bis zwei Jahren. Der folgende Karriereschritt ist zumeist ein Schritt in eine Position mit Personalverantwortung. Als Senior oder Group Product Manager erhalten Sie die Verantwortung für eine Produktkategorie (wie z. B. Gesichtspflege oder Haushaltsreiniger) sowie für die Produktmanager, die einzelne Produkte oder Produktbereiche bearbeiten. Ihre Aufgaben wandeln sich nun, statt ausschließlich mit operativen Tätigkeiten befasst zu sein werden Ihre Aufgaben nun strategischer.

Ein weiterer Schritt in der klassischen Marketinglaufbahn ist die Ernennung zum Marketingleiter oder Marketing Director. In dieser Funktion verantworten Sie eine gesamte Marke in einem Markt und führen ein gesamtes Marketingteam. Daher erfordert dieser Karriereschritt neben einer umfassenden, mehrjährigen Tätigkeit im Marketingbereich auch solide Kenntnisse der Personalführung, da Sie in der Regel ein größeres Team bestehend aus mehreren Produktmanagern führen. Nach der Tätigkeit als Marketingleitung, bei der Sie ausschließlich Marketingverantwortung hatten, ist der Schritt zum General Manager möglich. Hier haben Sie neben der Verantwortung für das Marketing auch die Verantwortung für den Vertrieb sowie für sämtliche weitere Abteilungen Ihres Geschäftsbereichs. Auf Grund der umfassenden Verantwortung ist es nicht nur gern gesehen, sondern oft auch notwendig, dass Sie neben Ihrer Marketingkarriere einen Seitenschritt einlegen und z. B. auch den Vertrieb kennen lernen.

Die Karrierepfade im Vertrieb sehen etwas anders aus als diejenigen im Marketing. Je nach Vertriebsstruktur ist ein Einstieg als Vertriebsrepräsentant oder als Junior Key Account Manager möglich.

Steigen Sie als Hochschulabsolvent im Außendienst ein, so ist für Sie meistens eine klare Entwicklung hin zu einer Management-Position vorgesehen. Bei der Tätigkeit als Vertriebsrepräsentant lernen Sie das Handwerkszeug kennen und werden vorbereitet darauf, dass Sie eine Vertriebsregion verantworten und ein Team von Vertriebsrepräsentanten führen. Nach der Tätigkeit als Regionaler Vertriebsleiter ist der Schritt zum Nationalen Vertriebsleiter möglich.

In den Unternehmen der Konsumgüterindustrie mit ihrer großen Marketingorganisation lernt man bei jedem Karriereschritt meistens etwas Neues kennen. In der Regel ist jede neue Position mit einem neuen Verantwortungsbereich verbunden. Entweder wechseln die zu betreuenden Produkte oder Produktkategorien oder aber man wechselt in eine neue Position für eine ganz andere Marke. Hieraus ergeben sich viele Lernmöglichkeiten im Marketingbereich. Jede Marke hat andere Zielgruppen und Vermarktungsstrategien. Aus den schnellen Entwicklungsmöglichkeiten ergibt sich auch eine hohe Rotation und Fluktuation in den Marketingabteilungen. Sie müssen ein Team-Player sein und sich jederzeit auf neue Aufgaben und Kollegen einstellen können.

Die beschriebenen Wege sind die von klassischen Laufbahnen. Jedoch können die meisten Konsumgüterkonzerne auf Grund ihrer Größe und der Vielzahl der Positionen flexible Entwicklungsmöglichkeiten anbieten. Wenn Sie z. B. im lokalen Marketing in Deutschland begonnen haben, so könnte ein Entwicklungsschritt für Sie sein, die Arbeit des internationalen Marketing in der Konzernzentrale kennen zu lernen. Sind Sie mobil, so sind Transfers in andere Länder möglich und gern gesehen. Vergessen Sie hierbei jedoch nicht, dass Sie – vor allen Dingen im Marketing – die jeweilige Landessprache fließend sprechen müssen. Daher sind Länderwechsel eher auf einer höheren Hierarchieebene üblich, wenn Sie mehr mit Führungsaufgaben betraut sind und nicht mit operativen Aufgaben, für die die Sprache relevant ist.

Um die zahlreichen Möglichkeiten zu demonstrieren, zeigen viele Unternehmen auf ihren Internetseiten Mitarbeiter und ihre individuellen Karrierepfade. Schauen Sie sich diese Profile an, um ein Gespür für die Möglichkeiten innerhalb des Konzerns zu erhalten. Doch vergessen Sie nie: Sie sind derjenige, der seine Entwicklung am besten mitgestalten kann. Zum einen durch Ihre Leistung in der aktuellen Position und zum anderen dadurch, dass Sie Ihr Interesse, Ihre Offenheit und Flexibilität für einen Wechsel gegenüber Ihrem Vorgesetzten und der Personalabteilung äußern. Wenn Sie wissen, wohin Sie wollen, dann behalten Sie dies nicht für sich.

VI. Gehalt und Gehaltsbestandteile

In der Konsumgüterindustrie liegen die Jahresgehälter im Marketing & Sales für Absolventen mit Bachelor-Abschluss durchschnittlich um die 42.000 € und für Absolventen mit Master um die 45.000 € brutto. Das Gehalt ist immer abhängig von der Größe des Unternehmens und dessen Standort sowie der jeweiligen Stelle, aber natürlich auch von Ihrer fachlichen Ausbildung, Ihren praktischen Erfahrungen und Zusatzqualifikationen. Je höher Ihre Qualifikation ist, desto bessere Chancen werden Sie in einer Gehaltsverhandlung haben. Viele Unternehmen differenzieren beim Einstiegsgehalt jedoch nicht. In diesem Fall sollten Sie auf eine Gehaltsverhandlung besser gänzlich verzichten, damit nicht der Eindruck entsteht, Sie legen nur Wert auf ein gutes Gehalt. Wichtiger sollten Ihnen Ihre Aufgaben und Entwicklungsmöglichkeiten sein. Wenn Sie jedoch nach Ihrem Gehaltswunsch gefragt werden, geben Sie am besten eine Gehaltsspanne um das branchenspezifische Durchschnittsgehalt herum an.

Beim Vergleich von Gehältern sollten Sie nicht nur das Grundgehalt betrachten, sondern auch weitere Gehaltskomponenten sowie die Zusatzleistungen, die Ihnen das Unternehmen bietet. Viele Firmen zahlen zusätzlich zum Grundgehalt einen Bonus aus, möglicherweise jedoch erst auf späteren Karrierestufen. Der Bonus kann von unterschiedlichen Faktoren abhängen: vom Gewinn des Gesamtunternehmens (Profit Sharing), von der Performance einer einzelnen Abteilung oder von Ihrer individuellen Leistung. In den meisten großen Unternehmen gibt es Mitarbeiter- bzw. Entwicklungsgespräche, in denen Ihre persönlichen Ziele vereinbart werden. Diese dienen als Grundlage für die spätere Bonus-Auszahlung. Im Marketing kann z. B. der Gewinn von Marktanteilspunkten ein Ziel sein. Im Vertrieb werden zumeist Umsatzziele formuliert. Der Anteil der variablen Gehaltskomponente ist im Vertrieb in aller Regel meist höher als im Marketing.

Häufig bieten Unternehmen eine Betriebliche Altersvorsorge an. Dies sind alle Leistungen, die der Arbeitgeber für Sie zur Alters-, Hinterbliebenen- oder Invaliditätsversorgung beiträgt. Eine weitere mögliche Zusatzleistung kann die Zahlung von Versicherungsbeiträgen sein. So gibt es Unternehmen, die für ihre Mitarbeiter eine Unfallversicherung oder eine Zusatzkrankenversicherung abschließen oder Beiträge für eine Berufsunfähigkeitsversicherung übernehmen.

Es gibt viele weitere Gehaltskomponenten und Zusatzleistungen, die sich positiv auf Ihr gesamtes Nettoeinkommen auswirken können. Die folgenden Fragen sollen Ihnen einen Überblick geben und Hilfestellung bieten bei der Bewertung des Gesamtpaketes, das ein Unternehmen Ihnen anbietet:

- Wie viele Urlaubstage stehen Ihnen im Jahr zu?
- Werden ein 13. und vielleicht sogar ein 14. Gehalt gezahlt? (Urlaubs- und Weihnachtsgeld)
- Gibt es Bonuszahlungen? Werden Sie am Gewinn des Unternehmens beteiligt? (Profit Sharing, Stock Purchase Plan)
- Erhalten Sie ein Smartphone? Einen Laptop? Einen Firmenwagen? Dürfen Sie diese auch privat nutzen? (Bei Einstiegspositionen sind diese Gehaltskomponenten selten relevant.)
- Schließt das Unternehmen Versicherungen für Sie ab? (Unfall-, Berufsunfähigkeits-, Zusatzkrankenversicherung)
- Gibt es die Möglichkeit einer betrieblichen Altersvorsorge?
- Übernimmt das Unternehmen Kosten, die Ihnen im Zuge eines Wohnortwechsels entstehen? (Umzugskosten, Maklergebühr)
- Gibt es weitere Angebote, durch die Sie Geld sparen können? (Z. B. Zuschuss zum Mittagstisch bzw. subventionierte Kantine, betriebseigener Kindergarten, verbilligter Einkauf von Produkten des Unternehmens, freie Getränke am Arbeitsplatz)
- Unterstützt das Unternehmen Sie bei einer späteren Promotion oder bei einem Master bzw. MBA? Werden Sie freigestellt? Werden die Kosten übernommen?
- Ist ein Sabbatical problemlos möglich?
- Welche Formen der Personalentwicklung werden angeboten?
- Welche internationalen Karriereperspektiven bietet das Unternehmen?

Manchmal mag es schwierig sein, all diese Fragen beim Einstieg zu klären. Wenn Sie im Bewerbungsgespräch bereits nach der Auszeit fragen, so mag der Eindruck entstehen, dass Sie gar nicht arbeiten wollen. Sollte das Unternehmen solche Punkte nicht von sich aus ansprechen, so versuchen Sie, Kontakt zu Mitarbeitern aufzunehmen. Es gibt immer jemanden, der jemanden kennt, der in genau diesem Unternehmen arbeitet und Ihnen Ihre Fragen sicherlich auf »inoffiziellem« Wege beantworten kann. Auf jeden Fall sollten Sie im Bewerbungsgespräch zunächst die Fragen nach den Arbeitsinhalten stellen und dann erst nach den »Annehmlichkeiten«. Im Kapitel »Unternehmensprofile« dieses Insider-Dossiers erfahren Sie, welche Unternehmen genaue Gehaltsangaben machen und ob diese eine Gehaltsspanne inklusive Verhandlungsspielraum angeben oder nicht.

Tipp

Wir empfehlen Ihnen, zum Thema Gehalt und Vergütungen auch den Artikel »Gehaltsverhandlung« auf squeaker.net zu lesen.

Kapitel C: Bewerbung in der Konsumgüterindustrie

Dieses Kapitel begleitet und unterstützt Sie bei der Erstellung Ihrer Bewerbungsunterlagen. Es gibt Ihnen praktische Tipps und hilft Ihnen, klassische Fehler zu vermeiden. Zunächst erhalten Sie Anregungen zur gezielten persönlichen und fachlichen Vorbereitung, damit Sie Ihr Profil schärfen können. Im Anschluss dann erhalten Sie wertvolle Tipps zur Erstellung Ihrer schriftlichen Bewerbungsunterlagen, die in der Regel den ersten Kontakt mit dem potenziellen Arbeitgeber darstellen.

I. Vorbereitung

Eine solide Vorbereitung ist das A und O im Bewerbungsprozess. Sie müssen sich kennen und Sie müssen wissen, was Sie wollen, damit Sie mit Ihrer Bewerbung erfolgreich sein werden. Investieren Sie etwas Zeit in die Vorbereitung, dann wird Ihnen das spätere Verfassen von Motivationsschreiben und die Vorbereitung auf konkrete Gespräche leichter fallen. Im Bewerbungsprozess geht es um ein Kennenlernen: Das Unternehmen möchte Sie und Sie möchten das Unternehmen kennen lernen. Sie müssen herausfinden, ob Sie zueinander passen. Daher empfehlen wir Ihnen, sich zunächst selbst mit Ihren Stärken und Schwächen auseinander zu setzen und im nächsten Schritt zu entdecken, welcher Arbeitgeber zu Ihnen passen könnte.

1. Stärken und Schwächen – lernen Sie sich kennen!

Wie gut kennen Sie sich? Keine Angst, Sie sollen sich nicht komplett psychologisch analysieren (lassen). Doch eine Bewerbung ist im wahrsten Sinne des Wortes eine Be-Werbung. Um sich gut zu präsentieren und zu »verkaufen«, müssen Sie sich Ihrer Stärken und Schwächen bewusst sein. Je besser Sie sich kennen und wissen, was Sie wollen, desto wahrscheinlicher ist es, dass Ihnen der Job angeboten wird, der zu Ihnen passt. Nur dann werden Sie im Beruf zufrieden sein und dadurch respektable Leistung erbringen. Wir empfehlen Ihnen, Ihr persönliches Stärken-Schwächen-Profil zu erstellen.

Sowohl im persönlichen als auch im fachlichen Bereich haben Sie Stärken und Schwächen. Die viel zitierte eierlegende Wollmilchsau gibt es in der Realität einfach nicht. Daher seien Sie ehrlich zu sich selbst: Was können Sie gut und was nicht? Wo können Sie noch besser werden? Lassen Sie uns zunächst mit Ihren Stärken beginnen. Überlegen Sie, was Sie gut können und listen Sie all Ihre Stärken auf! Es reicht jedoch nicht aus, Ihre Stärken einfach zu benennen und im luftleeren Raum stehen zu lassen. Sie müssen auch erklären können, warum dies eine Stärke ist, in welcher Situation Sie diese bereits gezeigt haben. Zur Illustration Ihrer Stärken können Sie sowohl Beispiele aus dem beruflichen Alltag als auch aus Ihrer Studienzeit nennen. Die Auflistung Ihrer Stärken könnte so aussehen:

Persönliche Eigenschaften, die Stärken sind	Ist meine Stärke, weil …
Leistungsbereitschaft (Motivation, über das Notwendige hinaus zu arbeiten)	… ich mehre Praktika freiwillig absolviert habe. Außerdem lasse ich nicht nach der Mindestarbeitszeit den Stift fallen.
Zielorientierung (Erreichung der mir gesetzten Ziele innerhalb einer gesetzten Frist)	… ich mein Studium unterhalb der Regelstudienzeit abgeschlossen habe.
Analytisches Denken (Komplexe Sachverhalte strukturiert und nachvollziehbar lösen)	… ich mit Freude anspruchsvolle Case Studies löse und in meinem letzten Praktikum die komplette Analyse von … durchgeführt habe.
Konfliktfähigkeit (Sachbezogene Auseinandersetzung und Kompromissbereitschaft bei kontroversen Themen)	… ich in einem Business Project einen Gruppenstreit erfolgreich schlichten konnte. Außerdem war ich in meiner Fußballmannschaft der Team-Kapitän.
Fachkenntnisse	**Ist eine Stärke, weil …**
Marketingwissen	… ich bereits mehrere Marketingpraktika in unterschiedlichen Unternehmen absolviert habe.
Excel-Kenntnisse	… ich keine Scheu habe vor Pivot-Tabellen und Auswertungs-Files mit zahlreichen Tabellenblättern.
Rhetorische Fähigkeiten	… ich an der Universität Mitglied im Debattierklub war und an mehreren Diskussionen teilgenommen habe.

Analog zu unseren Beispielen können Sie hier Ihre persönlichen Stärken notieren:

Persönliche Eigenschaften	Ist meine Stärke, weil ...

Fachkenntnisse	Ist meine Stärke, weil ...

Seien Sie ehrlich zu sich selbst und befüllen Sie diese Tabelle selbstkritisch. Empfehlenswert ist es, Personen aus Ihrem näheren Umfeld um eine Einschätzung zu bitten. Oft weichen Eigen- und Fremdbild voneinander ab und Sie erfahren von Außenstehenden Nützliches zur Erstellung Ihres Profils.

Kommen wir nun zu Ihren Schwächen. Während es recht einfach ist, über seine Stärken nachzudenken, überkommt einen beim Thema Schwächen ein unbehagliches Gefühl. Doch Sie werden nicht um diese Übung herum kommen. Nutzen Sie die Vorbereitungszeit zu überlegen, welche Schwächen Sie haben und über welche davon Sie sprechen möchten, bevor man Sie im Bewerbungsgespräch auf dem falschen Fuß erwischt. Machen Sie sich immer klar – jeder hat Schwächen. Entscheidend ist, über welche davon Sie sprechen und in welcher Form Sie an ihnen arbeiten. Wenn Sie dies überzeugend darstellen können, haben Sie nichts zu befürchten.

Zuallererst können Sie das Wort »Schwächen« durch »persönliche Baustelle« oder auch durch »Verbesserungspotenzial« ersetzen. Diese Begriffe betonen bereits, dass es sich nicht um unveränderliche Eigenschaften handelt, sondern dass Sie Ihre Schwächen erkannt haben und aktiv an ihnen arbeiten. Nun bleibt die Frage, über welche Schwächen Sie sprechen wollen. Es ist leicht erkennbar, dass die Schwäche »mangelnder Respekt vor Vorgesetzten« anders bewertet werden würde als die Schwäche »Perfektionismus«. Mit anderen Worten: Ihre Schwächen sind bis zu einem gewissen Maß sogar Stärken. Zu solchen Eigenschaften gehören neben Perfektionismus z. B. Ungeduld und Zu-viel-auf-einmal-Wollen.

Da Sie hier keine Beichte ablegen, sollten Sie sich gut überlegen, welche Offenheit Sie sich leisten wollen. Gespielte Antworten werden zwar sowieso aufgedeckt, aber vermeiden Sie in jedem Fall eine Überbetonung der Schwächen. Nachdem Sie ein oder zwei Schwächen genannt haben, lenken Sie das Thema wieder auf Ihre Stärken.

Schwächen finden

Den meisten Menschen fällt es leichter, ihre Stärken statt ihre Schwächen zu benennen. Da jede Stärke im übertriebenen Maße zu einer Schwäche werden kann, können Ihnen Ihre Stärken dabei helfen, Ihre Schwächen zu entdecken. Werden Sie beispielsweise oft für Ihre Kreativität gelobt, könnten Sie manchmal vielleicht etwas unfokussiert oder unstrukturiert sein. Ein übermäßiges Empathievermögen und Kompromissfähigkeit könnten auf geringe Durchsetzungsfähigkeit hinweisen. Und mit einer ausgeprägten Offenherzigkeit und einer ständig guten Laune könnten Sie zu mangelnder Verbindlichkeit neigen.

2. Welches Konsumgüterunternehmen ist das richtige für Sie?

Nachdem Sie sich besser kennen gelernt haben, fragen Sie sich nun, zu welchem Unternehmen Sie gut passen bzw. welches Unternehmen gut zu Ihnen passt. Wir empfehlen Ihnen, sich diese Frage gut zu überlegen, schließlich werden Sie einige Zeit, einige Jahre im Unternehmen verbringen. Sie sollten nicht überkritisch sein, denn gerade als Jobanfänger werden Sie – egal in welchem Unternehmen Sie Ihre berufliche Karriere beginnen – auf jeden Fall viel lernen und machen nichts falsch, wenn Sie das Angebot eines namhaften Konzerns annehmen. Doch vielleicht müssen Sie sich zwischen zwei oder drei Angeboten entscheiden oder Sie möchten bei einem neuen

Karriereschritt den Arbeitgeber wechseln. In dieser Situationen macht es durchaus Sinn sich zu überlegen, wohin man eigentlich am besten passt. Selbst in ein und derselben Branche sind die einzelnen Unternehmen doch recht unterschiedlich.

Jedes Unternehmen der Konsumgüterindustrie ist anders als das andere. Sie unterscheiden sich im Produktportfolio (Kosmetik, Haushaltsreiniger, Getränke, Süßigkeiten, etc.), in ihrer »Nationalität« (deutsch, amerikanisch, schweizerisch, französisch, etc.) und den sich daraus ergebenden Unternehmenskulturen (wenig oder stark hierarchisch, wenig oder stark strukturierte Abläufe, etc.).

Besonders beim letzten Punkt ist es schwierig, sich ein Bild zu machen, so lange Sie nur den Blick »von außen« haben. Daher empfiehlt es sich, Kontakt zu Mitarbeitern des Unternehmens aufzunehmen. Kennen Sie Personen, die in den Unternehmen arbeiten, die Sie interessieren? Sprechen Sie sie an und stellen Sie möglichst viele Fragen, um Informationen aus erster Hand zu erhalten. Wenn Sie keine Personen kennen, die in den für Sie spannenden Unternehmen arbeiten, so empfiehlt sich der Austausch in einer Online-Community wie squeaker.net. Hier finden Sie zahlreiche Erfahrungsberichte sowie hilfsbereite Mitglieder, die Ihre Fragen sicherlich gerne beantworten werden.

Insider-Tipp

»Ich kann allen Bewerbern nur raten, frühzeitig Kontakte zu knüpfen und Angebote wie Studentenwettbewerbe oder Veranstaltungen wahrzunehmen. Nirgends sonst kann man schneller und unkomplizierter Kontakt zu Mitarbeitern aufnehmen und auch mal Fragen stellen, die man im Vorstellungsgespräch nicht platzieren möchte. Dies hab ich wieder gemerkt, als mir während der Henkel Innovation Challenge zahlreiche Fragen zum Job als Brand Manager gestellt wurden.«
Julia,
Brand Management,
Henkel Beauty Care

squeaker.net-Fragenkatalog

Nutzen Sie den squeaker.net-Fragenkatalog, um besser einschätzen zu können, ob das Unternehmen zu Ihnen passt bzw. Sie zum Unternehmen:

- Wie ist das Produktportfolio? Kann ich mich mit diesen Produkten identifizieren, Begeisterung für sie entwickeln und sie mit Überzeugung vermarkten?

- Geht es um einen Berufseinstieg in der Konzernzentrale oder in einer Ländergesellschaft? In welchem Land ist die Konzernzentrale? Kann ich mir vorstellen, auch dort einmal zu arbeiten?

- Welche Position ist die Einstiegsposition? Wie gestaltet sich der Verantwortungsbereich? Handelt es sich um einen Direkteinstieg oder um ein Traineeprogramm?

- Was weiß ich über die Unternehmenskultur und die Arbeitsweise? Sind die Abläufe stark strukturiert oder nicht? Wie viel Spielraum werde ich haben?

- Handelt es sich um einen börsennotierten Konzern oder um ein Familien-Unternehmen? Was bedeutet dies für den Arbeitsalltag?

- Welche Werte und Visionen vertritt das Unternehmen? Kann ich diese teilen?

- Und zu guter Letzt: Was sagt mein Bauchgefühl? Habe ich mich bei den Gesprächen vor Ort wohlgefühlt? Waren mir die Gesprächspartner sympathisch?

Sie sollten Ihr Bauchgefühl bei solch einer Entscheidung unbedingt zu Wort kommen lassen. Wenn Sie jedoch ein eher analytischer Typ sind, so könnte Ihnen die **squeaker.net-Entscheidungsmatrix** eine Hilfe sein. Gehen wir davon aus, dass Sie fünf Unternehmen identifiziert haben, die Sie als Arbeitgeber interessieren. Tragen Sie diese Unternehmen in die Kopfzeile ein. Weiters überlegen Sie sich, welche Aspekte Ihnen wichtig sind beim Berufseinstieg. Dies können sein: Produktportfolio, Einstiegsposition, Gehalt, etc. Bewerten Sie mit Schulnoten, wie gut diese Dimensionen beim jeweiligen Unternehmen für Sie persönlich erfüllt sind, addieren Sie die Werte und notieren Sie die Summe in der letzten Zeile. Das Ergebnis ist nicht unumstößlich, aber bietet Ihnen aber zumindest Denkanstöße und eine Entscheidungshilfe.

Bewertungskriterien	Unternehmen 1	Unternehmen 2	Unternehmen 3	Unternehmen 4	Unternehmen 5
1)					
2)					
3)					
4)					
5)					
6)					
Summenzeile					

3. Ihr Profil in der Social Media-Welt

Haben Sie sich selbst schon einmal gegoogelt? Wenn nicht, dann sollten Sie dies unbedingt tun und sehen, was man im Internet über Sie herausfinden kann. Und sicherlich besitzen Sie Profile in Social Communities wie XING, LinkedIn, squeaker.net und facebook. Wie schauen diese Profile aus? Was geben Sie von sich preis? Wie viel ist für Ihre »Freunde«, wie viel für Fremde sichtbar?

Mit dem Aufkommen der Social Communities kam auch viel Skepsis auf und auch im Kontext von Bewerbungs- und Karriereberatungen wurden viele Warnungen ausgesprochen. Personaler wurden gar als Hobby-Profiler dargestellt, die jeden Kandidaten im Internet recherchieren und observieren, bevor sie ihn zum Vorstellungsgespräch einladen. Glauben Sie, dafür bleibt in den Personalabteilungen der Top-Unternehmen Zeit? Wir versichern Ihnen, in Konzernen ist es keine gängige Praxis, jeden Bewerber zu googeln. Dennoch kann es sein, dass jemand über eines Ihrer Online-Profile stolpert. Also sollten Sie sich Gedanken machen über Ihren gewollten oder ungewollten Internet-Auftritt.

Überlegen Sie sich, welche Plattform welchen Zweck verfolgt. XING und LinkedIn sind reine Businessplattformen und dementsprechend sollten Sie Ihr Profilfoto sowie Ihre Angaben dort wählen. Facebook hingegen hat einen stärkeren privaten Charakter, hier dürfen Sie also auch Sie privat sein. Natürlich darf man sehen, dass Sie Freizeit und ein Privatleben haben. Dass peinliche Fotos von Parties nicht nur im Bewerbungskontext unangenehm werden könnten, müssen wir Ihnen hoffentlich nicht erklären.

In der heutigen Zeit könnte man eher skeptisch werden, wenn man Sie nicht im Internet finden kann. Vielleicht bewerben Sie sich sogar auf einen Marketingjob, bei dem Internetkommunikation und Social Media Themen sind. Dann könnte sogar gefordert sein, dass Sie in der Welt von facebook und twitter zu Hause sind. Sie sehen, man kann nicht pauschalisieren, wie man sich in der Online-Welt zu präsentieren hat. Unser Tipp ist, dass Sie Ihre Profile einmal durch die Augen eines Dritten versuchen zu betrachten und bei der Bewertung auf Ihren gesunden Menschenverstand vertrauen.

> **Tipp**
>
> Werten Sie Ihre Google-Suchergebnisse auf: Wer seine Diplom- oder Seminararbeit über Plattformen wie z. B. diplomarbeiten.de etc. als elektronisches File zum Download anbietet, taucht in der Google Search auf und kann sein Namenssuchergebnis so mit wissenschaftlichem und inhaltlichem Bezug aufwerten.

II. Bewerbung in der Konsumgüterindustrie

Sie kennen nun Ihre Stärken und Schwächen und wissen, wohin Sie wollen. Nun geht es darum, in Kontakt mit den Unternehmen zu treten. Der erste Kontakt mit einem potenziellen Arbeitgeber ist im Standardfall die schriftliche Bewerbung bestehend aus einem Motivationsschreiben, Ihrem Lebenslauf sowie Ihren Zeugnissen. Ihre Bewerbungsunterlagen sind Ihre »Visitenkarte« und Sie sollten die Chance, einen ersten guten Eindruck zu machen, unbedingt nutzen.

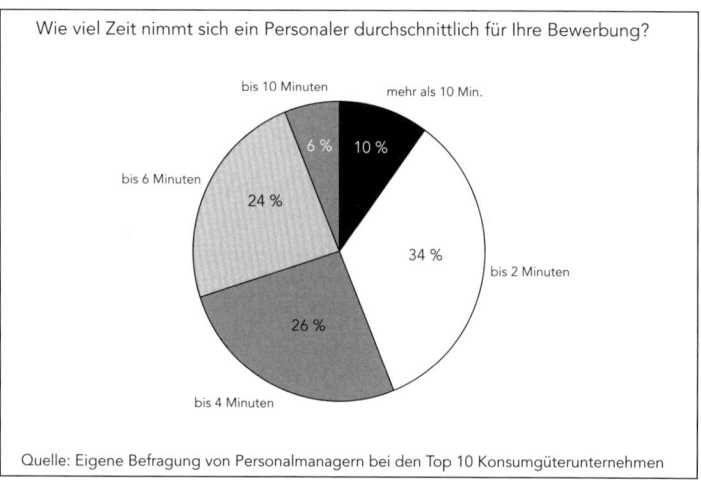

Versetzen Sie sich in die Lage eines Personalers in einem Konsumgüterunternehmen: Sie erhalten Tag um Tag eine Vielzahl von Bewerbungen und können sich nicht für jede Bewerbung unendlich viel Zeit nehmen. Sie brauchen Kriterien, um eine gute schnell von einer schlechten Bewerbung zu unterscheiden, und vor allen Dingen sehen Sie die Bewerbungsunterlagen auch als eine Art »Arbeitsprobe«.

Daher ist es für Sie als Bewerber eine Selbstverständlichkeit, dass Ihre Unterlagen formal korrekt sind: keine Rechtschreibfehler, kein Urlaubs- statt eines Bewerbungsfotos, keine unvollständigen Unterlagen. Mit solchen Dingen disqualifizieren Sie sich automatisch. Darüber hinaus müssen Sie es auch schaffen, sich von der Masse der Bewerber abzuheben. Ein Drittel der Personaler nimmt sich maximal zwei Minuten Zeit pro Bewerbung, wie die Grafik zeigt. Tipps für die Erstellung von aussagekräftigen Unterlagen erhalten Sie in den folgenden Kapiteln.

1. Das Anschreiben

Das Anschreiben stellt für viele Bewerber die größte Herausforderung bei der Erstellung der Bewerbungsunterlagen dar. Neben der Frage, was geschrieben werden soll, stellen sich auch noch Fragen nach Format und Sprache. Doch lassen Sie uns Schritt für Schritt die einzelnen Punkte durchgehen, dann wird Ihnen die Erstellung eines erfolgreichen Anschreibens nicht mehr schwer fallen.

Die Pflichtübung: Formale Aspekte

Wie schon erwähnt, bleibt einem Personaler pro Bewerbung nicht viel Zeit. Für Ihr Anschreiben bedeutet dies: Schreiben Sie maximal eine Seite! Dabei sollten Sie allerdings nicht zu viel tricksen und durch eine kleinen Schriftgröße und schmale Seitenränder versuchen, mehr Platz für Ihren Text zu schaffen. Die Seite sollte nicht gedrängt aussehen! Die Schriftgröße sollten Sie nicht kleiner wählen als 10 Punkt, besser 11, maximal jedoch 12 Punkt.

Halten Sie sich an die DIN-Empfehlungen zur Erstellung von Briefen. Es gibt klare Vorgaben für die Abstände von Adressat, Datumszeile und Betreff usw. Sie finden diese Vorgaben online unter dem Stichwort DIN 5008. Werfen Sie auch einen Blick auf squeaker.net. Hier finden Sie Beispiele für gelungene Anschreiben – sowohl in inhaltlicher als auch in formaler Hinsicht.

Das Anschreiben muss unbedingt Ihre Kontaktdaten enthalten. Zum einen machen Sie es dem Personaler leicht; er muss nicht in den anderen Unterlagen blättern, wenn er Ihre Daten benötigt. Es gibt aber noch einen anderen Grund: Während das Anschreiben beim Unternehmen verbleibt, gehören die restlichen Bewerbungsunterlagen (Lebenslauf und Zeugniskopien) Ihnen, sie sollten Ihnen bei postalisch versandten Bewerbungen nach Abschluss des Bewerbungsprozesses wieder zurück gesandt werden. Das Anschreiben ist also die einzige Unterlage, die beim Unternehmen verbleibt, Ihre Kontaktdaten hierauf sind damit unverzichtbar.

In der Betreffzeile sollten Sie den veralteten Ausdruck »Betreff« am Anfang der Zeile vermeiden. Eine prägnante Betreffzeile beinhaltet in Fettdruck entweder die Headline der Anzeige, Medium und Erscheinungsdatum oder die Positionsbezeichnung. Im Falle einer Initiativbewerbung den gewünschten Funktionsbereich und natürlich die Kennzeichnung als Initiativbewerbung.

Den Hauptteil des Anschreibens macht Ihr Bewerbungstext aus. Wir schlagen Ihnen vor, sich in maximal fünf Sinnabschnitten zu präsentieren, die jeweils nicht länger als drei bis fünf Zeilen sind. Den Abschluss des Anschreibens bilden die Schlussformel und Ihre Unterschrift. Die Grußzeile steht eine Leerzeile unter dem abschließenden Satz des Textteils. Wiederholen Sie Ihre Unterschrift mit Vor- und

> **Tipp**
>
> Sollte Ihnen der Name des Personalers nicht bekannt sein, so verwenden Sie als Anrede nicht »Sehr geehrte Damen und Herren«, sondern machen sich die Mühe, den richtigen Ansprechpartner im Unternehmen herauszufinden. Zu diesem Zweck führen Sie schon ein erstes Telefonat, auf das Sie sich im Anschreiben beziehen können. Damit haben Sie für Ihr Anschreiben einen persönlichen Einstieg gefunden.

Zunamen maschinenschriftlich. Übrigens: Den Vornamen auszuschreiben wirkt persönlicher als ihn abzukürzen.

Und nun zur Kür: der Inhalt des Anschreibens
Oftmals wird das Anschreiben auch Motivationsschreiben genannt, denn genau diese steht im Fokus: Ihre Motivation für die Stelle, auf die Sie sich bewerben. Was Sie nicht tun sollten: Die Daten und Fakten, die im Lebenslauf ohnehin schon zu finden sind, noch einmal ausformulieren. Alle Fakten zu Ihrer Ausbildung und Ihrer Praxiserfahrung kann der Personaler dem Lebenslauf entnehmen. Das Anschreiben ist vielmehr Ihre Chance, weitergehende Informationen über Sie selbst zu vermitteln sowie sich eine »Persönlichkeit« zu geben. Verraten Sie etwas über sich, das dem Lebenslauf nicht zu entnehmen ist. Vor allen Dingen gilt es, mit dem Anschreiben zwei zentrale Fragen des Unternehmens an Sie zu beantworten: »Warum gerade Sie?« und »Warum gerade wir?« Das Anschreiben ist Ihre Chance zur erfolgreichen Selbstvermarktung. Übertreiben sollten Sie jedoch nicht, die Inhalte Ihres Anschreibens sollten sich mit Ihren Qualitäten und Erfahrungen decken, die dem Lebenslauf und den Zeugnissen zu entnehmen sind.

Vermeiden Sie den Standardsatz »Hiermit bewerbe ich mich um ...«. Wenn Sie im Betreff die entsprechende Position schon angegeben haben, dann weiß der Personaler das auch. Steigen Sie individueller in das Anschreiben ein, damit die Neugierde des Lesers geweckt ist und Sie gleich zu Beginn einen Extrapunkt an Interesse kassieren können. Sie punkten vor allen Dingen dann, wenn der Personaler Ihrem Anschreiben entnehmen kann, dass Sie sich mit dem Unternehmen auseinander gesetzt haben. Dann nämlich passt Ihr Kommunikations- bzw. Schreibstil zum Selbstverständnis und zu den Werten des Unternehmens.

Nehmen Sie sich die Zeit, und lesen Sie sich in die »Unternehmenswelt« ein. Informationen über die Werte und Kultur des Unternehmens finden Sie auf den Firmen-Websites unter Schlagwörtern wie »Purpose & principles«, »Ethics« oder »Corporate culture«. Ein französisches Kosmetikunternehmen hat ein anderes Selbstverständnis als ein amerikanischer Waschmittelgigant. Während Sie bei ersterem die starke Anziehungskraft der Marken fasziniert und Sie Ihre Begeisterungsfähigkeit und Leidenschaft unterstreichen, loben Sie bei der zweiten Firma z. B. das Teamwork und den besonders ausgeprägten Unternehmergeist. Die Unterschiede hinsichtlich des Selbstverständnisses und des Kommunikationsstils können Sie gar nicht überschätzen.

Sie sollten sich jedoch nicht nur mit dem Unternehmen an sich befassen, sondern noch eingehender mit der ausgeschriebenen Stelle. Eine Stellenausschreibung enthält die wesentlichen Anforderungen an einen Kandidaten. Im Anschreiben sollten Sie auf die zentralen Punkte eingehen und dem Leser vermitteln, warum Sie diese erfüllen. Dies spricht nicht nur für Ihre Qualifikation, sondern vor allem auch dafür, dass Sie verstanden haben, worum es bei der ausgeschriebenen Stelle geht. Je besser Sie dem Personaler bereits im Anschreiben vermitteln können, dass Sie wissen, was im Arbeitsalltag auf Sie zukommen wird, desto eher wird man Ihnen die Tätigkeit auch tatsächlich zutrauen.

Der Erfolgsfaktor für Ihr Anschreiben ist, dass Sie klar herausarbeiten, was Sie von Ihren Wettbewerbern unterscheidet, und warum Sie sich besser für die Position eignen als Ihre Wettbewerber. Das tun Sie, indem Sie zum einen von Ihrer Motivation überzeugen und zum anderen natürlich über Ihre besonderen Eigenschaften und Qualifikationen schreiben. Vermeiden Sie es jedoch, all Ihre Qualifikationen aufzuzählen. Diese findet der Personaler auch in Ihrem Lebenslauf. Für die Erstellung des Anschreibens sollten Sie – wir betonen dies noch einmal – im Blick haben, was für die ausgeschriebene Stelle gefordert ist. Beschreiben Sie die Vorteile für das Unternehmen, wenn Sie eingestellt werden. Was können Sie zu einem besonderen Erfolg, Projekt etc. beitragen?

> **Tipp**
>
> Wenn Sie unsicher sind, wie Sie Ihr Anschreiben formulieren, dann sehen Sie sich die Muster-Anschreiben auf squeaker.net an und lassen sich von diesen für Ihr eigenes Anschreiben anleiten und inspirieren.

Last but not least: die Sprache
So wie bei Präsentationen das Optische oftmals mehr wiegt als der eigentliche Inhalt, so können Sie auch mit Ihrem Anschreiben punkten, wenn es durch eine präzise und klare Sprache auffällt. Mit dem Anschreiben möchten Sie sich »verkaufen«, also schreiben Sie selbstbewusst und überzeugt, aber klingen Sie nicht überheblich oder gar arrogant.

In Bewerbungsschreiben schleichen sich immer wieder Formulierungen im Konjunktiv ein: »Ich würde mich freuen, wenn ...« Klarer und selbstbewusster klingt »Ich freue mich, wenn ...« Eine ähnliche sprachliche »Schwäche« ist das viel verwendete »Ich wäre ....« Besser klingt »Ich werde sein ...« Statt »ich würde und ich könnte« schreiben Sie »ich werde und ich kann«. Denn Sie werden und können doch auch, oder etwa nicht? Vermitteln und unterstreichen Sie Ihre Kompetenz auch über die Sprache!

Versuchen Sie weiterhin, Bandwurm- und Schachtelsätze zu vermeiden. Kommen Sie auf den Punkt. Und streichen Sie unnötige, inhaltsleere Füllwörter aus Ihrem Anschreiben. Dies ist nicht nur sprachlich präziser, sondern schafft Ihnen Platz für weitere und vor allen Dingen wichtigere Inhalte. Auf der knappen Seite des Anschreibens haben bedeutungslose Wörter keinen Platz.

Der Grundsatz für Ihre Bewerbung sollte lauten: »Form und Inhalt perfekt, einheitlich und übersichtlich.« Für alle Teile der Bewerbung gilt: »Null Toleranz gegenüber Tippfehlern!« Sie können kaum einen schlechteren ersten Eindruck hinterlassen. Tippfehler

> **Buchtipps**
>
> Wenn Sie sich eingehender mit dem Thema »Sprache« auseinander setzen wollen – was Ihnen auch im Marketingalltag helfen könnte – so können wir Ihnen zwei Bücher empfehlen: »Erfolgreich texten!« von Doris Märtin und »Deutsch für Profis« von Wolf Schneider.

dokumentieren Oberflächlichkeit und deuten auf Bequemlichkeit des Bewerbers hin. Daraus zieht der Personaler Rückschlüsse auf Ihre spätere Arbeitsweise und damit scheiden Sie bereits vor einem persönlichen Gespräch aus dem Bewerbungsprozess aus.

Beispiele für das Motivationsschreiben

Wie bereits erwähnt ist es das A und O jeden Anschreibens, Ihre Eignung und Motivation für die ausgeschriebene Stelle glaubwürdig und überzeugend zu vermitteln. Im Folgenden zeigen wir Ihnen einige Beispielformulierungen, die relevante Fähigkeiten für einen Berufseinstieg in der Konsumgüterindustrie aufgreifen. Solche Sätze können Sie in Ihr Motivationsschreiben einfließen lassen. Verstehen Sie diese einzelnen Bausteine als Anregung und finden Sie mit eigenen Worten Formulierungen, die zu Ihnen persönlich passen und mit denen Sie sich wohlfühlen.

- **Praxiserfahrung und Branchenverständnis:** Durch diverse Praktika in der Konsumgüterindustrie habe ich ein tiefes Branchenverständnis gewonnen. Meine Tätigkeiten bei Procter&Gamble im Hair Care Marketing und bei Unilever im Key Account Management Body Care haben es mir ermöglicht, den Kosmetikmarkt in verschiedenen Segmenten und Ländern kennen zu lernen. Dabei habe ich aufgrund intensiver Kundenkontakte im Key Account Management und detaillierter Marktforschung im Rahmen eigenverantwortlicher Projekte Kenntnisse erlangt, die ich sehr gut bei der Tätigkeit in Ihrem Hause einfließen lassen kann.
- **Analytische Fähigkeiten:** Zur Strategieentwicklung habe ich im Rahmen einer Wettbewerbsanalyse AC Nielsen-Daten zur Erstellung von Marktanteils-Marktwachstums-Matrizen analysiert und ausgewertet. Hierbei habe ich europäische Marktdaten auf Produkt- und Kategorieebene nach Märkten und Wettbewerbern in einer Wachstumsanalyse zusammengeführt.
- **Stressresistenz und Teamfähigkeit:** Die Markteinführung von neuen Produkten im Bereich Hair Care hat für das gesamte Team sehr arbeitsintensive Wochen bedeutet. Als Praktikant habe ich die Kollegen während der gesamten Einführungsphase unterstützt und insbesondere Key Account Management und Category Management selbständig in zentralen Fragen entlastet.
- **Leistungsbereitschaft und Zielstrebigkeit:** Ich kann meine gesetzten Ziele erreichen, dank meiner Leistungsbereitschaft anfallenden Stress als positiven Anstoß erleben und daraus zusätzlichen Antrieb für mich gewinnen. Mein Studium habe ich unter der Regelstudienzeit abgeschlossen und damit gezeigt, dass ich Ziele erreiche, ohne dabei andere Dinge aus den Augen zu verlieren.

- **Verhandlungsführung**: Der direkte Kundenkontakt bei Kundenbesuchen und Verhandlungen im Rahmen von Produkt-Relaunches an der Seite des Key Account Managers hat mir zusätzlich zum Grundlagenseminar »Verhandlungsführung« weitergehende Praxis zu psychologischer Verhandlungsführung vermittelt.
- **Fachwissen und Erfahrung im Marketing**: Die Praktika in der Konsumgüterindustrie und die Vertiefungsfächer Handelswissenschaft und Marketing sowie Wirtschaftspsychologie bilden auf praktischer wie auf wissenschaftlicher Seite eine sehr gute Ergänzung und haben mich auf meinen Start in Ihrem Unternehmen intensiv vorbereitet.
- **Persönlichkeit**: Ich bin ein positiv eingestellter Mensch mit großer geistiger Offenheit und dem notwendigen Selbstvertrauen, die Herausforderungen, die sich mir stellen, anzugehen. So habe ich den studentischen Wirtschaftskongress zum Thema ... mitgestaltet und das Ressort Marketing geführt. Hier habe ich meine Fähigkeit, mich und andere zu bewegen, unter Beweis gestellt.

2. Der Lebenslauf

Die Zeit des Personalers im Blick habend, sollten Sie den Umfang von zwei Seiten für Ihren Lebenslauf nicht überschreiten. Oftmals sammelt sich durch viel Praxiserfahrung und Aktivitäten so viel Inhalt, dass es schwer fällt, den Lebenslauf auf zwei Seiten zu beschränken. Sie haben zum einen über die Formatierung die Möglichkeit, den Platz optimal auszunutzen, zum anderen sollten Sie überlegen, ob es nicht an der Zeit ist, »alte«, nicht mehr so relevante Stationen einfach nicht mehr anzugeben. Wenn Sie vor kurzer Zeit Praktika bei namhaften Unternehmen gemacht haben, so können Sie das dreiwöchige Schulpraktikum, das Sie vor acht Jahren absolviert haben, getrost auslassen.

Achten Sie gleichzeitig jedoch auch darauf, dass Ihr Lebenslauf nicht zu kurz und »mager« aussieht. Dies könnte für den Personaler auf wenige Kompetenzen und zu wenig Erfahrung hindeuten. Dadurch besteht die Gefahr, dass der Lebenslauf schnell für uninteressant befunden wird und Sie somit aus dem Rennen sind.

Es stellt sich oftmals die Frage, ob ein chronologisches oder gegenchronologisches Format für den Lebenslauf gewählt werden soll. Welche Reihenfolge auch immer Sie wählen: Wichtig ist, dass Sie einheitlich bleiben. Wir empfehlen Ihnen einen internationalen, gegenchronologischen Aufbau, was heißt, dass Sie mit den aktuellen Daten beginnen. Dieser Aufbau ist umso sinnvoller, je mehr Berufserfahrung Sie haben. Je weiter Sie in Ihrer beruflichen Karriere voran geschritten sind, desto mehr sagt die aktuelle Position über Ihre Qualifikation aus.

Am Anfang der ersten Seite Ihres Lebenslaufes finden sich Ihre Kontaktdaten, Angaben wie Geburtsdaten und Ihr Familienstand sowie das Bewerbungsbild. Bei der gegenchronologischen Gliederung folgt dann als erster Punkt die Berufserfahrung, beginnend mit Ihrer aktuellen Position. Im Folgenden bringen Sie unter: Ausbildung, Studium, Auslandserfahrung, Sprachkenntnisse, EDV-Kenntnisse, Außeruniversitäres Engagement, Interessen.

Wenn Sie über viel Auslandserfahrung verfügen, z. B. auch Praktika im Ausland absolviert haben, dann empfiehlt sich eine dreispaltige Tabelle zur Auflistung Ihrer Praxiserfahrung. In der linken Spalte stehen die Datumsangaben, in der Mitte findet sich die Beschreibung Ihrer Tätigkeit und in der rechten Spalte geben Sie den Ort und das Land an. So erkennt der Personaler auf einen Blick, an wie vielen Orten Sie schon Auslandserfahrung gesammelt haben.

Bei der Auflistung Ihrer Praxiserfahrung geben Sie neben dem Zeitraum, dem Unternehmensnamen und Ihrer Positionsbezeichnung (Praktikant, Trainee, Manager) auch an, was konkret Ihre Aufgaben waren. Sie können dies entweder in Form einer stichwortartigen Aufzählung der allerwichtigsten Aufgaben tun. Oder Sie versuchen, Ihre Funktion in ein oder zwei kurzen Sätzen zu umreißen. Achten Sie darauf, dass Sie gerade die Erfahrungen hervor heben, die mit dem zukünftigen Job in Verbindung gebracht werden können. Beispiele hierfür finden Sie auf den Internetseiten von squeaker.net.

Ihre außeruniversitären Aktivitäten und vor allem Ihr soziales Engagement stellen Sie ebenfalls kurz dar und belegen es mit Beispielen, so dass sich der Leser etwas Konkretes darunter vorstellen kann. Je mehr eine solche Tätigkeit mit für den Beruf relevanten Kompetenzen verbunden ist, desto besser: Teamsportarten fördern Ihr Gruppen- und Kommunikationsverhalten, Ausdauersportarten belegen Ihr Durchhaltevermögen und die Hartnäckigkeit, mit der Sie sich einsetzen. Mit diesen wichtigen Aktivitäten dokumentieren Sie breite Kompetenz, Werte und Engagement für Ihre Umwelt und nicht nur rein karrierebezogene Interessen.

Doch es gibt auch ein Zuviel an Angaben. Z. B. haben Angaben zur Grundschule sowie zu Informationen zu Ihren Eltern nichts mehr in Ihrem Lebenslauf verloren. Wenn Sie bereits Ihr Abitur erreicht und ein Studium absolviert haben, was sagt Ihre Grundschule dann noch aus? Weiterhin haben Sie persönlich bereits viel geleistet und Sie sind die Person, die qualifiziert ist und sich um eine Stelle bewirbt. Was haben Ihre Eltern hiermit zu tun? Informationen zu Ihrer Religionszugehörigkeit werden darüber hinaus auch nicht mehr in einem Lebenslauf erwähnt.

Viele Bewerber glauben, dass Sie Ihren Lebenslauf nur einmal erstellen müssen und für jede folgende Bewerbung einsetzen können. Dies ist ein Trugschluss! Sie sollten Ihren Lebenslauf jedes Mal aufs

Neue betrachten und so aufbauen, dass deutlich wird, welche Ihrer Qualifikationen und Erfahrungen für die jeweilige Stelle relevant sind. Bei jeder neuen Bewerbung sollten Sie Ihren Lebenslauf also kritisch unter die Lupe nehmen und gegebenenfalls Anpassungen vornehmen.

Bezüglich der Formatierung gilt Ähnliches wie schon beim Anschreiben: Die Seiten sollten nicht zu gedrungen wirken. Als Schriftgröße eignen sich 10 bis 12 Punkt. Bei der Schriftart sollten Sie eine gängige Typo wie Arial, Times New Roman oder Verdana wählen. Diese sind am einfachsten zu lesen. Bitte verzichten Sie auf Experimente hinsichtlich unterschiedlicher Schriftarten oder gar -farben, sondern nutzen Sie die Schriftart in ihrer Standard- oder Fettvariante, um z. B. die einzelnen Stationen oder Unternehmen hervorzuheben.

squeaker.net-Tipps zur Formatierung Ihres Lebenslaufs

- Verwenden Sie einen lesbaren und gängigen Schrifttyp (Arial, Verdana, Times New Roman) und bleiben Sie konsequent bei diesem.
- Benutzen Sie zur Gliederung des Lebenslaufes Formatierungen wie Fett und Kursiv – allerdings nur sparsam. Verzichten Sie auf Unterstreichungen, dies ist ein Relikt aus Schreibmaschinenzeiten.
- Verwenden Sie einen einfachen Zeilenabstand und setzen Sie höchstens 30 Zeilen pro Seite.

3. Die Anlagen

Wenn Sie durch Ihr Anschreiben und Ihren Lebenslauf das Interesse des Personalers geweckt haben, dann werden Ihre Anlagen relevant. Generell gilt, dass die Zeugnisse und Bescheinigungen all diejenigen Qualifikationen belegen, die Sie in Anschreiben und Lebenslauf angegeben haben. Falls dies nicht der Fall ist, riskieren Sie Unglaubwürdigkeit und es entstehen unnötige Fragen. Belegen Sie Ihre Ausbildung sowie Ihr Arbeitsleben grundsätzlich lückenlos und unterschlagen Sie keine schlechten oder mittelmäßigen Zeugnisse. Werden Lücken entdeckt, so entsteht zu Recht Misstrauen Ihnen gegenüber. Überlegen Sie sich unbedingt, wie Sie im Bewerbungsgespräch schlechte Noten oder Bewertungen erklären, sollten Sie darauf angesprochen werden.

Um es dem Personaler leichter zu machen, sollten Sie die Unterlagen in gleicher Reihenfolge zusammenfügen wie sie in Ihrem Lebenslauf auftauchen. Bei umfangreichen Unterlagen können Sie eine kleine Navigationshilfe anbieten, indem Sie den Anlagen ein Deckblatt mit einer Art Inhaltsverzeichnis voranstellen. Die Dokumente sind im DIN-A4-Format und einseitig kopiert, so werden Sie einheitlich und in der gewünschten Reihenfolge wahrgenommen.

Zeugnisse, die weder in Deutsch noch in Englisch verfasst sind, z. B. von Auslandssemestern oder Auslandspraktika, sollten Sie übersetzen (lassen) – es sei denn, die Sprache ist als Unternehmenssprache anerkannt. Wichtige Dokumente lassen Sie vom Diplom-Übersetzer ins Deutsche oder Englische übertragen und beglaubigen. Weniger wichtige Bescheinigungen, z. B. Sprachzeugnisse, fassen Sie selbst in einer kurzen Notiz zusammen.

DOs	DONTs
Sie benutzen eine einheitliche und klare Formatierung für das gesamte Dokument.	Sie begehen Rechtschreib-, Interpunktions- und sonstige Flüchtigkeitsfehler.
Sie verwenden ausschließlich bekannte und gut lesbare Standardschriften – und verwenden diese konsequent.	Sie verwenden unbekannte Abkürzungen, die Ihre Unterlagen für den Personaler zu einem Rätsel machen.
Sie geben bei Ihrem Studium stets die Daten (von-bis, Monat/Jahr), die Universität (Name/Ort), Ihre Studien- und Schwerpunktfächer sowie Ihre Noten an.	Sie lassen Zeiträume offen und unerklärte Lücken entstehen. Die Darstellung ist weder strikt chronologisch noch gegenchronologisch.
Sie führen Abschlussnoten im Lebenslauf auf, Zwischennoten sind in den Zeugnissen im Anhang zu finden.	Sie sind sehr ausführlich und machen Angaben zur Grundschule, dem Beruf der Eltern, zu Geschwistern oder zu Ihrer Religionszugehörigkeit.
Die Tätigkeiten Ihrer Praktika skizzieren Sie grob mit Stichworten oder in kurzen Sätzen.	Sie benennen Ihre Hobbies in allgemeinen Kategorien wie Sport und Lesen.
Sie versehen Ihren Lebenslauf mit Ort und Datum sowie mit Ihrer Unterschrift.	Sie vergessen Datum und Unterschrift.

4. Der Bewerbungsweg

Bei der Entscheidung, auf welchem Weg Sie Ihre Bewerbung an das Unternehmen übermitteln, gilt grundsätzlich, dass Sie dem Wunsch des Unternehmens folgen. Wenn ein bestimmter Bewerbungsweg gefragt ist und Sie dem nicht folgen, ziehen Sie gleich Unverständnis auf sich und machen es dem Personaler unnötig kompliziert. Die Information, welcher Weg gewünscht ist, finden Sie in der Regel auf der Internetseite des Unternehmens oder in den Unternehmensprofilen in Kapitel F dieses Insider-Dossiers. Viele große

Konsumgüterunternehmen setzen heute Online-Bewerberportale ein. Ist ein solches Bewerberportal vorhanden, so ist dies auch der gewünschte Weg für Ihre Bewerbung. Nutzen Sie diesen unbedingt, es ist für beide Seiten der einfachste Weg.

Bewerbung per E-Mail

Sollte das Konsumgüterunternehmen Ihrer Wahl kein Online-Bewerberportal verwenden, so wird mit größter Wahrscheinlichkeit eine Bewerbung per E-Mail von Ihnen erwartet. Für beide Seiten ist dies mit Vorteilen verbunden. Das Unternehmen muss die Unterlagen nicht mehr per Post zurücksenden. Sie als Bewerber sparen sich Geld für Porto, Bewerbungsmappen und -bilder. Hinzu kommt der zeitliche Aspekt. E-Mail-Bewerbungen erreichen das Unternehmen direkt, da der Postweg entfällt.

Sie sollten bei der E-Mail-Bewerbung jedoch genau so sorgfältig und aufmerksam sein wie Sie es früher bei der klassischen Bewerbung per Post gewesen wären. Es gilt der gleiche Qualitätsanspruch; formale Fehler sind auch hier disqualifizierend. Halten Sie die gleichen Höflichkeitsregeln wie bei der Papierform ein und werden Sie nicht zu salopp. Smileys – in der privaten E-Mail-Kommunikation erlaubt – sind im Bewerbungskontext sowie in jeder anderen professionellen Kommunikation nicht angebracht. Verfassen Sie eine E-Mail so wie Sie auch ein gedrucktes Anschreiben formulieren würden.

Schicken Sie Ihre Bewerbung nicht an eine allgemeine E-Mail-Adresse wie info@, sondern entweder an eine konkrete Person oder an die vom Unternehmen gewünschte E-Mail-Adresse wie z. B. bewerbung@. Sollten Sie bereits Arbeitnehmer sein, so verwenden Sie nicht Ihre dienstliche E-Mail-Adresse, sondern Ihre private. Diese sollte keine Spaß- oder Fantasienamen enthalten, sondern ein seriöses Format haben. Es eignet sich z. B. vorname.nachname@ als Format für eine private E-Mail-Adresse.

Auf eine professionelle Qualität ist auch bei den Anlagen zu achten. Die eingescannten Zeugnisse und Dokumente sollten in einer geeigneten Auflösung eingescannt werden, damit Graustufen und Grafiken wie Firmenlogos oder Universitätswappen gut sichtbar dargestellt werden. Das ideale Format für Ihren E-Mail-Anhang ist ein PDF-Dokument. Mit dem Adobe-Distiller oder einem anderen PDF-Writer sollten Sie auch Ihr Anschreiben und Ihren Lebenslauf in ein PDF-Format umwandeln. Falls es nicht anders gewünscht wird, sollten Sie all Ihre Unterlagen in einem Dokument zusammenfassen. Damit machen Sie es dem Personaler am leichtesten. Er muss nicht erst unzählige Dateien öffnen, wenn er Ihre Bewerbung ausdrucken möchte. Außerdem bleiben die Formatierungen im PDF unter allen Umständen erhalten – anders als z. B. in Word.

Tipp

Tappen Sie nicht in die E-Mail-Datumsfalle. Unter Datei > Eigenschaften kann der Personaler lesen, wann und von wem die Datei erstellt wurde. Senden Sie daher stets aktuelle und zuletzt an Ihrem Rechner bearbeitete Dokumente. Außerdem sollten Sie die Copy-Paste-Falle vermeiden. Standardanschreiben sind sowieso bedenklich. Lassen Sie daher am besten gleich die Finger davon!

Beim E-Mail-Anhang sollten Sie unbedingt darauf achten, dass 2-3 MB nicht überschritten werden. Wenn Sie eine umfangreichere Datei haben, so sollten Sie im Zweifel zuerst beim Unternehmen nachfragen, bis zu welcher Dateigröße E-Mail-Anhänge empfangen werden können. Jede Erleichterung und Vereinfachung im Prozess wird Ihnen gedankt und erhöht das Wohlwollen Ihnen gegenüber.

Bewerbung per Post

Sollte trotz aller modernen Kommunikations-Möglichkeiten doch eine klassische Bewerbung gefordert sein, so gestalten Sie diese so übersichtlich und handlich wie möglich. Viele Bewerber neigen dazu, besonders ausladende und teure Bewerbungsmappen zu verwenden, da sie glauben damit zu zeigen, dass Sie keine Kosten und Mühen scheuen. Tatsächlich sind diese Bewerbungsmappen bei Personalern nicht sonderlich beliebt. Durch zweifaches Aufklappen benötigt eine Klappkladde schon den Platz von drei DIN A4-Seiten nebeneinander und ist damit überhaupt nicht handlich. Auch Klarsichtfolien sind ganz und gar nicht beliebt. Oft werden Ihre Unterlagen für die Zeit des Auswahlprozesses eingescannt oder für die Gespräche kopiert. Jeder zusätzliche Handgriff beim Aufklappen, Sortieren oder Herausnehmen macht dem Personaler mehr Arbeit mit Ihrer Bewerbung.

Wählen Sie daher eine einfache Bewerbungsmappe, in der all Ihre Unterlagen hintereinander einsortiert sind. Während Ihre Bewerbungsunterlagen (Lebenslauf und Zeugnisse) Ihr Eigentum sind und nach dem Auswahlprozess wieder an Sie zurück geschickt werden, verbleibt das Anschreiben im Unternehmen. Daher sollte dieses lose auf den Bewerbungsunterlagen aufliegen und Ihre Kontaktdaten tragen. Für diese empfiehlt sich ein Briefkopf, den Sie in den meisten gängigen Textverarbeitungsprogrammen durch die Funktion »Einfügen > Kopfzeile« leicht selbst erstellen können.

5. Die Initiativbewerbung

Die besten Chancen auf eine Einstellung haben Sie, wenn Sie wissen, zu welchem Unternehmen Sie mit Ihren Qualifikationen und Ihrer Persönlichkeit passen. Und um dies heraus zu finden, haben Sie bereits den ersten Abschnitt »Vorbereitung« dieses Kapitels gelesen. Nun wissen Sie genau, bei welchem Unternehmen Sie arbeiten möchten, es sind derzeit aber keine Stellen ausgeschrieben? Dann bewerben Sie sich initiativ!

Die Erstellung eines guten Anschreibens für eine Initiativbewerbung erfordert gründlichste Informationssuche und -auswertung. Es empfiehlt sich, Anzeigen des Zielunternehmens zu sammeln und hinsichtlich der gewünschten Anforderungen auszuwerten.

Hierzu eigenen sich neben der Homepage des Unternehmens die Stellenteile der Samstagszeitungen, Online-Stellenbörsen wie monster, stepstone oder Jobstairs sowie die Stellenanzeigen auf squeaker.net. Verwenden Sie ausreichend Zeit für die Recherche und lernen Sie Unternehmenskultur sowie die Anforderungen an Bewerber kennen, indem Sie auch zwischen den Zeilen lesen.

Ausführliche Informationen über die Top-Player der Konsumgüterindustrie erhalten Sie natürlich auch auf squeaker.net. Über den Online-Suchdienst des Handelsblatts oder Brancheninformationsdienste erhalten Sie aktuelle Unternehmensnachrichten. Ebenso sinnvoll ist es, Geschäfts- und Quartalsberichte zu studieren. Außerdem sind Freunde und Bekannte immer eine gute Quelle. Vor allen Dingen auch, weil sie jemanden kennen, der jemanden kennt, der ganz zufällig von einer freien Stelle weiß. Sie wissen ja, wie klein die Welt manchmal sein kann und wie plötzlich Zufälle das Leben erleichtern.

Haben Sie bei Initiativbewerbungen besondere Geduld. Seien Sie nicht von Antwortzeiten überrascht, die mehrere Wochen betragen können. Wenn die Bewerbung positiv ankommt, wird Sie von den relevanten Fachabteilungen geprüft. Erst danach kann die Personalabteilung Sie zum Vorstellungsgespräch einladen. Eine Eingangsbestätigung hingegen sollten Sie in jedem Fall erfragen. Stellen Sie sich jedoch auch darauf ein, dass Sie mit Ihrer Initiativbewerbung kurz- bis mittelfristig keinen Erfolg haben werden. Selbst, wenn Sie mit Ihrem Profil zum Unternehmen passen, ist zurzeit vielleicht tatsächlich keine geeignete Position vakant. Aber vergeblich ist nichts, manchmal ergibt sich aus diesem Kontakt vielleicht zu einem späteren Zeitpunkt eine Anstellung.

Kapitel D: Auswahlverfahren in der Konsumgüterindustrie

Ihre Bewerbungsunterlagen haben überzeugt und Sie wurden von Ihrem Wunscharbeitgeber kontaktiert – man möchte Sie nun kennenlernen! In vielen Unternehmen werden nun Einstellungstests oder Assessment Center eingesetzt, um Ihre Eignung zu überprüfen. Die nachfolgenden Kapitel geben Ihnen einen Überblick über die verschiedenen Persönlichkeits-, Intelligenz- und Kreativtests sowie über die Inhalte in Assessment Centern. Vor jeder Einstellung werden Sie selbstverständlich auch persönliche Gespräche absolvieren müssen. Auch für diese erhalten Sie wertvolle Tipps, die Ihnen in der Vorbereitung und während der Gespräche helfen werden, Ihrem Traumjob einen Schritt näher zu kommen.

I. Einstellungstests in der Konsumgüterindustrie

Einstellungstests sind bei immer mehr Unternehmen nicht mehr aus dem Bewerbungsverfahren weg zu denken. In diesem Kapitel erhalten Sie einen Überblick über die unterschiedlichen Testformate sowie zahlreiche Übungsaufgaben, mit denen Sie sich unbedingt auf den »Ernstfall« vorbereiten sollten. Die Tests haben das Ziel, Ihre Persönlichkeit sowie Ihre logisch-analytischen Fähigkeiten und Problemlösungskompetenz zu überprüfen. Hierzu sind unterschiedliche Persönlichkeits- und Intelligenztests im Einsatz, die wir Ihnen im Folgenden detailliert vorstellen werden. Durch die standardisierten Tests erhalten Unternehmen vergleichbare Ergebnisse zu den einzelnen Bewerbern.

Je nach Position sind unterschiedliche Fähigkeiten gefragt. Insofern werden die Tests je nach Anforderung ausgewählt und Sie werden hinsichtlich eines bestimmten Berufsprofiles beurteilt. Manchmal wird jedoch auch Ihr Potenzial für eine spätere Führungsposition abgetestet, so dass das Auswahlverfahren für alle Kandidaten – unabhängig vom Funktionsbereich der Einstiegsposition – gleich aussieht. Dies ist oftmals bei Assessment Centern der Fall.

Sämtliche schriftliche Tests sind zumeist so angelegt, dass Sie die Anzahl der gestellten Aufgaben nicht in der vorgegebenen Zeit bewältigen können. Dadurch entsteht für Sie automatisch Zeitdruck und Stress. Das A und O für ein erfolgreiches Absolvieren der Tests ist jedoch Gelassenheit – und diese erlangen Sie umso mehr, je besser Sie sich vorbereiten. Damit Sie dies optimal tun können, finden Sie in den folgenden Kapiteln eine umfangreiche Aufgabensammlung. Wir haben viele Originalaufgaben, Musterlösungen sowie Insider-Tipps für Sie zusammen getragen. Durch intensives Trainieren der unterschiedlichen Testformate gewinnen Sie Sicherheit und Routine, von der Sie in der realen Testsituation stark profitieren werden.

Informieren Sie sich vor dem Einstellungstest unbedingt, welche Testformate das jeweilige Unternehmen einsetzt. Oftmals erhalten Sie von der Personalabteilung wertvolle Informationen, damit Sie sich vorbereiten können. Nutzen Sie auch die Insider-Information im Karriere-Netzwerk squeaker.net sowie unternehmensspezifische Informationen zu den Bewerbungsverfahren in den Kapiteln E und F dieses Insider-Dossiers.

> **squeaker.net-Checkliste zu Einstellungstests**
>
> - Informieren Sie sich rechtzeitig über die eingesetzten Testformate.
> - Nutzen Sie jede Möglichkeit zum Üben vor der »echten« Testsituation.
> - Gehen Sie mit Ruhe und Gelassenheit in die Testsituation hinein und vertrauen Sie auf sich selbst: Sie haben sich top vorbereitet!

1. Persönlichkeitstests

Persönlichkeitstests werden von vielen Unternehmen eingesetzt – sowohl bei der Personalauswahl als auch in der Personalentwicklung. Bei Persönlichkeitstests handelt es sich um standardisierte, von Psychologen entwickelte Testverfahren zur Bestimmung von Persönlichkeitseigenschaften. Mit ihnen versuchen Unternehmen, Hinweise auf das spätere Verhalten des Bewerbers zu erhalten und die Passung zur Unternehmenskultur sowie zu einem bestimmten Stellenprofil einzuschätzen. Konkret stehen drei Persönlichkeitsdimensionen und ihre Ausprägungen im Fokus dieser Tests:

- Emotionale Stabilität: Ausgeglichenheit, Selbstbewusstsein, Gelassenheit, Aggressivität
- Soziale Intelligenz: Anpassungsfähigkeit, Durchsetzungsvermögen, Kontaktfähigkeit
- Leistungsverhalten: Ehrgeiz, Energie, Pflichtbewusstsein, Zielstrebigkeit

Man unterschiedet zwei verschiedene Arten von Persönlichkeitstests: psychometrische Tests und projektive Tests. Die psychometrischen Tests sind in aller Regel Fragebögen (»Fragebogentests«), bei denen der Bewerber oft 100 oder mehr, teils sehr persönliche Fragen beantworten muss. Dazu werden meist Antwortmöglichkeiten wie »stimmt«, »stimmt nicht« oder »zweifelhaft« vorgegeben. Um ein konsistentes Antwortverhalten zu prüfen, werden die gleichen Persönlichkeitsmerkmale in unterschiedlichen Fragen mehrfach überprüft (z. B. »Normalerweise breche ich schnell das Eis, wenn ich Fremden begegne« und »Ich bin für gewöhnlich sehr schüchtern, wenn ich Fremden begegne«). Lesen Sie daher genau und bleiben Sie konzentriert, auch wenn die Beantwortung dieser Fragen leicht scheint.

Trotz der eingebauten Kontrollfragen ist Manipulation nicht ausgeschlossen. Oft hört man unter Bewerbern »Es ist doch offensichtlich, welche Antworten erwünscht sind.« In der Tat müssen Persönlichkeitstests sich diesem Vorwurf aussetzen. Mit einer gewissen Intelligenz sind die gewünschten Antworten oft antizipierbar. Zu erkennen, was gefordert ist, und entsprechend zu antworten, kann allerdings auch schon als »Leistung« interpretiert werden.

Bei den so genannten projektiven Tests wird dem Bewerber eine grafische Darstellung oder Situationszeichnung vorgelegt mit der Bitte, diese zu interpretieren. Aus den Inhalten Ihrer Interpretation werden dann Rückschlüsse auf Ihre Persönlichkeit gezogen. Der Einsatz von projektiven Testverfahren in der Personalauswahl ist umstritten; die Fragebogentests kommen wesentlich häufiger zum Einsatz.

Im Folgenden geben wir Ihnen einen Überblick über die gebräuchlichsten Persönlichkeitstest sowie Lösungsstrategien für diese Testformate. Die meisten Top-Unternehmen verwenden professionelle, von Instituten angebotene Testverfahren. Diese Institute bieten auf Ihren Internetseiten zumeist sehr hilfreiche Informationen über die Testverfahren und geben Ihnen auch Tipps zur Vorbereitung, die Sie unbedingt nutzen sollten. Lesen Sie darüber hinaus auch die detaillierten Insider-Informationen der Top-Unternehmen zu den Persönlichkeitstests in Kapitel E dieses Insider-Dossiers.

Occupational Personality Questionnaires (OPQ32)
Der Occupational Personality Questionnaire (OPQ32), der vom weltweit führenden Testanbieter Saville & Holdsworth (SHL) angeboten wird, ist einer der anerkanntesten Persönlichkeitstests in der Personalauswahl und -entwicklung. Beim OPQ32 werden jeweils vier Aussagen in einem Block einander gegenübergestellt, aus denen Sie die am wenigsten und am meisten zutreffende Aussage auswählen müssen. Hier sehen Sie ein Beispiel:

Ich bin jemand, der ...
A ... einen großen Freundeskreis hat.
B ... gerne für andere organisiert.
C ... gut entspannen kann.
D ... Abwechslung sucht.

In diesem Beispiel sind alle Aussagen positiv und wünschenswert, daher ist es nicht leicht, die am wenigsten und am meisten zutreffendste Aussage zu wählen. Es gibt hier kein richtig oder falsch, sondern es geht darum, dass Sie versuchen, ein möglichst authentisches Bild Ihrer Persönlichkeit zu zeigen.

Der OPQ32 umfasst 104 solcher Aussagen-Blocks mit jeweils vier Aussagen. Untersucht werden 32 Persönlichkeitsmerkmale, die den drei übergeordneten Bereichen »Zwischenmenschliches Verhalten«, »Denkstil« und »Emotion und Motivation« zuzuordnen sind.

Bei der Bearbeitung des OPQ32 gibt es kein Zeitlimit, erfahrungsgemäß dauert die Bearbeitung des Tests zwischen 45 bis 60 Minuten. Die Ergebnisse sind transparent und sehr differenziert. Der Test wird grundsätzlich sehr genau auf das Unternehmen und die zu besetzende Position zugeschnitten. Er kann online oder als Paper-pencil-Variante bearbeitet werden.

> **Tipp**
>
> Nutzen Sie für Ihre Vorbereitung unbedingt das umfangreiche Internetangebot von SHL und trainieren Sie einen OPQ32 vorab im Internet. SHL gibt auch zahlreiche Tipps zur Bewältigung der Testverfahren: www.shldirect.com

Bochumer Inventar zur berufsbezogenen Persönlichkeitsbeschreibung (BIP)

Das Bochumer Inventar zur berufsbezogenen Persönlichkeitsbeschreibung (BIP) ist der in Europa wohl am häufigsten eingesetzte Persönlichkeitstest. Dieses wissenschaftlich anerkannte Testverfahren umfasst 251 Aussagen, die auf einer fünfstufigen Skala von »trifft voll zu« bis »trifft überhaupt nicht zu« beantwortet werden müssen. Es werden 17 Persönlichkeitseigenschaften wie z. B. Leistungsmotivation, Kontaktfähigkeit, Flexibilität oder Belastbarkeit der Bewerber erforscht. Diese Persönlichkeitseigenschaften und die entsprechenden Fragestellungen sind allesamt berufsbezogen und werden vier übergeordneten Bereichen zugeordnet: berufliche Orientierung, Arbeitsverhalten, soziale Kompetenzen, psychische Konstitution (s. Abbildung). Die Bearbeitungszeit beträgt 45-50 Minuten.

Leistungsmotivation Gestaltungsmotivation Führungsmotivation Wettbewerbsorientierung	BERUFLICHE ORIENTIERUNG		ARBEITS-VERHALTEN		Gewissenhaftigkeit Flexibilität Handlungsorientierung Analyseorientierung
		ÜBERFACHLICHE KOMPETENZEN			
Sensitivität Kontaktfähigkeit Soziabilität Teamorientierung Durchsetzungsstärke Begeisterungsfähigkeit	SOZIALE KOMPETENZEN		PSYCHISCHE KONSTITUTION		Emotionale Stabilität Belastbarkeit Selbstbewusstsein

Quelle: http://www.testentwicklung.de/testverfahren/BIP/BIP-SI/Aufbau/index.html, letzter Abruf am 20.02.2013

Nachfolgend finden Sie einige Beispielaussagen aus dem BIP und Hinweise, wie Sie solche Aussagen einschätzen können. Sie erhalten ein Gefühl dafür, welche Bedeutung Ihre Antwort bei der Personalauswahl hat:

- *»Ich folge lieber spontanen Einfällen, anstatt systematisch zu planen.«*
  Auf was für eine Stelle bewerben Sie sich? Wie sieht das Anforderungsprofil aus? Wenn Sie eine sehr gewissenhafte, analytische Stellung im Finanzbereich anstreben, sollten Sie dieser Aussage nicht zustimmen. Je mehr Freiräume Ihre zukünftige Position bietet, desto eher können Sie Ihre kreative Seite betonen. Grundsätzlich gilt jedoch, dass ein systematischer und organisierter Arbeitsstil unabdingbar ist – auch in kreativen Berufen.
- *»Ich spiele in Gedanken gerne mit abstrakten Ideen.«*
  Wenn Sie hier zustimmen, zeigen Sie, dass Sie in der Lage sind, neue Ideen zu entwickeln und Ihr Arbeitsumfeld mit zu gestalten. Nur durch neue Ideen können Sie Dinge verändern und verbessern. Wenn Sie im Job eine gewisse Freiheit und entsprechenden Gestaltungsspielraum haben werden, dann können und sollten Sie dieser Aussage zustimmen.
- *»In Diskussionen wirke ich ausgleichend.«*
  Natürlich sind Sie ein Team-Player, wenn Sie auf eine gute Zusammenarbeit und faire Diskussionen achten. Da Sie als Manager jedoch nicht nur für eine gute Teamatmosphäre sorgen, sondern auch die Interessen des Unternehmens vertreten, müssen Sie manchmal auch unbeliebte Entscheidungen durchsetzen können. Daher sollten Sie nicht zu oft Aussagen zustimmen, die auf ein großes Harmoniebedürfnis hindeuten.
- *»Wenn ich unter starkem Druck stehe, reagiere ich gereizt.«*
  Als Nachwuchsführungskraft erwartet man von Ihnen ein hohes Maß an Selbstbeherrschung und Gelassenheit. Auch in Stresssituationen lassen Sie sich nicht aus der Ruhe bringen, sondern bleiben souverän. Sie antworten bei dieser Frage selbstverständlich mit »trifft nicht zu«.
- *»Ich fühle mich sehr unwohl, wenn andere mich ablehnen.«*
  Mit dieser Frage wird Ihr Selbstbewusstsein überprüft. Natürlich bemühen Sie sich um gute persönliche Kontakte, aber grundsätzlich sollten Sie in der Lage sein, unabhängig vom Zuspruch der anderen agieren zu können. Sie sollten diese Aussage also klar ablehnen.

> **Tipp**
>
> Wir empfehlen Ihnen, den Persönlichkeitstest vor der Bewerbungssituation auszuprobieren. Gegen eine Kostenbeteiligung erhalten Sie sogar eine Auswertung. Ausführliche Informationen zum BIP sowie zu den Teilnahmemöglichkeiten erhalten Sie online: www.testentwicklung.de/testverfahren/BIP/index.html

Myers-Briggs-Typenindikator (MBTI)

Der Myers-Briggs-Typenindikator (MBTI), der vor allem im angloamerikanischen Raum verbreitet ist, geht zurück auf die Typenlehre von C.G. Jung. Anhand von ca. 100 Fragen werden Ihre Vorlieben und

Neigungen erfragt, um Sie anschließend einem von 16 Persönlichkeitstypen zuzuordnen. Bei den MBTI-Fragen werden Ihnen jeweils zwei Antwortmöglichkeiten vorgegeben, Sie müssen sich für eine entscheiden. Hier sind einige Beispiele solcher Aussagenpaare:

Visionäre sind für mich eher
  ☐ Traumtänzer und Utopisten
  ☐ Gestalter der fernen Zukunft

Ich treffe meine Entscheidungen lieber auf der Grundlage von
  ☐ Analyse und Überlegungen
  ☐ Gefühlen und Fingerspitzengefühl

Für mich sind die Tätigkeiten angenehmer,
  ☐ die klar festgelegt sind
  ☐ die mir viel Spielraum lassen

Bei geselligen Anlässen
  ☐ freue ich mich, möglichst viele neue Leute kennen zu lernen
  ☐ konzentriere ich mich lieber auf einige Bekannte

Durch Ihre Antworten können Ihre Ausprägungen in den vier folgenden Charakterdimensionen ermittelt werden (Die einzelnen Buchstaben leiten sich jeweils vom englischen Begriff ab, wie z. B. T für thinking):

- extrovertiert (E) – introvertiert (I): Woher beziehen Sie Ihre Energie? Aus dem Kontakt mit anderen Menschen oder aus dem Alleinsein? Verarbeiten Sie Erlebnisse mit und in der Umwelt (Extroversion) oder für sich allein (Introversion)?
- sinn-orientiert (S) – intuitiv (N): Wie nehmen Sie die Wirklichkeit wahr? Nutzen Sie Ihren gesunden Menschenverstand und vertrauen auf Ihren Pragmatismus (Sinn-Orientierung) oder sind Sie von Ihrer Intuition geleitet und interpretieren gerne?
- denkend (T) – fühlend (F): Wie treffen Sie Entscheidungen? Stellen Sie logisch-analytische Überlegungen an und betrachten hauptsächlich die Fakten (Denker)? Oder vertrauen Sie auf Ihr Bauchgefühl und berücksichtigen auch zwischenmenschliche Faktoren (Fühlender)?
- urteilend (J) – wahrnehmend (P): Welchen Lebensstil pflegen Sie? Brauchen Sie Klarheit und Struktur, halten Sie an einmal Entschiedenem fest (Urteilender)? Oder bleiben Sie immer offen und flexibel für neue Pläne und müssen sich nicht eindeutig festlegen (Wahrnehmender)?

Durch die Kombination dieser 4x2 Ausprägungen ergeben sich 16 Persönlichkeitstypen, die jeweils mit einer Buchstabenkombination bezeichnet werden (vgl. Tabelle). Die Kombination ISTJ sagt beispielsweise aus, dass die Person die Tendenz hat, ihre Umwelt introvertiert (I) und sinn-orientiert (S) wahrzunehmen, ihre Entscheidungen auf Basis von logisch-rationalen Überlegungen (T) zu treffen und klare Entscheidungen (J) benötigt.

Myers-Briggs-Type-Indicator		sinn-orientiert		intuitiv	
		denkend	fühlend	denkend	fühlend
intro-vertiert	urteilend	ISTJ	ISFJ	INFJ	INTJ
	wahrnehmend	ISTP	ISFP	INFP	INTP
extro-vertiert	urteilend	ESTJ	ESFJ	ENFJ	ENTJ
	wahrnehmend	ESTP	ESFP	ENFP	ENTP

Grundsätzlich sind alle 16 Persönlichkeitstypen gleichwertig, es gibt kein besser oder schlechter. Im Kontext der Personalauswahl gibt es allerdings ein »besser geeignet«, da es für jede Stelle ein spezielles Anforderungsprofil gibt. Für den Bereich Marketing und Vertrieb werden in aller Regel extrovertierte Persönlichkeiten gesucht. Empirische Untersuchungen haben ergeben, dass die Mehrzahl der Führungskräfte den Persönlichkeitstypen ISTJ und ESTJ entspricht. Sie weisen sinn-orientierte, denkende und urteilende Handlungsmuster auf.

Der Biographische Fragebogen

Vielleicht erhalten Sie während des Auswahlverfahrens einmal einen harmlos wirkenden Fragebogen. Dieser beginnt mit Angaben zu Ihren persönlichen Daten und fragt weiterhin nach Ausbildungsstationen sowie Praxis- und Auslandserfahrung, die Sie schon im Lebenslauf angegeben haben. Möglicherweise sind einige Angaben auch schon vorgedruckt, so dass Sie leicht den Eindruck gewinnen, es handele sich um eine Personalakte und Sie stehen kurz vor einem konkreten Jobangebot. Doch nehmn Sie sich in acht! Hinter diesem scheinbar administrativen Fragebogen kann sich ein weiterer Persönlichkeitstest verbergen.

Hinter dem Biographischen Fragebogen steht die Kernidee, dass auf Basis des Verhaltens in der Vergangenheit das Verhalten in der Zukunft antizipiert werden kann. Daher geht der Fragebogen über die bloßen Fakten, die sich auch in Ihrem Lebenslauf finden, hinaus und fragt weiterhin nach Details Ihrer bisherigen Aufgaben, Ihren Fähigkeiten und sogar nach Ihren Einstellungen. Hieraus wiederum werden dann Annahmen über Ihre Motivation und Ihre Fähigkeiten getroffen. Der Biographische Fragebogen eignet sich eher für berufserfahrene Bewerber. Je mehr Erfahrung eine Person mitbringt, desto mehr und validere Annahmen können abgeleitet werden.

Da sämtliche Fakten bezogene Angaben im Biographischen Fragebogen leicht überprüfbar sind, bleiben Sie natürlich bei der Wahrheit. Gestaltungsspielraum haben Sie bei der Selbsteinschätzung Ihrer Stärken und Schwächen, bei Fragen nach Ihren beruflichen und privaten Zielen sowie bei Fragen nach Ihren Interessen und Hobbies. Allein über die Quantität können Sie hier den Eindruck steuern, den Sie hinterlassen. Schreiben Sie mehr über Ihre Stärken und erwähnen Sie nur ein oder zwei Schwächen. Ebenso sollten Sie bei der Beantwortung von privaten Interessen nicht ausschweifen. Schreiben Sie mehr über Freizeitaktivitäten, aber nur einen Satz über Ihre beruflichen Ziele, so lässt das nicht auf eine vorbildhafte Arbeitsmotivation schließen. Für alle Antworten gilt, dass Sie kurz und prägnant sein sollten. Schreiben Sie außerdem nicht mehr als zwei bis drei Sätze pro Antwort. Möglicherweise wird der Biographische Fragebogen auch mit einem Satzergänzungstest kombiniert, den wir Ihnen im folgenden Abschnitt vorstellen.

Satzergänzungstest
Beim Satzergänzungstest werden Ihnen Satzanfänge vorgelegt, die Sie möglichst spontan und zügig zu einem vollständigen Satz ergänzen sollen. Oft trägt ein Satzergänzungstest das Deckmäntelchen eines Kreativtests, doch es handelt sich auch bei ihm um einen Persönlichkeitstest. Je nach Satzergänzung sind Rückschlüsse auf Ihre Einstellungen und Ihre Persönlichkeit möglich. Daher sollten Sie sich Ihre Antworten trotz der geforderten Spontaneität gut überlegen.

Beim Satzergänzungstest gibt es unterschiedliche Typen von Satzanfängen. Bei Sätzen, die mit »Ich ...« oder »Mein ...« beginnen, ist ganz offensichtlich erkennbar, dass es um Aussagen geht, die sich auf Sie persönlich beziehen:
- Ich fürchte ...
- Ich kann nicht ...
- Es ärgert mich ...

Es ist ein psychologischer »Trick«, durch Fragen nach anderen Personen, etwas über Sie herauszufinden. Die Zuschreibung auf andere Personen fällt uns immer leichter als auf uns selbst. Bei einem Satzanfang wie »Andrea macht sich Sorgen, dass ...« geht es um Sie und Ihre Sorgen. Solche Satzanfänge könnten wie folgt aussehen:
- Fremde Menschen sind ...
- Meine Kollegen sollten ...
- Marketingmanager müssen ...

Wir empfehlen Ihnen, die Satzergänzungen knapp, sachlich und unverfänglich zu formulieren. Wählen Sie realistische und offene oder neutral gehaltene Aussagen, vielleicht sogar mit Bezug zu Unternehmen und Position. Auf zu viel Ironie und Übertreibungen sollten Sie verzichten. Dass Sie negative Aussagen und Konfliktthemen meiden, versteht sich von selbst. Diese könnten Rückschlüsse darauf zulassen, dass Sie sich sorgen, Probleme wälzen, und nicht ausgeglichen sind. Unglücklich ist z. B. die Satzergänzung »Ich habe Angst zu versagen.« Der Personaler wird sich fragen: Warum sollen wir ihm den Job zutrauen, wenn er es sich selbst nicht zutraut?

Bevor Sie weiterlesen: Machen Sie für sich die Übung und ergänzen die oben vorgegebenen Satzanfänge. Was fällt Ihnen spontan ein? Halten Sie Ihre Ideen fest. Versetzen Sie sich anschließend in die Rolle eines Personalers und überlegen Sie, wie Ihre Aussagen auf diesen wirken könnten? Nachstehend finden Sie Beispiele für gelungene Satzergänzungen und unproblematische Formulierungen:

- Ich fürchte ... *mich in der Regel nicht.*
- Ich kann nicht ... *klagen.*
- Es ärgert mich ... *wenn Fehler gemacht werden.*
- Fremde Menschen sind ... *spannend, weil so unterschiedlich.*

Persönlichkeitstests ergründen die Charaktermerkmale des Bewerbers und evaluieren Eigenschaften, die zur Ausübung der entsprechenden Stelle relevant sind. Wenn Ihnen also der Satzanfang »Marketingmanager müssen ...« vorgelegt wird, so zeigen Sie mit der entsprechenden Satzergänzung, dass Sie wissen, auf welche Eigenschaften es ankommt. Im Folgenden geben wir Ihnen zu den wichtigsten Kategorien Hinweise auf charakterliche Ausprägungen, die von jedem Manager gefordert sind und sich daher auch als Satzergänzung eignen.

Leistungsbereitschaft
Manager sollen überdurchschnittliche Leistungen bringen und daher ...
- ... ehrgeizig sein und Ziele entschlossen verfolgen.
- ... ständig an die Weiterentwicklung des Unternehmens denken.
- ... den Wettkampf und Leistungsvergleiche nicht scheuen.
- ... Arbeit nicht aufschieben und begonnene Arbeit zügig zum Ziel bringen.
- ... sich selbst und ihre Mitarbeiter zur Arbeit motivieren.
- ... Risikobereitschaft zeigen.

Kontaktfähigkeit

Manager sollen kontaktfreudig sein und daher ...
- ... grundsätzlich optimistisch, aktiv und gesprächig sein.
- ... in Gruppen gerne die Führungsposition einnehmen.
- ... ausgeglichen und bei guter Laune sein.
- ... keine Hemmungen bei Reden und Auftritten haben.
- ... bei neuen Bekanntschaften die Initiative ergreifen.
- ... in kritischen Situationen souverän reagieren und bei Problemen die Fassung wahren.

Emotionale Stabilität

Manager sollen emotional stabil sein und daher ...
- ... den Anforderungen gewachsen sein und Selbstvertrauen besitzen.
- ... nicht von Ängsten geplagt sein oder Minderwertigkeitsgefühle haben.
- ... nicht launisch, sondern ausgeglichen sein.

Tipps für dem Umgang mit Persönlichkeitstests

Von entscheidender Bedeutung ist, dass Sie einen Persönlichkeitstest als solchen erkennen und mit der Funktionsweise und Zielsetzung vertraut sind. Dann ist die erste Hürde bereits genommen. Wie schon erläutert, gibt es bei Persönlichkeitstest keine richtigen oder falschen Antworten, sondern nur solche, die Ihre Persönlichkeit erfassen und zeigen, ob Sie dem Anforderungsprofil der angestrebten Position entsprechen. Machen Sie sich also im Vorfeld klar, welche Persönlichkeitsmerkmale das Unternehmen für die ausgeschriebene Stelle fordert. Von angehenden Managern werden vor allen Dingen eine ausgeprägte Leistungsbereitschaft, ein extrovertiertes Wesen sowie eine ausgeglichene, positive Persönlichkeit erwartet. In Tests wie dem Bochumer Inventar zur berufsbezogenen Persönlichkeitsbeschreibung sollten Sie polarisierende Extremantworten daher vermeiden. Im Zweifel ist die Enthaltung »weiß nicht« vorzuziehen. Bei Satzergänzungstests sollten Sie sachliche, unverfängliche Aussagen wählen.

Sie sollten Ihre Persönlichkeit und Ihre Charaktermerkmale bestens einschätzen können und im Bilde sein, welche Persönlichkeitsmerkmale Ihr Arbeitgeber wünscht. Der letzte Schritt ist die glaubhafte Übermittlung dieser Merkmale. Beachten Sie dafür folgende Grundregeln:
- Geben Sie bei offen formulierten Fragen, beispielsweise Satzergänzungstests, knappe und sozial erwünschte bzw. konfliktfreie und unverfängliche Antworten.
- Wählen Sie in Ihren Antworten einen positiven Unternehmensbezug.
- Bleiben Sie sachlich und vermitteln Sie den Eindruck, dass Sie sich um aufrichtige Antworten bemüht haben.

> **Tipp**
>
> Versuchen Sie anhand des Anforderungsprofils der angestrebten Position zu klären, welche Charaktereigenschaften für den Arbeitgeber besonders wichtig sind. Sie gewinnen so eine gute Orientierung für Ihre Selbsteinschätzung und die Beantwortung der Testfragen.

- Verdeutlichen Sie sich positive Eigenschaften und Verhaltensmuster, die man in der Position von Ihnen erwarten kann.
- Banal wirkende Sätze stellen keine Gefahr dar, sondern belegen, dass Sie gesund und normal »ticken«. Neurotiker erkennt man angeblich eher an komplexen und übertrieben ausgefeilten Sätzen.
- Es geht nicht um die absolute Wahrheit oder Ihre reale persönliche Meinung, sondern darum, Ihr Rollenverhalten in einem bestimmten Kontext zu ermitteln.

Bei allen Möglichkeiten, das Ergebnis eines Persönlichkeitstest manipulieren und zum erwünschten Ergebnis führen zu können, sollten Sie sich jederzeit klar machen: Sie sind, wie Sie sind, und mit Ihrer Persönlichkeit und Ihrem Ihnen eigenen Charakter müssen Sie später auch im Job zurecht kommen. Sie tun sich selbst also keinen Gefallen, sich als enthusiastisches Kommunikationswunder darzustellen, wenn Sie spätestens im Vorstellungsgespräch vor lauter Unsicherheit nicht wissen, was Sie sagen sollen. Bleiben Sie sich also selbst treu, nur dann werden Sie auch Erfolg haben!

2. Intelligenztests

Intelligenztests werden oft gefürchtet, doch Sie können sich intensiv auf diese vorbereiten und dann gelassen in die Testsituation hinein gehen. Unter den Sammelbegriff Intelligenztest fallen unterschiedliche Testtypen. Es gibt Tests zum mathematischen, sprachlichen und logischen Verständnis. Die gängigsten Testarten stellen wir Ihnen in diesem Kapitel vor.

Die meisten Unternehmen verwenden professionelle Tests, die von Psychologen entwickelt worden sind und von externem Dienstleistern angeboten werden. Neben dem Persönlichkeitstest OPQ32 bieten Saville & Holdsworth (SHL) auch Intelligenztests an. Ihre Internetseiten sind eine wahre Fundgrube an Informationen, Tipps und Übungsaufgaben für die optimale Vorbereitung auf Einstellungstests. Wir empfehlen Ihnen, die Seite www.shldirect.com unbedingt zu besuchen. In der Rubrik »Übungstests« finden Sie zahlreiche Trainingsmöglichkeiten.

Weitere sehr gute Trainingsmöglichkeiten finden Sie bei den Bochumer Anbietern des BIP-Persönlichkeitstest. Der Bochumer Matrizentest (BOMAT) ist ein klassischer mathematischer Test, der Bochumer Wissenstest (BOWIT) testet Ihr Allgemeinwissen in klassischen Bildungsbereichen wie Geschichte und Politik, Kunst und Kultur oder Wirtschaft. Sie finden diese Tests online unter www.testentwicklung.de.

Im folgenden Kapitel stellen wir Ihnen die gängigsten und wichtigsten Testformate zum mathematischen, sprachlichen und logischen

Verständnis vor. Zu jedem Aufgabentyp bieten wir Ihnen einige Trainingsaufgaben an. Die dazugehörigen Lösungen finden Sie im Anhang.

Wir empfehlen Ihnen dringend, sich mit den verschiedenen Aufgabentypen vertraut zu machen und so lange zu üben, bis Sie sich sicher fühlen. Für weitere Trainingsaufgaben empfehlen wir Ihnen unser Buch »Einstellungstests bei Top-Unternehmen« – ebenfalls ein squeaker.net Insider-Dossier.

Mathematische Testaufgaben

Werden Bewerber für eine Position im Marketing gefragt, welche Kompetenzen ihrer Meinung nach die wichtigsten sind, so vergessen sie neben allen kreativen Eigenschaften oft ein mathematisches Verständnis und einen sicheren Umgang mit vor allen Dingen großen Zahlen. Absatzmenge, Umsatz, Marktanteile – ohne Mathekenntnisse und Zahlengefühl sind Schwierigkeiten im Marketing- und Vertriebsalltag vorprogrammiert. Daher sind Arbeitgeber natürlich interessiert daran, Ihre analytischen und mathematischen Fähigkeiten vor der Einstellung zu überprüfen. Und hierzu dienen die Testtypen, die wir Ihnen im Folgenden vorstellen.

Seien Sie unbesorgt, die meisten Aufgabentypen zum mathematischen Verständnis kommen mit den Rechengrundarten, dem Dreisatz, Prozent- und Zinsrechnung aus. Die notwendigen Mathematikkenntnisse besitzen Sie seit Ihrer Schulzeit. Es wird nur Zeit, diese aufzufrischen. Viele Bewerber berichten, dass Sie inhaltlich keine Probleme mit den Testaufgaben hatten, dass Sie jedoch beim Rechnen ohne Taschenrechner viel Zeit verloren haben und unter dem entstandenen Zeitdruck schnell Fehler passiert sind. Umso dringender raten wir Ihnen, Ihr mathematisches Schulwissen wieder aufzufrischen und das Kopfrechnen zu üben, damit Sie sich in der Testsituation sicher fühlen. Die Grundrechenarten, das Einmaleins sowie den Dreisatz sollten Sie im Schlaf beherrschen!

i) Dreisatz

Bei Dreisatzaufgaben gilt es, aus drei bekannten Größen eine vierte unbekannte zu berechnen. Eine einfache Dreisatzaufgabe könnte lauten: »Wie viel kosten 400 Gramm Kaffee, wenn Sie für 500 Gramm 6 Euro bezahlen?« Diese Aufgabe können Sie in diesen drei Schritten lösen:

1) Zuerst halten Sie fest, welche Informationen Sie haben: 500g kosten 6 Euro.
2) Sie errechnen dann den Preis für die Einheit, die das kleinste gemeinsame Vielfache mit der gesuchten Größe ist. In diesem Fall suchen Sie den Preis für 100g Kaffee: 100g Kaffee kosten 6/5 Euro = 1,20 Euro.
3) Zum Schluss errechnen Sie den Preis für 400g:
400g kosten 4 x 1,20 Euro = 4,80 Euro

Wenn die Dreisastzaufgaben komplexer werden, ist es hilfreich, die Zusammenhänge in einer Gleichungsform zu notieren und nach der gesuchten Größe x aufzulösen:

$$\frac{x_1}{y_1} = \frac{x_2}{y_2}$$

Für das obige Kaffee-Beispiel würden dies so aussehen:

$$\frac{6}{500g} = \frac{x_2}{400g} \quad \text{daraus folgt: } x_2 = \frac{6}{500g} \cdot 400g = \frac{24}{5} = 4{,}8$$

Das gewählte Beispiel ist eine Dreisatzaufgabe mit einer direkten Proportionalität. Diese ist gekennzeichnet durch die Beziehung »Je mehr X, desto mehr Y.«, in unserem Beispiel heißt das also: »Je mehr Kaffee ich kaufe, desto mehr muss ich bezahlen.«

Es gibt auch Dreisatzaufgaben mit einer umgekehrten Proportionalität. Bei diesen lautet die Gesetzmäßigkeit »Je mehr X, desto weniger Y.« Ein Beispiel für einen solchen Dreisatz ist die folgende Aufgabe: »Ein Vertriebsteam mit 8 Mitarbeitern kann alle 800 Kunden in 20 Tagen jeweils 1x besuchen. Wie viele Tage benötigt das Team, wenn noch ein weiterer Mitarbeiter in das Vertriebsteam rekrutiert wird?« Oder: »In einer Fabrik mit 10 Produktionsanlagen kann bei Betrieb von 7 Anlagen mit den vorhandenen Vorräten und Rohstoffen im Lager 6 Tage unter Volllast produziert werden. Wie viele Tage reicht der Lagerbestand bei Betrieb von 9 Anlagen?«

Dreisatzaufgaben mit einer umgekehrten Proportionalität können in dieser allgemeinen Gleichungsform notiert werden:

$$x_1 \cdot y_1 = x_2 \cdot y_2$$

Für unser Beispiel ergibt sich folgende Berechnung:

$$7 \cdot 6 = 9 \cdot x_2 \quad \text{daraus folgt: } x_2 = \frac{7 \cdot 6}{9} = 4{,}\overline{6}$$

Trainingsaufgaben Dreisatz

Aufgabe 1: An einer Produktionsanlage werden in einer Acht-Stunden-Schicht 12 m³ Reinigungsmittel hergestellt und zu 60 % in 1-Liter-Flaschen und zu 40 % in 0,5-Liter-Flaschen abgefüllt. Der Betrieb arbeitet in 3 Schichten. Wie viele Flaschen sind notwendig, um die Produktion einer 7-Tage-Arbeitswoche abzufüllen?

> **Tipp**
>
> Typische Fehler beim Umgang mit großen Zahlen können Sie vermeiden, indem Sie diese Regel befolgen:
> Bei der Multiplikation großer Zahlen entspricht die Anzahl der Nullen des Ergebnisses der Summe der Nullen der beiden Multiplikatoren. Trennen Sie die Stellen am besten in Tausenderschritten mit Punkten ab und Sie behalten den Überblick:
> 30.000 · 4.000.000
> = 3 · 4 mit
> »4 + 6 = 10« Nullen,
> also 120.000.000.000
> (120 Milliarden).

Aufgabe 2: Eine Handelskette bestellt im 14-tägigen Bestellrhythmus 2.500 SKUs (SKU = stock keeping unit = Wareneinheit im Lager) eines Haarwaschmittels. Wie hoch ist die Nachfrage im Halbjahr in Produkteinheiten, wenn eine SKU genau 20 Produkteinheiten entspricht?

Aufgabe 3: Ein LKW hat eine Ladefläche für 38 Europaletten. Wie viele Europaletten Waschmittel können auf einen LKW (30 Tonnen) geladen werden, wenn eine Europalette genau 56 Jumbopakete à 15 Kilogramm umfasst? Aus Kommissionierungsgründen können nur vollständige Paletten verladen werden.

Aufgabe 4: Die Kosten für den Transport des Waschmittels mit dem LKW betragen pro 5 Tonnen Ladung 75 Cent je Kilometer. Wie viel kostet der Transport zum 175 Kilometer entfernten Zwischenlager bei voller Beladung?

Aufgabe 5: Die Differenz aus 16 und einer Zahl verhält sich zu 24 wie die Summe aus 4 und dieser Zahl zu 12. Wie heißt diese Zahl?

Aufgabe 6: Eine Produktionsgesellschaft kauft 100 Tonnen eines Vorproduktes für 5.000 Euro ein. Welchen Preis muss die Gesellschaft für 350 Tonnen zahlen?

Aufgabe 7: Wie viel muss von 50 abgezogen werden, damit die Differenz im gleichen Verhältnis zu 56 steht wie 18 zu 24?

Aufgabe 8: Drei Kollegen kommen mit einer Packung Kaffee fünf Tage aus. Zwei Kollegen kommen in die Abteilung neu hinzu, trinken jedoch zusammen nur halb so viel Kaffe wie die drei anderen. Wie viel Kaffee ist nun pro Arbeitswoche erforderlich?

Aufgabe 9: Zur Reinigung einer Produktionsstraße benötigen 30 Arbeiter 16 Stunden. Wie viele Arbeiter werden benötigt, wenn für die Reinigung 48 Stunden zur Verfügung stehen?

Aufgabe 10: Wenn 330 ml eines Erfrischungsgetränkes 1,99 Euro kosten, wie viel kosten dann 500 ml?

ii) Prozentrechnung

Auch bei Textaufgaben zur Prozentrechnung gibt es zwei verschiedene Arten von Aufgaben. Beim ersten Typ müssen Sie den Grundwert (G), Prozentwert (W) oder Prozentsatz (p) berechnen. Hierfür reicht Ihnen die Grundgleichung der Prozentrechnung:

$$\frac{W}{p} = \frac{G}{100}$$

Erstes Beispiel: Wie hoch ist der Preisnachlass in Euro bei 4 % Rabatt bei einem Kaufpreis von 20 Euro?
Gegeben: G = 20, p = 4; Gesucht: W = ?

$$W = \left(\frac{G}{100}\right) \cdot p = \left(\frac{20}{100}\right) \cdot 4 = 0{,}8$$

Zweites Beispiel: Wie viel Prozent Preisnachlass sind 4 Euro bei einem Kaufpreis von 20 Euro?

$$p = \left(\frac{100}{G}\right) \cdot W = \left(\frac{100}{20}\right) \cdot 4 = 20\ \%$$

Der zweite Aufgabentyp verlangt, dass Sie den vermehrten oder verminderten Grundwert berechnen. Hierbei soll ein bestimmter Prozentsatz des Grundwertes addiert oder subtrahiert werden. Hierfür benötigen Sie die folgende Gleichung:

$$G' = G \cdot \left(\frac{100 \pm p}{100}\right)$$

Beispiel: Ihr Gehalt wird von 2.500 Euro um 5 % erhöht. Wie viel Geld erhalten Sie nach der Erhöhung.

$$G' = 2.500 \cdot 1{,}05 = 2.625$$

Vorsicht vor Fallen

Es ist ein Unterschied, ob man von »300 % von …« oder von einer »Steigerung um 300 %« spricht. Eine Steigerung um 300 % ist keine Verdreifachung, sondern eine Addition von 300 % des Ausgangswert zum Ausgangswert. 300 % von 25 sind also 75, eine Steigerung um 300 % hat jedoch 100 zum Ergebnis.

Trainingsaufgaben Prozentrechnung

Aufgabe 1: Eine Verkaufsorganisation besteht zu 60 % aus männlichen Vertretern. Die weiblichen Sales Manager erzielen zu 25 % gute Ergebnisse, die männlichen nur zu 15 %. Wie hoch ist die Erfolgsrate der männlichen Vertreter in der Gesamtorganisation?

Aufgabe 2: Wie viel Prozent der guten Ergebnisse sind in Aufgabe 1 männlichen Sales Managern zuzuschreiben?

Aufgabe 3: Ein Getränkehersteller verkauft seine Ware zum Preis von 400 Euro pro Palette. Wenn ein Kunde eine sortenreine Paletten kauft, erhält er einen Rabatt von 4 % pro Palette. Allerdings besteht auch die Möglichkeit, gemischte Paletten zu bestellen, die allerdings einen Kommissionierungsaufschlag von 12 % erfordert. Bestimmen Sie den Differenzbetrag zwischen beiden Kaufpreisen.

Aufgabe 4: Eine Drogerie verkauft Duschgels. Für fünf Packungen nimmt sie so viel, wie sie für sechs Packungen im Einkauf gezahlt hat. Wie hoch ist der Gewinn in Prozent?

Aufgabe 5: Ein Nahrungsmittelhersteller produziert in einem Werk monatlich 240 Tonnen Milchprodukte, 110 Tonnen Käseprodukte und 80 Tonnen Babynahrung. 4 % der Monatsproduktion an Milchprodukten, 6 % an Käseprodukten und 3 % an Babynahrung werden in der Qualitätskontrolle aussortiert. Wie hoch ist der Gesamtausschuss in Tonnen?

iii) Zinsrechnung

Die Lösung von Textaufgaben zur Zinsrechnung erfordert einige Formeln, die fest vorgeschrieben sind. Im Folgenden finden Sie die Grundlagen zur kurzen Wiederholung. Die Abkürzungen haben folgende Bedeutung: Z – Zinsen, K – Kapital, p – Zinssatz, t – Zeit in Tagen, m – Zeit in Monaten.

Jahreszins: $$Z = \frac{K \cdot p}{100}$$

Monatszins: $$Z_m = \frac{K \cdot p \cdot m}{100 \cdot 12}$$

Tageszins: $$Z_t = \frac{K \cdot p \cdot t}{100 \cdot 360}$$

Im Falle, dass das eingesetzte Kapital oder der Prozentsatz gesucht sind, stellen Sie die Formeln einfach nach der gesuchten Größe um.

Beispielaufgabe: Eine Bank verzinst 2.000 Euro mit einem Jahreszinssatz von 2,75 %. Welcher Zinsertrag ergibt sich nach einem halben Jahr?

$$Z_m = \frac{2.000\ € \cdot 2{,}75 \cdot 6}{100 \cdot 12} = 27{,}5\ €$$

Wir empfehlen Ihnen, diese Aufgaben auf jeden Fall unter Zeitdruck zu trainieren, denn diesen werden Sie in der »echten« Testsituation auch haben. Für die Lösung der nachstehenden fünf Aufgaben empfehlen wir Ihnen, nicht mehr als zehn Minuten zu verwenden.

Trainingsaufgaben Zinsrechnung

Aufgabe 1: Welches Kapital erbringt in 300 Tagen 480 Euro Zinsen bei einem zugrunde gelegten Zinssatz von 3,75 %?

Aufgabe 2: Berechnen Sie den Jahreszinssatz zu folgendem Kreditvertrag: Kreditvolumen: 400.000 Euro, Zinsen: 2.800 Euro vierteljährlich.

Aufgabe 3: Ein Unternehmen benötigt für die Sanierung der Werkshalle 1.200.000 Euro. Drei verschiedene Banken bieten dem Unternehmen Darlehen an: Bank A verlangt pro Quartal 60.000 Euro Zinsen, Bank B halbjährlich 60.000 Euro und Bank C pro Monat 15.000 Euro. Zu welchen Zinssätzen bieten die Banken Ihre Darlehen an?

Aufgabe 4: Ein Unternehmen hat einen Kredit in Höhe von 45.000 Euro zu einem Zinssatz von 12 % aufgenommen und muss am Ende der Laufzeit 4.000 Euro Zinsen zahlen. Für welche Zeit wurde der Kredit aufgenommen?

Aufgabe 5: Für den Bau einer neuen Anlage stehen zur Finanzierung der benötigten 800.000 Euro zwei unterschiedliche Kreditmöglichkeiten zur Verfügung. Beide Kreditverträge haben eine Laufzeit von drei Jahren. Welches Angebot können Sie empfehlen?
Bank A: 1. Jahr: 10 %, 2. Jahr: 11 %, 3. Jahr: 12 %
Bank B: 1. Jahr: 8 %, 2. Jahr 10 %, 3. Jahr: 14 %

iv) Wechselkurse

Hinweis: Bei Wechselkursberechnungen werden üblicherweise fünf Nachkommastellen angegeben. In unseren Beispielen beschränken wir uns auf zwei Nachkommastellen. Die Umrechnung von Währungen geschieht analog zum Vorgehen bei Dreisatzaufgaben mit direkter Proportionalität. Es gilt dabei stets:

$$\frac{\text{Zielwährung}}{\text{Ausgangswährung}} = \text{Kursverhältnis}$$

Beispielaufgabe: Wie viel US-Dollar erhält man für 150 Euro, wenn der Wechselkurs 1,30 US-Dollar / Euro beträgt?

$$\frac{x\ US\$}{150\ €} = \frac{1{,}30\ US\$}{1\ €}$$

$$x\ US\$ = \frac{1{,}30\ US\$}{1\ €} \cdot 150\ € = 195\ US\$$$

Empfehlung: Sie sollten für die nachstehenden Trainingsaufgaben nicht mehr als zehn Minuten benötigen.

Trainingsaufgaben Wechselkurse

Aufgabe 1: Wie viel Euro erhält man für 25 US-Dollar, wenn Sie folgenden Wechselkurs von 0,75 Euro = 1 US $ zu Grunde legen?

Aufgabe 2: Eine Rohstofflieferung kostet 250.000 Euro. Des Weiteren sind 5.000 US-Dollar für Transportkosten und weitere 2.500 BRL an Zollgebühren fällig. Welchen Preis muss das Unternehmen in Euro bezahlen, wenn 150 Euro = 200 US-Dollar sind und 1 Euro = 2,72 BRL?

Aufgabe 3: Ein Waschmittelhersteller verkauft 15.000 Tonnen Waschmittel in Paketen zu 10 Kilogramm an eine polnische Geschäftskette. Der Paketpreis beträgt 13,50 Zloty. Wie hoch ist der Umsatz in Euro, wenn 100 Euro = 415 Zloty sind?

Aufgabe 4: Einem Unternehmen stehen zwei neue Lagerstandorte zur Auswahl. Der Standort in Polen erfordert jährliche Gebühren und Steuern in Höhe von 439.300 Zloty. Der deutsche Standort liegt bei 125.000 Euro. Welcher Standort ist gemessen an den jährlichen Aufwendungen für Gebühren und Steuern attraktiver, wenn 150 Zloty = 36 Euro sind?

Aufgabe 5: Wie viele japanische Yen erhält man für 170.000 Euro? (Kurs: 132,14 Yen = 1 Euro)

v) Flächen und Räume

Bei der Berechnung von Flächen und Räumen wird mathematisches Grundwissen vorausgesetzt, das nicht für jeden vollkommen alltäglich ist, jedoch für viele Einstellungstests unabdingbar. Im Folgenden haben wir Ihnen die wichtigsten Zusammenhänge aufgelistet, die Sie unbedingt auffrischen sollten:

Flächeninhalt (A):
- Quadrat: $A = a^2$
- Rechteck: $A = $ Länge · Breite
- Dreieck: $A = ½$ Grundseite · Höhe
- Kreis: $A = \pi \cdot $ Radius^2

Volumen (V):
- Würfel: $V = a^3$
- Quader: $V = $ Höhe · Breite · Länge
- Quadratische Pyramide: $V = 1/3 \cdot $ Grundseite^2 · Höhe
- Zylinder: $V = \pi \cdot $ Radius^2 · Höhe
- Kegel: $V = \pi/3 \cdot $ Radius^2 · Höhe
- Kugel: $V = 4/3 \cdot \pi \cdot $ Radius^3

Einheiten:
- Fläche: 1m² = 0,000001km²=10.000cm²=1.000.000mm²
- Volumen: 1m³=1.000.000cm³; 1l = 0,001m³= 1.000cm³

Trainingsaufgaben Räume und Flächen:

Aufgabe 1: Ein rechteckiges Grundstück, das eineinhalb Mal so lang wie breit ist, hat eine Fläche von 216 Quadratmetern und soll an zwei benachbarten Seiten eingezäunt werden. Wie viel Meter Zaun werden benötigt?

Aufgabe 2: Ein Produktionstank ist 3 Meter breit, 1,5 Meter tief und 80 Zentimeter hoch. Er soll bis 5 Zentimeter unter den Rand mit Wasser gefüllt werden. Wie viel Liter Wasser werden für die Füllung benötigt?

Aufgabe 3: Es sei der Produktionstank aus Aufgabe 2 gegeben. Welche Maße hätte ein Würfel mit der gleichen Füllmenge?

Aufgabe 4: Ein Waschmittelpaket ist 35 Zentimeter breit, 10 Zentimeter lang und 0,5 Meter hoch. Wie viel Kilogramm Waschmittel fasst das Paket, wenn 1 Kubikmeter genau 1,2 Tonnen wiegt?

Aufgabe 5: Wie viel Quadratmeter Folie werden benötigt, um das Waschmittelpaket aus Aufgabe 4 von allen Seiten zu bekleben? Sie können von der reinen Fläche ausgehen und müssen keinen »Verschnitt« hinzu rechnen.

vi) Zahlenreihen und Zahlenmatrizen

Mit diesem Aufgabentypus werden logisches Denken und Rechenfähigkeit abgeprüft. Außerdem wird ein gewisses Zahlengefühl verlangt. Einige grundlegende Regeln helfen, die Zahlenreihen zu lösen:

I. Ist die Zahlenreihe einheitlich aufgebaut?
- Zahlen werden kontinuierlich größer oder kleiner
- Zahlen werden abwechselnd größer und kleiner
- Rechnerischer Abstand zwischen den Zahlen ist gleich

Ermitteln Sie die Differenzbeträge der benachbarten Zahlen und versuchen Sie dadurch, eine Regelmäßigkeit herauszufinden (Addition oder Subtraktion).

II. Ist die Zahlenreihe uneinheitlich aufgebaut?
Im Falle unregelmäßiger und hoher Differenzen liegt in der Regel eine multiplikative Verknüpfung vor. Prüfen Sie, ob die jeweilige Zahl ein Vielfaches der vorherigen oder der nachfolgenden Zahl darstellt.
- Im Falle einer steigenden Zahlenreihe dividieren Sie jede Zahl durch die vorherige Zahl. Bei gleichem Quotienten ist dieser mit der letzten Zahl der Reihe zu multiplizieren, um die gesuchte Zahl zu finden.

- Im Falle abnehmender Zahlenreihen dividieren Sie jede Zahl durch die nachfolgende Zahl. Bei gleichem Quotienten muss die letzte Zahl durch den Quotienten dividiert werden, damit Sie zur Lösung gelangen.

Folgen die Differenzen keinem konstanten Prinzip, empfiehlt es sich, die Zahlenreihe in mehrere getrennte Reihen zu zerlegen, die dann jeweils einem konstanten Aufbauprinzip folgen, so dass die oben dargestellten Regeln wieder angewendet werden können.

Beispielaufgabe: Ergänzen Sie die folgende Zahlenreihe:

5   4   8   7   14   13   26   ?

Die Lösung erschließt sich leicht, wenn man die beschriebenen Schritte anwendet. Wir stellen fest, dass die Zahlen abwechselnd größer und kleiner werden. Die Differenzbeträge der benachbarten Zahlen ergeben: -1, +4, -1, +7, -1, +13. Als wiederkehrendes Element ist die -1 in jedem zweiten Schritt zu identifizieren. Die Differenzbeträge +4, +7, +13 ergeben auf den ersten Blick keinen Zusammenhang, aber in Relation mit den benachbarten Zahlen zeigt sich, dass diese stets der Verdopplung der vorhergehenden Zahl entsprechen (4 · 2 = 8; 7 · 2 = 14; 13 · 2 =26), so dass die Reihe folgende Regel aufweist: -1, · 2 und als zu ergänzender Schritt die 25 einzusetzen ist.

Eine etwas anspruchsvollere Alternative zu Zahlenreihen sind Zahlenmatrizen. Diese sind aus mehreren Zahlenreihen und -spalten aufgebaut, die zeilen- und spaltenweise sowie auch diagonal in einer Beziehung zueinander stehen. Das Vorgehen ist analog zu den oben beschriebenen Schritten für Zahlenreihen, allerdings mehrdimensional, das heißt auf Spalten und Zeilen sowie diagonal anzuwenden.

Beispielaufgabe:

5   6   7
7   8   9
9   10   ?   (Zu ergänzen wäre hier eine 11.)

Eine alternative Darstellungsform von Zahlenreihen sind grafische Abbildungen in Form von Dominosteinen. Die Komplexität bei dieser Abwandlung der einfachen Zahlenreihe besteht darin, dass zunächst die grafische Abbildung gedanklich in eine numerische Abbildung übersetzt werden muss und in einer Aufgabe nun zwei Zahlenreihen statt vorher nur einer Reihe enthalten sind, da Dominosteine naturgemäß zwei Felder auf einer Seite aufweisen.

Als Lösungshilfe empfehlen wir, zunächst nur die oberen Felder einer Reihe zu betrachten und das Verhältnis der Punkte bzw. Zahlen zueinander zu entdecken. Meist ist eine einfache Addition oder Subtraktion erkennbar. Nachdem Sie sich die oberen Felder einer jeden Reihe angeschaut und das zugrunde liegende Prinzip entdeckt haben – das nicht in jeder Reihe gleich sein muss – verfahren Sie ebenso mit den unteren Felderreihen. In der Regel ist eine Lösungsmenge von verschiedenen Dominosteinen vorgegeben. Aus der Lösungsmenge muss der gesuchte Stein in beiden Feldern den Reihenprinzipien entsprechen.

Aufgaben zu Zahlenreihen
i) Erkennen Sie das mathematische Schema

    Beispiel 1:   12 – 15 – 13 – 16 – 14 – 17 – 15 – 18 – 16
    (Lösung: + 3; - 2; + 3; - 2; etc.)

    Beispiel 2:   12 – 24 – 14 – 28 – 18 – 36 – 26 – 52 – 42
    (Lösung: · 2; - 10; · 2; - 10; etc.)

Trainingsaufgaben »Mathematisches Schema«:
    Aufgabe 1: 44 – 41 – 51 – 51 – 48 – 58 – 58 – 55 – 65 – 65 – ?
    Aufgabe 2: 102 – 51 – 71 – 66 – 33 – 53 – 48 – 24 – 44 – 39 – ?
    Aufgabe 3: 55 – 52 – 49 – 98 – 95 – 92 – 184 – 181 – 178 – 356 – ?
    Aufgabe 4: 2 – 2 – 4 – 20 – 20 – 40 – 200 – 200 – 400 – 2000 – ?
    Aufgabe 5: 24 – 34 – 44 – 22 – 32 – 42 – 21 – ?

ii) Ergänzen Sie die fehlende Zahl

    Beispiel 1:   0 – 3 – ? – 9 – 12
    (Lösung: 6, denn die Zahlen werden stets mit 3 addiert.)

    Beispiel 2:   2 – 4 – ? – 16 – 32
    (Lösung: 8, denn die Zahlen werden stets mit 2 multipliziert.)

Trainingsaufgaben »Fehlende Zahl«:
    Aufgabe 1: 200 – 100 – ? – 25
    Aufgabe 2: ? – 5 – 10 – 15 – 20 – 25
    Aufgabe 3: 555 – 535 – ? – 495 – 475
    Aufgabe 4: 12 – ? – 48 – 96
    Aufgabe 5: ? – 99 – 102 – 105 – 108

iii) Wochentage

»Zwei Tage vor vorgestern war Dienstag. Welcher Tag ist übermorgen?« – In dieser Form werden die typischen »Wochentag-Fragen« gestellt. Die einfachste und effizienteste Art, diesen Aufgabentypus zu lösen ist die Zuhilfenahme einer Skizze. Malen Sie sich zu Beginn eine Zeitreihe der Wochentage über den Zeitraum von zwei Wochen und hangeln Sie sich grafisch gemäß der bekannten Angaben am Zeitstrahl entlang:

Mo D̲i Mi D̲o Fr (Sa) So |Mo| Di Mi Do Fr Sa So

Ausgangstag identifizieren:
Dienstag ist der einzige bekannte Wochentag.
1. Bezug zwischen Ausgangstag und heute herstellen:
Dienstag = zwei Tage vor vorgestern; Dienstag plus zwei Tage = Donnerstag = vorgestern; also war gestern Freitag und damit ist heute Samstag.
2. Bezug zwischen heute und dem gesuchten Tag herstellen:
Da wir nun wissen, dass heute Samstag ist, lautet die neue Frage: Welcher Tag ist übermorgen, wenn heute Samstag ist?
Lösung: Montag.

Dieser Aufgabentypus kann in verschärfter Form auftreten, indem eine neue Wochentagfolge definiert wird. Die Wochentage werden beispielsweise einfach rückwärts gezählt oder nummeriert (mit einer Ordnungszahl versehen). Die Komplexität kann gerade bei diesen Aufgaben sehr leicht mit einer Skizze des jeweiligen Zeitstrahls gehandhabt werden.

»Die Wochentage zählen rückwärts. In drei Tagen haben wir Donnerstag. Welcher Tag ist zwei Tage vor morgen?«

|Mo| (So) Sa Fr D̲o Mi Di Mo

Skizzieren Sie einen Zeitstrahl, der von rechts nach links zu lesen ist.

Ausgangstag identifizieren:
Donnerstag = in 3 Tagen.
1. Bezug zwischen Ausgangstag und heute herstellen:
Freitag = in zwei Tagen/übermorgen; Samstag = in 1 Tag/morgen; Sonntag = heute
2. Bezug zwischen heute und dem gesuchten Tag herstellen:
Welcher Tag ist zwei Tage vor morgen?
Lösung: morgen = Samstag; zwei Tage vor morgen = Montag.

Trainingsaufgaben zu Wochentagen:
   Beispiel 1: Heute ist Montag. Welcher Tag ist drei Tage nach gestern?
   (Antwort: Mittwoch)
   Beispiel 2: Morgen ist vier Tage nach Freitag. Welcher Tag ist heute?
   (Antwort: Montag)

Nun sind Sie an der Reihe. Versuchen Sie mit jeder gelösten Aufgabe schneller zu werden und Routine zu gewinnen.

Aufgabe 1: Gestern war zwei Tage nach Mittwoch, welcher Tag ist morgen?
Aufgabe 2: Übermorgen ist drei Tage vor Sonntag, welcher Tag ist heute?
Aufgabe 3: Sonntag ist fünf Tage vor heute, welcher Tag ist übermorgen?
Aufgabe 4: Heute ist der dritte Tag nach Freitag, welcher Tag war vorgestern?
Aufgabe 5: Einen Tag vor Weihnachten war Freitag, an welchem Tag ist Silvester?
Aufgabe 6: Der dritte Tag nach Freitag ist übermorgen. Welcher Tag ist Samstag?
Aufgabe 7: Welcher Tag ist zwei Tage vor gestern, wenn morgen Montag ist?
Aufgabe 8: Montag ist der dritte Tag nach heute. Welcher Tag ist vorgestern?
Aufgabe 9: Vorgestern war Sonntag, welcher Tag ist übermorgen?
Aufgabe 10: Freitag ist der dritte Tag nach meinem Geburtstag, an welchem Tag habe ich in meinen Geburtstag hinein gefeiert?

Wort- und Sprachverständnis
In allen Intelligenztests finden sich neben mathematischen Aufgaben auch Aufgaben zum Wort- und Sprachverständnis. Geprüft werden Ihr Wortschatz sowie Ihre Fähigkeit, Wortbedeutungen zu erfassen. Im Folgenden stellen wir Ihnen die üblichen Aufgabentypen vor:

i) Wortauswahl
Von fünf Wörtern sind sich vier in einer gewissen Weise ähnlich. Finden Sie das fünfte Wort, das nicht zu den anderen passt.

a) Umsatz	a) Innovation	a) Marketing
b) Ergebnis	b) *Team*	b) Vertrieb
c) *Preis*	c) Forschung	c) *Controlling*
d) Aufwendungen	d) Technologie	d) Marktforschung
e) Gewinn	e) Idee	e) Kundendienst

Die unterstrichenen Begriffe sind diejenigen, die aus dem Sinnzusammenhang herausfallen. »Preis« ist der einzige Begriff, der nicht in einer Gewinn- und Verlustrechnung zu finden ist. Das Wort »Team« hat als einziges keinen direkten Bezug zu den Themen Innovation oder Forschung & Entwicklung. Und im dritten Beispiel ist »Controlling« der einzige Bereich, der nicht direkt mit den absatzgerichteten Funktionsbereichen wie Marketing und Vertrieb und den angrenzenden Abteilungen zu tun hat.

ii) Gleiche Wortbedeutungen
Bei diesem Aufgabentypus geht es erneut darum, Ihr Sprachverständnis zu testen. Hier wird ein Begriff vorgegeben und fünf andere Begriffe zu jenem in Bezug gesetzt. Finden Sie den Begriff, der dem ersten vorgegebenen Begriff am nächsten kommt bzw. am ähnlichsten ist.

Beispiel 1:
Haus: a) Garten, b) Wohnblock, c) Dach, d) Hütte, e) Hof

Antwort: Man sagt zwar »Haus und Hof« oder »Haus und Garten«, auch haben die meisten Häuser ein Dach. Das alles entspricht aber nicht der Funktion eines Hauses als Wohnstatt. Bleiben also Wohnblock und Hütte. Von diesen beiden kommt aber wohl die Hütte dem Haus am nächsten, handelt es sich bei einem Wohnblock nämlich um mehrere Wohneinheiten, während Haus und Hütte auch Wohnstätten für eine einzelne Familie sein können.

Beispiel 2:
schlafen: a) wachen, b) träumen, c) ruhen, d) arbeiten, e) Nachtruhe

Antwort: Arbeiten kommt dem Schlafen nur selten nahe, wachen ist das Gegenteil. Die Nachtruhe ist ein Substantiv. Träumen ist eine Tätigkeit während des Schlafens, so dass ruhen der Vorgabe am ehesten entspricht.

Trainingsaufgaben zu »Gleiche Wortbedeutungen«
Aufgabe 1: *verkaufen:*
 a) veräußern, b) verhökern, c) ankaufen,
 d) verschenken, e) leihen
Aufgabe 2: *bunt:*
 a) uni, b) farbig, c) grün, d) lustig, e) gemustert
Aufgabe 3: *Straße:*
 a) Fluss, b) Platz, c) Weg, d) Auto, e) Bürgersteig

Aufgabe 4: *rechnen*:
a) schreiben, b) zählen, c) denken,
d) abwägen, e) kalkulieren

Aufgabe 5: *Konkurrent*:
a) Feind, b) Gegner, c) Wettbewerber, d) Freund, e) Berater

iii) Gemeinsamkeiten
Eine Reihe Wörter sind vorgegeben. Sie sollen nun die beiden Wörter finden, die einen gemeinsamen Oberbegriff haben. In dem Fall, dass mehrere Lösungsmöglichkeiten sinnvoll erscheinen, wählen Sie bitte die Lösung, die am genauesten einen Oberbegriff oder eine Gemeinsamkeit definiert.

a) iPod
b) Computerspiel
c) Bibliothek
d) Magazin
e) DVD-Player
f) Spielfilm
g) Mobiltelefon

Der gesuchte Oberbegriff lautet »Unterhaltungselektronik«, damit hätten Sie bei dieser Aufgabe die Worte a) iPod und e) DVD-Player auswählen müssen.

iv) Analogien
Analogieaufgaben sind ebenfalls ein beliebter Standard unter den Testaufgaben. Unter einer Analogie versteht man eine gleichungsähnliche Form der Übereinstimmung zwischen zwei Objekten oder Begriffen, die in einer bestimmten Beziehung zueinander stehen.

Das Standardanalogieformat lautet »A : B = C : D« und wird gelesen als »A verhält sich zu B wie C zu D«. Dabei steht jeder Buchstabe für einen Begriff. In den Tests fehlt einer dieser vier Begriffe und soll von Ihnen im Multiple-Choice-Verfahren aus einer vorgegebenen Lösungsmenge als einzig richtige Antwort ermittelt werden. Dieser Test kann in verschiedenen Varianten Anwendung finden:

Verbale Analogien
Die Beziehung zwischen Begriffen, die auf einer Seite der Gleichung in ein Verhältnis zueinander gesetzt werden, soll auf der anderen Seite der Gleichung in ähnlicher Weise wiederholt werden:

»nichts : alles = wenig : …«
Lösungsmenge: a) viel b) mehr c) Menge d) ganz e) meistens

Die Beziehungen können auch komplexerer Natur sein, so dass zur Lösung Ihre Abstraktionsfähigkeit gefordert wird und Sie gemeinsame Charakteristika erkennen und übertragen sollen:

»Nase : brenzlig = Zunge : …«
Lösungsmenge: a) pelzig b) sauer c) schmecken d) trocken e) muffig

Die Lösung erklärt sich aus der gemeinsamen Eigenschaft »Sinneswahrnehmung von Reizen« auf beiden Seiten der Gleichung. Während die Nase einen charakteristischen Reiz riecht – hier brenzlig – schmeckt die Zunge einen Reiz – also hier sauer. Die sprachlichen Analogien können in der Regel mit den üblichen Beziehungsformulierungen gelöst werden:
- Gleiche Bedeutung: »bedeutet das gleiche wie …«
- Gegensätzliche Bedeutung: »bedeutet das Gegenteil von …«
- Beschreibung: »ist eine Art von …«
- Teilmenge: »ist ein Teil von …«
- Kausaler Zusammenhang: »ist eine Ursache von …«

Doppelte Analogien
Die doppelten Analogien weichen vom Standardformat ab und werden etwas komplexer. Bei der Variante der doppelten Analogien sind zwei Begriffe aus je einer Lösungsmenge pro Seite zu wählen (» … : B = C : …«):

» … : Vater = Tochter : …«
a) Kind   A) Familie
b) Schwester   B) Mutter
c) Sohn   C) Kind
d) Junge   D) Oma
e) Mann   E) Enkel

1. Schritt: Finden Sie Eigenschaften der gegebenen Begriffe:
Vater   = konkreter Elternteil (rechte Seite der Beziehung)
Tochter = konkreter Kinderteil (linke Seite der Beziehung)

2. Schritt: Überprüfung mit der möglichen Menge im Lösungsraum:
c) Sohn   = konkreter Kinderteil (äquivalent zu Tochter)
B) Mutter = konkreter Elternteil (äquivalent zu Vater)

Numerische Analogien
Bei numerischen Analogien setzen Sie Zahlen oder Buchstaben mittels Rechenoperationen in ein bestimmtes Verhältnis:

»3 : 9 = 4 : …« Lösungsmenge: a) 9; b) 12; c) 20; d) 21; e) 27

Die Lösung ergibt sich durch die Erklärung des Zusammenhanges von 3 und 9 durch die Rechenoperation »Multiplikation mit 3«. Die gleiche Operation auf der rechten Seite ergibt Lösung b) 12.

»C : Z = B : ...« Lösungsmenge: a) A; b) C; c) D; d) Y; e) X

Die Lösung ergibt sich in diesem Falle durch einen Vergleich der Buchstabenpositionen beider Seiten: C um eine Stelle im Alphabet zurück ergibt B; Z um eine Stelle zurück im Alphabet ergibt Lösung d) Y.

Geometrische Analogien
Diese Variante benutzt Symbole anstelle von Worten oder Zahlen und sucht Ausprägungen, die sich hinsichtlich Stärke, Format, Größe entsprechen:

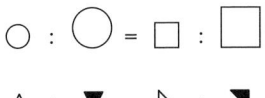

Trainingsaufgaben Sprachliche Analogien
Aufgabe 1: *Studieren : Examen = Trainieren :*
a) Erfolg, b) Schweiß, c) Muskeln, d) Sport, e) Meisterschaft
Aufgabe 2: *Wasser : Brunnen = Zigaretten :*
a) Schachtel, b) Kiosk, c) rauchen,
d) Automat, e) Aschenbecher
Aufgabe 3: *Mutter : gütig = Vater :*
a) betrunken, b) alt, c) Sohn, d) streng, e) arbeiten
Aufgabe 4: *München : Oktoberfest = Köln :*
a) Schützenfest, b) Karneval, c) Fronleichnam,
d) Ringfest, e) Weltjugendtag
Aufgabe 5: *Fluss : Ufer = Straße :*
a) Ampel, b) Bordstein, c) Asphalt,
d) Gehweg, e) Zebrastreifen

v) Textanalyse
Dieses Testverfahren gehört zu sprachbasierten Intelligenztests und überprüft, ob Sie den Inhalt eines kurzen, etwa halbseitigen Textes rasch erfassen und verstehen sowie Aussagen zu dem Text auf ihre Richtigkeit überprüfen und bewerten können. Im Anschluss an den Text finden Sie Aussagen, die inhaltlich korrekt oder falsch sein können bzw. neue Informationen beinhalten, die im Text nicht vorgegeben waren. Markieren Sie ausschließlich die korrekte Aussage. Achten Sie darauf, dass Sie nur die Aussage als richtig identifizieren,

bei der alle Inhalte aus dem vorgegebenen Text und nicht aus Ihrem Wissensschatz stammen.

Beispielaufgabe

> Bevor ein junger Mensch in der Lage ist, sich an einer Universität einzuschreiben, muss er in aller Regel das Abitur absolvieren. Zumeist erhält er dafür an einem Gymnasium die geeigneten Voraussetzungen. Nach einem erfolgreichen Studium haben die Absolventen recht gute Aussichten auf einen Arbeitsplatz. Bei einigen Berufen bedarf es jedoch weiterer Ausbildungsschritte. So müssen Lehrer und Juristen vielfach ein Referendariat absolvieren. Unternehmen bieten Kaufleuten häufig eigene Traineeprogramme, um sie für die Arbeit fit zu machen. Neben guten Noten und einem zügigen Studium gelten Auslandserfahrungen, soziale und kommunikative Kompetenz als hilfreiche Voraussetzungen, um den beruflichen Einstieg erfolgreich zu meistern.

a) Junge Menschen müssen vor dem Studium das Abitur absolvieren, um an einer Hochschule zugelassen zu werden. Neben dem Gymnasium können sie die Reifeprüfung auch an einer Gesamtschule ablegen. Dann können sie sich an einer Universität einschreiben.
b) An einer Universität können Studenten neben den klassischen Fächern wie z. B. Jura, Medizin oder Theologie auch Sozialwissenschaften, Japanologie oder Theaterwissenschaften studieren. Den besten beruflichen Erfolg verspricht jedoch ein Studium der Betriebswirtschaftslehre.
c) Nach einem erfolgreichen Studium bedarf es bei manchen Berufen vielfach noch eines Referendariats. Viele Kaufleute durchlaufen auch ein Traineeprogramm in einem Unternehmen. Für den erfolgreichen beruflichen Einstieg sind Auslandserfahrungen oftmals hilfreich.
d) Das Universitätsstudium ist für Lehrer und Juristen mit dem Ersten Staatsexamen vielfach nicht abgeschlossen. Für sie schließt sich oft ein Referendariat an. Für den erfolgreichen beruflichen Einstieg gelten gute Noten und ein zügiges Studium als hilfreich.
e) Soziale und kommunikative Kompetenz sind hilfreiche Voraussetzungen, um den beruflichen Einstieg erfolgreich zu meistern. Auslandserfahrungen können ebenso ein Plus darstellen. Nichts ist jedoch wichtiger als ein zügiges Studium und überdurchschnittliche Noten.

Lösungshinweise: In diesem Fall ist Lösung c) richtig. Antwort a) ist nicht richtig, die Reifeprüfung kann nicht an einer Gesamtschule abgelegt werden. Antwort b) ist falsch, weil der obige Text weder Information über mögliche Studiengänge bietet noch aussagt, welcher Studiengang den besten beruflichen Erfolg verspricht. Antwort d) ist nicht korrekt, da der obige Text nicht aussagt, dass das Studium mit dem Ersten Staatsexamen nicht abgeschlossen ist. Und Antwort e) kommt nicht in Frage, da der obige Text keine Gewichtung der Voraussetzungen nennt, wie hier durch das »Nichts ist jedoch wichtiger als ...« aber angedeutet ist.

Trainingsaufgaben

Aufgabe 1:

> Im Journalismus unterscheidet man unterschiedliche Arten von Artikeln bzw. Texten. Die einfachste Form stellt die Meldung dar, die in der Regel eine einfache Nachricht zum Inhalt hat. Darüber hinaus gibt es den Bericht, der neben einer Nachricht weitere Informationen bietet. Traditionell ist der Bericht so aufgebaut, dass die wichtigsten Informationen an den Anfang gestellt werden. Als besonders aufwendig gilt die Reportage. Sie soll mit einem besonders starken und einprägsamen Bild beginnen, um den Leser zu fesseln.

a) Im Journalismus unterscheidet man Meldung, Bericht und Reportage. Dabei gilt die Reportage als besonders aufwendig, weil sie zumeist einen schwierigen Sachverhalt darstellt.

b) Beim Bericht wird die wichtigste Information traditionell an den Anfang gestellt. Dabei darf jedoch niemals mit einem Zitat begonnen werden.

c) Meldungen haben immer eine Nachricht zum Inhalt. Berichte bieten darüber hinaus weitere Informationen.

d) Meldungen können oft einfache Informationen transportieren. Wichtige Sachverhalte werden jedoch immer in Berichten verpackt.

e) Beim Bericht beginnen Journalisten traditionell mit dem Wichtigsten. Hinten stehen dann die unwichtigeren Dinge, was vor allem historische Gründe hat.

Aufgabe 2:

> Der Handel zwischen Menschen basierte zunächst auf dem Tausch verschiedener Waren. Das betraf vor allem Produkte des täglichen Bedarfs. Später kamen Waren hinzu, die durch besondere Kunstfertigkeit veredelt wurden. Als sehr wertvoll galten vor allem Gewürze. Der Handel förderte bereits in der Antike auch den kulturellen Austausch der verschiedenen Völker. Im Zentrum stand das Mittelmeer, das ein verbindendes Element zwischen Europa und dem Orient darstellte. Dabei lag der wirtschaftliche Schwerpunkt zunächst im Osten und wechselte langsam nach Mittel- und Westeuropa. Im Mittelalter und der Frühen Neuzeit waren es die Städte, die aktiv am Handel teilnahmen. Der Städtebund der Hanse stellt insoweit einen Höhepunkt dar.

a) Nach dem Tauschhandel entwickelte sich mit dem Aufkommen des Geldes eine Einheit, die gegen die Ware aufgerechnet wurde. Dabei war zunächst das Gebiet rund um das Mittelmeer der kulturelle Schwerpunkt des Handels, der Okzident und Orient miteinander verband.

b) Im Mittelalter und in der Frühen Neuzeit waren es die Städte, die aktiv am Handel teilnahmen. Viele von ihnen bildeten einen Städtebund, die Hanse. Diese Entwicklung stellte einen Höhepunkt in der europäischen Handelsgeschichte dar. Ursprünglich lag der Schwerpunkt jedoch im Orient; schon früh verbanden die Handelswege über das Mittelmeer den Osten mit dem europäischen Kontinent.

c) Gewürze galten im frühen Handel als besonders wertvoll. Sie hatten oft auch kultische Bedeutung und machten ihre Produzenten zu reichen Leuten. Ursprünglich war der Handel durch den Tausch von Waren geprägt. Das betraf vor allem Produkte des täglichen Bedarfs. Bereits in der Antike förderte der Handel den kulturellen Austausch zwischen den Völkern. Dabei spielte das Mittelmeer eine besondere Rolle.

d) Im Mittelpunkt des frühen Handels stehen die Völker des Ostens. Sie waren die ersten großen Handelsnationen. Nach und nach wurden über das Mittelmeer weitere Gebiete mit einbezogen. Das gilt insbesondere für den europäischen Süden rund um das Mittelmeer. Schon früh förderte der Handel den kulturellen Austausch zwischen den Völkern. Später verlagerte sich das Handelsgeschehen nach West- und Mitteleuropa.

e) Die Hanse ist ein mittelalterlicher bzw. früh-neuzeitlicher Städtebund, der vor allem dem Handel zwischen den Hansestädten diente. Als »Königin der Hanse« gilt die norddeutsche

Stadt Lübeck. Noch heute tragen Hamburg oder Bremen die Hanse im Städtenamen. Aber auch Binnenstädte wie Köln oder Frankfurt am Main gehörten zur Hanse. Heute hat sich eine moderne Hanse entwickelt, die sich zum Ziel gesetzt hat, den Austausch und den Kontakt zwischen den Städten Europas zu fördern.

Aufgabe 3:

> Die »Soziale Marktwirtschaft« in Deutschland ist in eine Akzeptanzkrise geraten. Während in den 50er bis 80er Jahren diese Wirtschaftsform von einer Mehrheit der Bundesbürger unterstützt wurde, schwindet diese Unterstützung seit den 90er Jahren. Das liegt zunächst daran, dass in Ostdeutschland ein Großteil der Bundesbürger keine positiven Erfahrungen mit der »Sozialen Marktwirtschaft« gemacht hat. In der Frühzeit der Wiedervereinigung stellte sich die westliche Wirtschaftsordnung oftmals als »Räuberkapitalismus« dar. Zudem verbinden viele Ostdeutsche mit ihr Arbeitslosigkeit und persönliche Perspektivlosigkeit. Im Westen dagegen bleiben die Erfahrungen des »Wirtschaftswunders« überwiegend präsent. Steigender Wohlstand und soziale Sicherheit sind dort die Wegmarken der »Sozialen Marktwirtschaft«, wie sie von Ludwig Erhard und Konrad Adenauer gegen den Widerstand zahlreicher Gegner durchgesetzt wurde. Die Kritik gegen die aktuelle Wirtschaftsordnung kommt von zwei Seiten. Liberale meinen, Deutschland sei spätestens seit den 70er Jahren vom Pfad der Tugend abgewichen. Der Sozialstaat habe sich zum Wohlfahrtsstaat entwickelt. Die Sozialleistungen überstiegen die Wirtschaftskraft und hemmten somit die wirtschaftliche Dynamik. Arbeitslosigkeit, Armut und die Krise der Sozialsysteme seien nur durch eine Rückbesinnung auf Ludwig Erhard zu überwinden. Linke Kritiker der aktuellen Wirtschaftsordnung beschwören dagegen die Gefahren einer neo-liberalen Globalisierung, bei der der »kleine Mann« auf der Strecke bleibe. Gegen Lohndumping und weltweite Konkurrenz bedürfe es nationaler und internationaler Schutzmechanismen. Die Krise sei nur durch eine stärkere Beteiligung wohlhabender Bürger und der Unternehmen zu überwinden. Darüber hinaus müsse der Konsum durch steigende Löhne und zusätzliche Leistungen an die unteren Lohngruppen angekurbelt werden.

a) Liberale und linke Kritiker der aktuellen deutschen Wirtschaftsordnung unterscheiden sich deutlich in den vorgeschlagenen Problemlösungen zur Überwindung der deutschen

Wirtschaftskrise. Die einen schlagen eine Rückbesinnung auf Ludwig Erhard und die Grundsätze der »Sozialen Marktwirtschaft« vor. Die wirtschaftliche Dynamik werde vor allem durch viel zu hohe Sozialleistungen gehemmt. Die andern dagegen warnen vor den Gefahren einer neo-liberalen Globalisierung, bei der die schwächeren Teile der Gesellschaft benachteiligt würden. Sie fordern vor allem eine Ankurbelung des Konsums durch eine Stärkung der Nachfrage unterer Lohngruppen.

b) Es waren vor allem Ludwig Erhard und Konrad Adenauer, die Ende der 40er Jahre und Anfang der 50er Jahre dafür sorgten, dass die »Soziale Marktwirtschaft« zu einem bundesdeutschen Erfolgsmodell wurde. Die Mehrheit der Westdeutschen verbindet damit immer noch steigenden Wohlstand und soziale Sicherheit. In den 70er Jahren wichen die Bundesregierungen jedoch vom Pfad der Tugend ab und ließen den Sozialstaat zum Wohlfahrtsstaat wuchern. Die deutsche Wirtschaft geriet damit in die Krise.

c) West- und Ostdeutsche unterscheiden sich vor allem in der persönlichen Wahrnehmung der »Sozialen Marktwirtschaft«. Während die Ostdeutschen damit Arbeitslosigkeit und Perspektivlosigkeit verbinden, bleibt den Westdeutschen vor allem das »Wirtschaftswunder« verinnerlicht. Dabei gilt es zu berücksichtigen, dass es in den 50er Jahren vor allem niedrige Löhne waren, die das Wirtschaftswunder ermöglichten, während in Ostdeutschland noch heute die Produktivität hinter dem Lohnniveau zurückbleibt.

d) Am Ende der 40er Jahre ging es darum, welche Wirtschaftsordnung in der jungen Bundesrepublik Deutschland eingeführt werden soll. Ursprünglich hatten sowohl Sozialdemokraten als auch Christdemokraten vor allem Modelle mit staatlicher Lenkung favorisiert. Es war schließlich der liberale Wirtschaftsprofessor Ludwig Erhard, der den Christdemokraten Konrad Adenauer von der Überlegenheit der »Sozialen Marktwirtschaft« überzeugte. Sie wurde zum großen Erfolgsschlager der frühen Nachkriegszeit und sicherte Adenauer über viele Jahre hinweg die politische Mehrheit.

e) Kritiker der aktuellen Wirtschaftsordnung in Deutschland meinen, dass der Sozialstaat inzwischen zum Wohlfahrtsstaat mutiert sei. Die wirtschaftliche Dynamik werde vom Staat erdrückt. Es müsse daher das Ziel sein, die Staatsquote zurückzufahren, um die deutsche Wirtschaftskrise zu überwinden.

vi) Worteinfall
Bei der Worteinfallübung wird überprüft, wie viele Worte Ihnen unter Zeitdruck einfallen. Die Aufgabenstellung könnte z. B. so aussehen:

Nennen Sie so viel Worte wie möglich, die mit dem Buchstaben T anfangen und mit E aufhören!

Die Länge des Wortes spielt keine Rolle. Erlaubt sind Substantive, Verben, Adjektive und ihre Abwandlungen (Plural, Imperativ, etc.). Ebenso gelten Eigen- und Städtenamen. Nicht zugelassen sind Wörter aus fremden Sprachen, Dialekten und willkürliche Neubildungen. Sie haben für die Aufgabe eine Minute Zeit. Schreiben Sie hier alle Worte auf, die Ihnen einfallen.

_____

_____

_____

_____

_____

Wie viele Worte haben Sie gefunden? Mehr als 10? Sehr gut! Im Lösungsteil des Buches finden Sie einige Vorschläge von squeaker.net, welche Worte Ihnen hier hätten einfallen können. Um zu sehen, wie viele weitere Worte möglich gewesen wären, schlagen Sie doch einmal den Duden unter T auf und schauen nach, wie viele Worte auf E enden.

Um die Übung des Worteinfalls weiter zu trainieren, können Sie sich selbst Buchstaben vorgeben. Z. B.: Anfangsbuchstabe W und Endbuchstabe E, Anfangsbuchstabe S und Endbuchstabe R, usw. Natürlich gibt es leichtere und schwerere Kombinationen, doch zu Übungszwecken macht fast jede Kombination Sinn.

Flussdiagramme
Viele betriebliche Prozesse werden in einem Flussdiagramm schematisch dargestellt. Flussdiagramme bieten eine übersichtliche Darstellung relevanter Prozessabschnitte und Handlungsschritte verbunden mit Fragen zur Überprüfung und Anweisungen zur Durchführung.

Die Felder des Flussdiagramms beinhalten diese Handlungsschritte (Rechtecke) und Kontrollfragen (Rauten) sowie Konsequenzen bzw. Antworten (Kreise). Die Felder sind verbunden durch Pfeile, die den Prozessablauf kennzeichnen und die Folgen der Handlungsanweisungen darstellen. Jede Handlungsanweisung oder Prozessstufe wird anhand von Fragen überprüft. Im Falle der Nichterfüllung bestimmter Voraussetzungen bzw. Verneinung der Frage wird ein rekursiver

Prozess gestartet, der einen erneuten Durchlauf eines Teilprozesses erfordert.

Ihre Aufgabe ist es, für das Flussdiagramm einen stimmigen Problemlösungsprozess zu finden, indem Sie für die nummerierten Felder des Diagramms aus einer vorgegebenen Lösungsmenge den richtigen Prozessschritt auswählen. Sie müssen pro Feld die richtige Lösung aus fünf Textelementen wählen; nur eine Lösung ist richtig.

Aufgabe 1: Waschmittelproduktion

> Ein Konsumgüterunternehmen stellt an einem zentralen Produktionsstandort verschiedene Produkte für den internationalen Waschmittelmarkt her.
> Die fertigen Produkte werden dezentral in drei Lagerhallen zwischengelagert:
> Lager A: Flüssigwaschmittel
> Lager B: Pulverwaschmittel, Geschirrspülmittelpulver
> Lager C: Waschmitteltabs, Geschirrspültabs, Haushaltsreiniger

Frage 1: Welcher Text gehört in den Baustein 1?
- a) Pulver?
- b) Export?
- c) Flüssig?
- d) Spezialreiniger?
- e) Produkt ist flüssig

Frage 2: Welcher Text gehört in den Baustein 2?
- a) Produkt ist flüssig
- b) Geschirrspülmittel?
- c) Flüssig?
- d) Spezialreiniger?
- e) Haushaltsreiniger?

Frage 3: Welcher Text gehört in den Baustein 3?
- a) Pulver?
- b) Produkt ist Tabs
- c) Flüssig?
- d) Spezialreiniger?
- e) Produkt ist flüssig

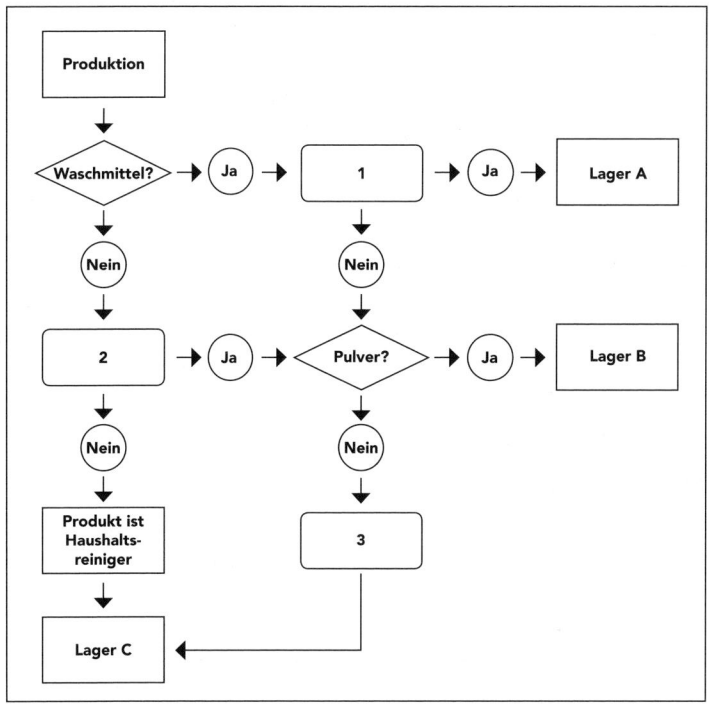

Aufgabe 2: Qualitätskontrolle

Ein Kosmetikhersteller produziert Parfums für das Premiumsegment in aufwendigen und zerbrechlichen Flakons, die hinsichtlich Etikettierung, Verschluss und Glasbruch mehrere Qualitätsstufen durchlaufen.

In der Produktion beschädigte Flakons werden aufgrund der Hochwertigkeit des Parfums in neue Flakons umgefüllt und dem Produktions- und Qualitätsprozess wieder zugeführt. Leicht beschädigte Ware (B-Produktion) wird über den Vertriebskanal Factory Outlet verkauft. A-Ware wird über den Kanal Retail vertrieben.

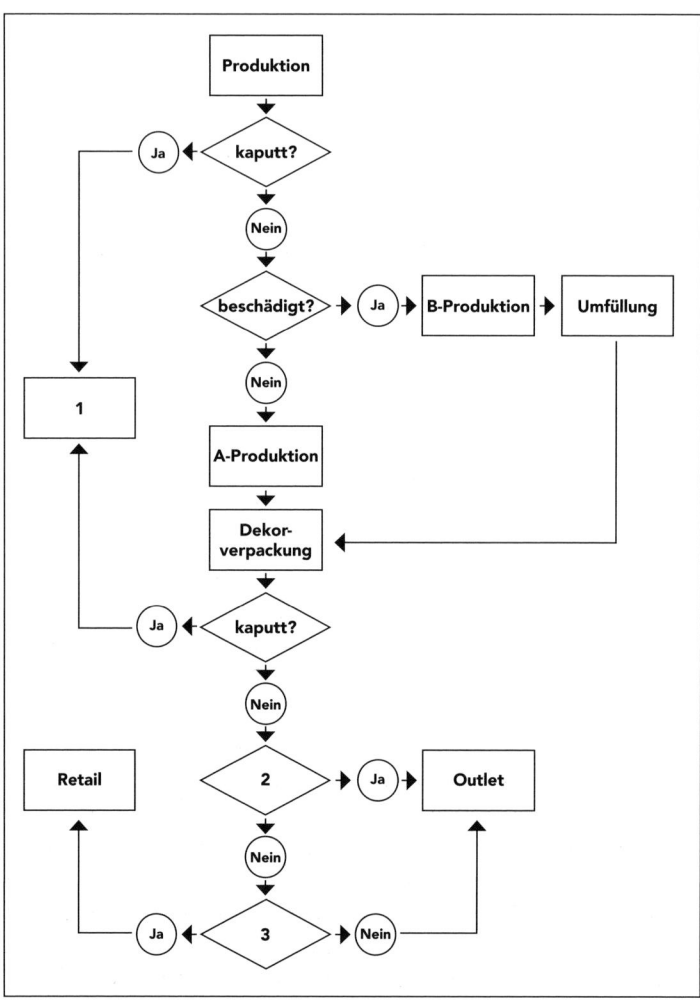

Frage 1: Welcher Text gehört in den Baustein 1?
   a) reparabel?
   b) Etikettierung
   c) B-Produktion
   d) Entsorgung
   e) beschädigt?

Frage 2: Welcher Text gehört in den Baustein 2?
   a) A-Produktion?
   b) B-Produktion
   c) beschädigt?
   d) Füllstand prüfen
   e) umfüllen?

Frage 3: Welcher Text gehört in den Baustein 3?
   a) B-Produktion?
   b) kaputt?
   c) umfüllen
   d) A-Produktion?
   e) Retail

Im Bewerbungsprozess kann es auch gefragt sein, eine Problemstellung und den dazugehörigen Lösungsweg in einem solchen Diagrammtyp darzustellen. Fangen Sie dabei grundsätzlich mit den wichtigen Hauptschritten der Problemlösung an. Untergliedern Sie dann diese Hauptschritte in Zwischenschritte. Formulieren Sie anschließend zu jedem Prozessschritt die entsprechende Kontrollfrage und zeigen Sie die Konsequenzen auf.

Interpretation von Grafiken und Tabellen

Vor allen Dingen in Marketing und Vertrieb wird Ihnen viel Datenmaterial begegnen. Dieses in Präsentationen übersichtlich aufzubereiten, wird zu Ihren täglichen Aufgaben gehören. Insofern sollten Sie Schaubilder, Tabellen und Grafiken nicht nur »lesen« können, sondern auch in der Lage sein, diese aus gegebenem Datenmaterial selbst zu erstellen. Grafiken und Tabellen werden Ihnen z. B. zur Darstellung von Umsatzzahlen oder Marktanteilen begegnen. Typische Darstellungen sind Balken-, Linien- und Kuchendiagramme.

Da der Umgang mit Grafiken und Tabellen zum täglichen Job gehört, kommt es in Tests häufig vor, dass Sie Aussagen zu einem gezeigten Diagramm auf ihre Richtigkeit hin überprüfen müssen. Sie müssen dazu das gezeigte Diagramm verstehen, auswerten und an der Aussage spiegeln können. Dieser Aufgabentyp prüft Ihre Fähigkeit, Informationen zu verarbeiten und zu analysieren sowie Ihr Datenverständnis in komplexeren Zusammenhängen und die Fähigkeit zur Interpretation der Daten.

i) Interpretation von Grafiken

Beispielaufgabe: Das nachfolgende Diagramm zeigt den Gewinn eines Sportartikelherstellers pro Region und pro Quartal in Millionen Euro. Welche der nachfolgenden Aussagen sind richtig bzw. falsch?

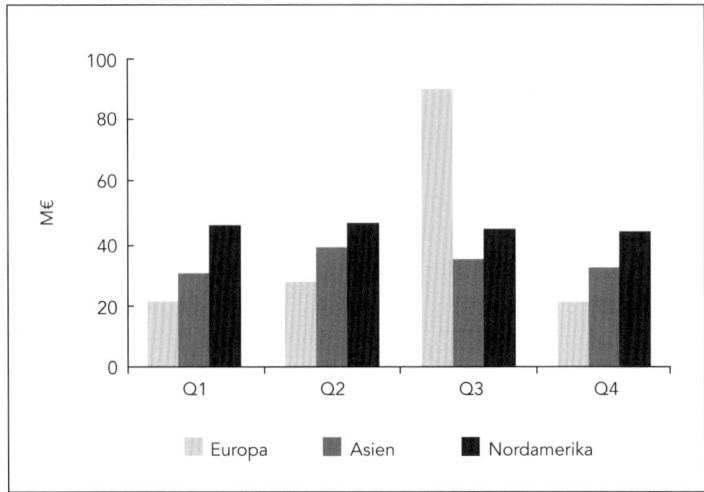

a) Europa ist ein stagnierender Markt.
b) Europa ist umsatzstärker als Asien.
c) Nordamerika ist der Markt mit dem höchsten Gewinn.
d) Europa ist ein saisonal schwankender Markt.
e) Nordamerika und Europa haben ein saisonal schwankendes Geschäft.

Hilfreich für die Lösung ist sicherlich ein Lineal, mit dem Sie grafisch die Durchschnittswerte bestimmen können. Bei den meisten Tests dieser Art sind die Aussagen relativ eindeutig. Es kommt vor allem darauf an, die Aussage der Grafik zu verstehen. Ein stagnierender Markt ist Europa sicherlich nicht, da der Gewinn mindestens in Q2 und Q3 höher liegt als in Q1; somit ist a) falsch. Europa ist auch nicht umsatzstärker als Asien, da in dieser Grafik der Gewinn dargestellt wird; es kann nicht unmittelbar auf den Umsatz geschlossen werden, da die Kosten unbekannt sind. Die Aussage b) ist daher nicht zu beantworten. Nordamerika ist der Markt mit dem höchsten Gewinn. Das zeigt sich in vier Quartalen, die alle oberhalb von 40 Mio. Euro liegen; daher ist c) richtig. Ebenfalls ist die Antwort d) korrekt, da Europa der Markt mit den höchsten saisonalen Ausschlägen ist. Nordamerika ist demgegenüber der Markt, mit dem am ehesten konstanten Geschäft; daher ist e) falsch. Die einzigen richtigen Antworten sind c) und d).

ii) Interpretation von Tabellen

Die Interpretation von tabellarischen Daten wird Sie in allen beruflichen Positionen in der Konsumgüterindustrie beschäftigen. Daher testen viele Unternehmen, wie Sie solche Informationen auswerten und verarbeiten. Ihre analytischen Fähigkeiten stehen dabei im Vordergrund. Mit den folgenden squeaker.net-Trainingsaufgaben können Sie das Interpretieren von Tabellen üben.

Umsätze ausgewählter Industriesektoren in Mrd. Euro

Industriesektor	Jahr 1	Jahr 2	Jahr 3	Jahr 4	Jahr 5
Agrar	30	33	36	37	40
Medien	20	20	25	26	32
Bau	35	42	49	56	63
Finanz	80	92	100	110	120
Industrie	210	215	222	235	252
Transport	42	46	50	54	60

Aufgaben

Aufgabe 1: Welcher Industriesektor hatte den größten absoluten Umsatzzuwachs von Jahr 1 zu Jahr 2?
A: Agrar, B: Bau, C: Finanz, D: Industrie, E: Transport

Aufgabe 2: Welcher Industriesektor hatte den geringsten absoluten Umsatzzuwachs von Jahr 1 bis Jahr 5?
A: Agrar, B: Bau, C: Finanz, D: Industrie, E: Transport

Aufgabe 3: Welcher Industriesektor hatte den größten prozentualen Umsatzzuwachs von Jahr 3 zu Jahr 4?
A: Agrar, B: Medien, C: Bau, D: Finanz; E: Industrie

Aufgabe 4: Welcher Industriesektor hatte den geringsten prozentualen Umsatzzuwachs von Jahr 1 bis Jahr 4?
A: Agrar, B: Medien, C: Bau, D: Industrie, E: Transport

Aufgabe 5: Welcher Industriesektor zeigt das am wenigsten konstante Umsatzwachstum über den gesamten Zeitraum?
A: Agrar, B: Medien, C: Finanz; D: Industrie, E: Transport

Aufgabe 6: Wenn der Transportsektor die gezeigte Entwicklung fortsetzte, bei wie viel Millionen Euro wäre der Umsatz dann wahrscheinlich im sechsten Jahr?
A: 60, B: 62, C: 66, D: 68, E: 70

Aufgabe 7: In welchem der folgenden Fälle hatte der erstgenannte Industriesektor über den gesamten Zeitraum etwa die Hälfte des Umsatzes des zweitgenannten?
A: Agrar-Finanz, B: Medien-Agrar, C: Bau-Finanz, D: Finanz-Industrie, E: Transport-Industrie

> **Tipp**
>
> Wir raten Ihnen unbedingt, das Kopfrechnen sowie Rechnen mit dem Taschenrechner zu üben, bevor Sie einen Test ablegen. In diesem müssen Sie auf jeden Fall unter hohem Zeitdruck arbeiten und dafür benötigen Sie eine gewisse Routine. Nutzen Sie außerdem die zur Verfügung stehenden Online-Tests der erwähnten Unternehmen, insbesondere des internationalen Testanbieters SHL (www.shldirect.com) und die Trainingsmöglichkeiten von squeaker.net.

Aufgabe 8: In wie vielen Fällen generierte einer der Industriesektoren einen Zuwachs von 10 % oder mehr von einem zum anderen Jahr?
A: 1-4, B: 5-8, C: 9-12, D: 13-16, E: 17-20

Aufgabe 9: Welcher Industriezweig war derjenige mit dem kontinuierlichsten Wachstum?
A: Medien, B: Bau, C: Finanz, D: Industrie, E: Transport

Aufgabe 10: Wie viele Industriezweige hatten eine Wachstumsrate von mindestens 20 % im Zeitraum Jahr 1 bis Jahr 3?
A: 1, B: 2, C: 3, D: 4, E: 5

Aufgabe 11: Den größten prozentualen Umsatzzuwachs von einem auf das andere Jahr verzeichnete:
A: Agrar Jahr 3-4, B: Medien Jahr 2-3, C: Bau Jahr 1-2, D: Finanz Jahr 4-5, E: Industrie Jahr 3-4

> **Tipp**
>
> Das Insider-Dossier: »Brainteaser im Bewerbungsgespräch« können Sie im Buchhandel oder auf squeaker.net/insider versandkostenfrei bestellen. Auch als E-Book erhältlich.
>
>

Brainteaser

Brainteaser sind knifflige Aufgaben, die Ihr Problemdenken und Ihre Kreativität testen sollen und vor allem nach unkonventionellen Lösungen verlangen.

Im Folgenden stellen wir Ihnen fünf Brainteaser beispielhaft vor, wie sie durchaus in einem Interview vorkommen können. Für ein intensives Training von weiteren Brainteasern empfehlen wir das squeaker.net-Insider-Dossier: »Brainteaser im Bewerbungsgespräch«.

Mit Hilfe dieses Buches können Sie 100 aktuelle Brainteaser lösen und die Herangehensweise trainieren. Nach einer Analyse der typischen Brainteaser-Typen haben wir das folgende squeaker.net-5-Schritte-Schema zur Lösung entwickelt, das einen guten Ansatz zur Bearbeitung bietet. So besitzen Sie mit einem trainierten, strukturierten Vorgehen die nötige Gelassenheit, um durch Ihre analytischen und kreativen Fähigkeiten zu überzeugen.

Das squeaker.net-5-Schritte-Schema zur Lösung von Brainteasern

Schritt 1 – Herausfordernde Unmöglichkeiten?
Verinnerlichen Sie den Grundsatz: »Nichts ist unmöglich!« Lassen Sie sich von unlösbar scheinenden Aufgaben niemals entmutigen, sondern lassen Sie sich auf die Herausforderung ein und bringen Sie die Motivation auf, die Aufgabe zu knacken. Eine positive Einstellung ist die zentrale Voraussetzung, um Denkblockaden zu verhindern.

Schritt 2 – Mathematisch und »logisch unbeirrt«
Lassen Sie sich von bunten Kugeln, Hühnern und Eiern nicht verwirren. Die meisten der anschaulich dargestellten Aufgaben lassen sich in ein simples mathematisches Problem transformieren, das mittels eines einfachen Lösungsschemas in Sekunden gelöst ist. Trainieren Sie ein wenig Ihr mathematisches und stochastisches Wissen und prüfen Sie, ob sich für das Problem eine geeignete Gleichung finden lässt.

Schritt 3 – »out-of-the-box-thinking«
Die gegebenen konkreten Fakten in der Problembeschreibung verleiten gerne dazu, sich daran festzuklammern und zu verkrampfen. Lösen Sie sich von den Fakten, abstrahieren Sie und gewinnen Sie Freiraum für kreative Lösungsansätze, die außerhalb des naheliegenden Antwortrahmens liegen.

Schritt 4 – »trial and error«
Manchmal ist ein klar strukturierter Lösungsweg nicht möglich und ein schrittweiser Lösungsansatz ist gefordert. Versuchen Sie dennoch, systematisch nach Versuch und Irrtum zu verfahren.

Schritt 5 – Freude an der intellektuellen Herausforderung
Lassen Sie sich auf jeden Brainteaser aufs Neue mit Freude und Motivation ein. Dokumentieren Sie, dass Sie Spaß an intellektuellen Herausforderungen haben. Im besten Fall wird Ihr Interviewer von Ihrem Brainteaser-Ehrgeiz auf den richtigen Biss schließen.

Trainingsaufgaben Brainteaser

Aufgabe 1: **Kugeln wiegen**
Sie haben eine Apothekerwaage und neun Kugeln. Sie wissen, dass eine der Kugeln etwas schwerer ist als die anderen. Der Unterschied ist jedoch so gering, dass Sie nicht erkennen können, welche der Kugeln es ist. Mit der Waage können Sie es aber herausfinden. Können Sie mit zwei Wiegevorgängen die schwerere Kugel identifizieren? Wenn ja, wie? (Alternativformulierung: Mit wie vielen Wiegevorgängen finden Sie die schwerere Kugel?)

Aufgabe 2: **Wassermelone**
Sie haben eine Wassermelone, die bei einem Wassergehalt von 99 % 2.000 Gramm wiegt. Wie viel wiegt die Wassermelone, wenn der Wassergehalt auf 98 % sinkt?

Aufgabe 3: **Schnelles Altern**
Heute ist Katharina 21 Jahre alt. Vorgestern war sie 20 Jahre alt und nächstes Jahr wird sie bereits 23 Jahre alt sein. Ihr Geburtstag ist nicht der 29. Februar, und Katharina hat wie alle anderen Menschen einmal im Jahr Geburtstag und altert nicht schneller. Wie ist das möglich?

Aufgabe 4: **Ziffernblatt**
Wie oft innerhalb von zwölf Stunden überkreuzen sich der Stunden- und der Minutenzeiger einer Uhr?

Aufgabe 5: **Hirtenkäse**
Zwei Hirten machen auf einer Wiese Rast. Der eine hat fünf Stücke Käse und der andere drei Stücke. Ein vorbeikommender Wanderer fragt, ob er mit ihnen zusammen

den Käse essen darf. Die beiden sind einverstanden. Bei dieser gemeinsamen Mahlzeit essen alle Personen gleich viel Käse. Nach dem Essen steht der Wanderer auf und bezahlt acht Euro als Entschädigung für den Käse. Wie muss dieser Betrag unter den Hirten aufgeteilt werden, damit ihr Beitrag gerecht berücksichtigt wird?

> **Tipp**
>
> Auf den Internetseiten von Procter & Gamble können Sie einen Übungstest herunter laden:
>
>

Wir empfehlen Ihnen, sämtliche Übungsmöglichkeiten für Intelligenztests wahrzunehmen. Bekannt ist zum Beispiel der »Reasoning Test«, der bei Procter & Gamble zum Einsatz kommt. Auf den Internetseiten von Procter & Gamble können Sie einen Übungstest herunter laden (auf der Seite http://pgcareers.com/ApplicationProcess folgen Sie dem Link »Practice Test« unter »Step 2 - Assessment«). Der Reasoning Test umfasst mathematische und Logik-Aufgaben sowie Aufgaben zum formbezogenen Denken.

Egal, vor welchem Intelligenztest Sie stehen – einige allgemeine Tipps sind immer gültig. Verinnerlichen Sie sich diese, damit Sie die anstehenden Tests souverän meistern können.

squeaker.net-Tipps zur Aufgabenbearbeitung

- Nutzen Sie zu Testbeginn die Zeit, um die Aufgabenerklärung zu verstehen, und verdeutlichen Sie sich anhand der Musteraufgaben das Aufgaben- und Lösungsschema. Fragen Sie bei Unklarheiten den Testleiter, solange Sie die Möglichkeit haben. Arbeiten Sie zügig, aber mit ausreichender Sorgfalt!

- Beißen Sie sich nicht an schwierigen Aufgaben fest, da Sie sonst wertvolle Arbeitszeit für andere, vielleicht leichtere Aufgaben verlieren. Bei Unklarheiten in der Aufgabenstellung lesen Sie die Aufgabe erneut und in Ruhe, sollten Sie nach nochmaligem Lesen die Aufgabenstellung noch nicht verstehen, machen Sie mit der nächsten weiter und kommen Sie später darauf zurück.

- Arbeiten Sie gemäß der Ausschlussstrategie: Versuchen Sie im Falle mehrdeutiger Lösungen die richtige Antwort einzukreisen, indem Sie nach und nach die nicht zutreffenden Antworten ausschließen.

- Raten Sie in den letzten Minuten Ihrer Bearbeitungszeit Lösungen, anstatt gar nichts anzukreuzen. Voraussetzung für diese Strategie ist allerdings, dass es für falsche Antworten keine Punktabzüge gibt. Dies sollten Sie vor dem Testbeginn klären.

- Nehmen Sie nur an Auswahltests teil, wenn Sie sich absolut gesund fühlen. Verzichten Sie auf Medikamente zur Beruhigung, da diese letztlich Ihr Bild und eventuell auch Ihre Leistungen verzerren können.

3. Kreativtests

Sehr viele Berufe erfordern ein außerordentliches Maß an Kreativität – besonders in den Marketingabteilungen der Konsumgüterindustrie. Deswegen verwenden einige Unternehmen Kreativtests für die Ermittlung der optimalen Kandidaten. Doch verstehen Sie Kreativität nicht zu eng: Kreativität hat nicht nur etwas mit schillernden Werbeanzeigen, -texten oder neuen Produktdesigns zu tun. Kreativität ist vielmehr die Eigenschaft, in allen Bereichen des Berufsalltages neue Herangehensweisen und Problemlösungen zu entwickeln. Damit ist Kreativität heutzutage in fast jeder Position eine wichtige Eigenschaft.

Es gibt viele unterschiedliche Kreativtechniken für den Berufsalltag. In Assessment Centern kommen vor allem die zwei bekanntesten zur Anwendung: das Brainstorming und das Mindmapping. Diese beiden Techniken stellen wir Ihnen im Folgenden vor und bieten Ihnen im Anschluss einige Übungen an, damit Sie Ihre Kreativität trainieren können. Denn auch Kreativität lässt sich trainieren!

Brainstorming

Das sogenannte Brainstorming ist die wohl bekannteste Kreativmethode, die zur Ideengenerierung in einer Gruppe verwendet werden kann. Ein Brainstorming kann mit unterschiedlich vielen Teilnehmern durchgeführt werden, die ursprüngliche Version des Brainstormings sieht jedoch 5-20 Personen vor. Es gibt viele Arten und Abwandlungen von Brainstormings, zwei Phasen sind jedoch elementar:

1) Phase der Ideenfindung
Nach dem die Frage bzw. Aufgabenstellung mitgeteilt worden ist, sind die Teilnehmer gefragt, möglichst viele Ideen zu generieren. In dieser Phase geht Quantität auf jeden Fall vor Qualität – auch aus zunächst absurden Ideen kann sich später noch eine brauchbare Lösung entwickeln. Daher sind Kritik und Bewertungen in der Phase der Ideengenerierung striktens untersagt. Hingegen ist es erlaubt und erwünscht, Ideen anderer Teilnehmer aufzugreifen und weiter zu entwickeln. Die Phase der Ideenfindung kann je nach Anzahl der Teilnehmer zwischen 5-30 Minuten dauern.

2) Phase der Ideenbewertung
Nach Abschluss der Ideenfindungsphase gibt es einen klaren Schnitt und die Phase der Ideenbewertung wird eingeläutet. Die auf Flipchart oder Karteikarten gesammelten Ideen werden nun geordnet, diskutiert und der Reihe nach bewertet. Dazu können unterschiedliche Kriterien zur Bewertung heran gezogen werden. Wie einfach ist die Umsetzung der Idee? Liegen Zeit- und Budgetbedarf in einem angemessenen Rahmen? Passt die Idee zum Image unseres Unternehmens

bzw. zum Markenimage? etc. Nach der Bewertung werden die besten Ideen ausgewählt und weiter verfeinert.

Mindmapping

Während ein Brainstorming in aller Regel in der Gruppe eingesetzt wird, ist das Mindmapping eine Technik, die individuell durchgeführt wird. Eine Mindmap wird auch als Baumdiagramm, Gedankenlandkarte oder Assoziogramm bezeichnet. Mit Hilfe einer visuellen Darstellung sollen Themen »aufgebrochen« werden. Mindmaps helfen, Assoziationen zu verfolgen und den Gedanken freien Lauf zu lassen.

Zur Erstellung einer Mindmap benötigen Sie ein leeres Blatt Papier, das Sie quer vor sich legen. Schreiben Sie in die Mitte des Blattes das Hauptthema, die Kernfrage. Alle sich anschließenden Themen, Begriffe, Fragen, die Ihnen einfallen, schreiben Sie um diesen Mittelpunkt herum. Die einzelnen Elemente werden mit Linien verbunden, so dass Sie aussehen wie ein Baum mit Ästen (Baumdiagramm). Wie auch beim Brainstorming sollten Sie Ihren Gedanken zunächst freien Lauf lassen und nichts bewerten. Der Mindmap-Prozess ist beendet, wenn Sie ihn für beendet erklären (bzw. nach der im Assessment Center vorgegebenen Zeit). Nach einigen Minuten des Denkens, Assoziierens und Schreibens, erst wenn Ihnen kein weiterer »Gedankenast« einfällt, können Sie übergehen in die nächste Phase. Auf einem neuen Blatt Papier können Sie Ihre relevantesten Gedanken auswählen und nun gezielt strukturieren.

Es wird selten vorkommen, dass Sie als einzelne Aufgabe ein Brainstorming oder ein Mindmap erhalten. Ein kurzes Brainstorming könnte innerhalb einer Gruppendiskussion oder einer Konstruktionsübung im Assessment Center vorkommen, eine Mindmap kann Ihnen bei der Vorbereitung kurzer Präsentationen helfen (vgl. das folgende Kapitel Assessment Center). Um sich mit den Kreativtechniken vertraut zu machen, sollten Sie sich selbst Aufgaben stellen. Z. B. könnten Sie ein Mindmap zum Stichwort »Wochenendplanung« erstellen.

Bei Einstellungstests bzw. in Einzelinterviews kann es vorkommen, dass Ihnen spontan Kreativfragen gestellt werden. Eine solche Frage könnte lauten: »Was kann man alles mit einer Büroklammer machen?« Wenn Sie eine solche Frage hören, dann sollten Sie sich gedanklich sofort von der Standard-Anwendung »Seiten zusammen heften« lösen und den Gegenstand abstrakt mit seiner Größe, Form und seinem Material wahrnehmen. Im Fall der Büroklammerfrage hätten Sie folgende Anwendungsmöglichkeiten nennen können: Angelhaken, Männchen, Herz, Buchstaben, Minispeer, Stricknadel, Bohrer, Lesezeichen, Haarklammer, Fingernagelreiniger, Kabelbinder, Anhänger etc.

> **Tipp**
>
> Mindmaps eignen sich nicht nur für den Prozess der Ideenfindung, sondern auch bei der Vorbereitung einer Präsentation, um Ihre Ideen auch unter Zeitdruck effizient generieren und strukturieren zu können. Ebenfalls können Mindmaps beim Lernen eingesetzt werden, indem Sie den Prüfungsstoff anhand einer Mindmap übersichtlich gliedern und sich so Orientierung innerhalb des Prüfungsstoffs verschaffen.

Hier sind weitere Aufgaben, mit denen Sie diese Art von Fragen üben können:
Trainingsaufgabe 1: Was kann man mit einem Autoreifen machen?
Trainingsaufgabe 2: Wozu kann man leere Flaschen benutzen?

Versuchen Sie, möglichst kreative, also unkonventionelle und unerwartete Antworten zu finden. Der Interviewer bewertet Ihre Kreativität und weniger, wie plausibel, sinnvoll oder realitätsnah Ihre Antworten sind. Zusätzlich zu solchen spontanen Minibrainstormings gibt es so genannte Kreativitäts-Brainteaser im Bewerbungsinterview. Zeigen Sie, dass Ihr logischer Scharfsinn auch mit Kreativität gepaart zu eindrucksvollen Lösungen führt.

Der Klassiker: Warum sind Kanaldeckel rund?
Die richtige Antwort gibt es nicht, dafür aber viele gute Antworten. Die erste und offensichtlichste Antwort ist, dass Kanaldeckel rund sind, weil es die Kanalöffnungen ja auch sind. Diese Antwort ist jedoch ein wenig kurz gegriffen, denn es wird sofort die Anschlussfrage gestellt, warum die Kanalöffnungen rund sind. Wie gefallen Ihnen die folgenden Gründe?

Kanaldeckel sind rund, weil ...
- ... sie durch Rollen leichter transportiert werden können.
- ... es leichter ist, runde Kanalöffnungen zu bohren.
- ... die Verletzungsgefahr bei runden Gegenständen geringer ist.
- ... sich in Rundungen nicht so viel Dreck absetzt wie in Ecken.
- ... ein Kreis eine gleichmäßige Spannungsverteilung über den Umfang garantiert im Gegensatz zum Rechteck.

Brainteaser Advanced: Ist Ihnen schon einmal aufgefallen, dass in Kaufhäusern die Lebensmittelabteilung immer im Untergeschoss, das Restaurant immer im Obergeschoss und die Parfümerie immer am Eingang ist? Warum?
Viele Bewerber, die solch eine Frage gestellt bekommen, erstarren kurz, weil Sie nicht glauben, die Gründe zu kennen. Wenn Sie Handel oder Marketing studiert haben, dann sollten Sie die Antworten kennen. Doch falls nicht, dann vertrauen Sie darauf, dass Sie auch mit einem gesunden Menschenverstand heraus finden werden, warum diese Anordnung in Kaufhäusern sinnvoll ist.

Überlegen Sie, was den einen Bereich vom anderen unterscheidet! Denken Sie an Marketingaspekte! Denken Sie an logistische Aspekte! Wo ist die Frequenz am höchsten? Wer sucht wann und warum das Restaurant auf? Welche Anforderungen haben die einzelnen Abteilungen? Es gibt nämlich durchaus logische Gründe für die Anordnung der einzelnen Abteilungen. Die Lebensmittelabteilung ist aus logistischen Gründen im Erdgeschoss. Frischewaren werden täglich umgeschlagen (die so genannten »Schnelldreher«), so dass die Anlieferwege kurz sein müssen. Weiterhin sind die Lebensmittelabteilungen klimatisiert oder haben zumindest viele Kühlzonen. Diese sind im Kellergeschoss einfacher auf niedrigen Temperaturen zu halten als im Dachgeschoss.

Ist Ihnen schon aufgefallen, dass viele Kaufhausbesucher das Restaurant nicht zum Speisen aufsuchen, sondern weil dort die einzigen Gäste-WCs im Haus sind? Kein Kaufhaus wird seinen Kunden diesen Weg verwehren, gestaltet diesen Weg aber möglichst lang, damit der Kunde auf allen Etagen an so vielen Abteilungen und Waren wie möglich entlang kommt und im besten Fall zu einem Impulskauf motiviert wird. Als ganz einfachen, aber nicht minder schlechten Grund für die Platzierung des Restaurants im Dachgeschoss können Sie auch die schöne Aussicht nennen. Beim Einkauf soll keine schöne Aussicht ablenken, doch zum Verweilen im Restaurant kann dies ein gutes Argument sein.

Es bleibt noch die Parfümerie im Untergeschoss. Parfums und teure Kosmetikartikel sind Luxusartikel, die edel und ansprechend dargeboten werden. Durch die hochwertige Warenpräsentation entsteht ein exklusives Ambiente. Der Eingangsbereich wirkt attraktiv, weckt Aufmerksamkeit und soll Kunden anziehen und zu einem spontanen Dufttesten einladen.

II. Assessment Center

Das Assessment Center (AC) ist ein systematisches Auswahlverfahren zur Einschätzung aktueller Kompetenzen und Prognose künftiger beruflicher und persönlicher Entwicklung. ACs werden meistens ein-, manchmal auch zweitägig durchgeführt, sind daher besonders intensiv und werden von Bewerbern oftmals gefürchtet. Das folgende Kapitel bietet Ihnen einen Überblick über die typischen AC-Aufgaben sowie Lösungsstrategien, damit Sie gut vorbereitet und entspannt in dieses Auswahlverfahren gehen können.

Während eines Assessment Centers haben Sie verschiedene Aufgaben zu absolvieren, die Ihnen entweder allein, zu zweit als Partnerübung oder als Gruppe gestellt werden. Ein Moderator, oftmals eine Person aus der HR-Abteilung des Unternehmens, stellt und erklärt Ihnen die Aufgaben, führt Sie durch den Tag und ist für die organisatorische Abwicklung verantwortlich. Eine Prüfungskommission, die sich meistens aus Führungspersonen des Unternehmens zusammensetzt, beobachtet die Bewerber während der gesamten Zeit – selbstverständlich während der Prüfungssituationen, oft aber auch während der Pausenzeiten. Je nach Zahl der Bewerber werden Sie sich drei bis sechs Beobachtern gegenübersehen, die am Ende des ACs gemeinsam über Ihre Eignung entscheiden.

Die Aufgaben, die Ihnen während des ACs gestellt werden, lassen sich in die drei folgenden Kategorien einteilen:

Einzelübungen sind Aufgaben, in denen Sie auf sich allein gestellt überwiegend schriftliche und weniger interaktive Aufgaben lösen. Zu diesen Aufgaben gehören beispielsweise der Postkorb, schriftliche Tests, aber auch Präsentationen und Einzelinterviews.

Partnerübungen finden in der Regel in Dialogform zwischen Ihnen und einem Prüfer statt und zeichnen sich durch einen größeren Anteil an Interaktivität aus. Ein typisches Beispiel für eine Partnerübung kann ein Rollenspiel in Form eines Mitarbeiter- oder Kundengesprächs sein. Auch eine Pro- und Contradiskussion nach einer Präsentation würde hierzu zählen.

Gruppenübungen sind Übungen, bei denen eine Aufgabe einer gesamten Gruppe, also Ihnen und den Wettbewerbern, gestellt wird. Bei Gruppenübungen wird Ihre Fähigkeit geprüft, sich in einem Team zu behaupten und konstruktiv in der Gruppe zu arbeiten. Es werden also auch Fähigkeiten überprüft, die für die spätere Teamarbeit unabdingbar sind. Typische Übungen sind Gruppendiskussionen, Moderationen und kurze Gruppenprojekte in Form von Fallstudien oder Rollenspielen.

Partner- und Gruppenübungen sind besonders beliebt, da bei diesen Ihre Kommunikationsfähigkeiten und das Agieren in der Gruppe beobachtet werden können. Bei der hohen Bedeutung von Kommunikation und Teamarbeit im Marketing sowie den

DOs and DONTs

»Wir wollen Kandidaten so kennenlernen, wie sie wirklich sind. Also heißt die Grundregel: Bitte spielen Sie niemals eine Rolle und seien Sie authentisch! Beantworten Sie sich selbst ehrlich, was Sie wirklich gut können und welchen Herausforderungen Sie sich jeden Tag auf's Neue mit Leidenschaft stellen wollen. Dann merken wir sehr schnell gemeinsam, ob Henkel und Sie zusammen passen.«
Jens Plinke,
Head of Employer Branding / Corporate HR,
Henkel

Kundenkontakten im Vertrieb sind dies wesentliche Fähigkeiten, die Sie erfolgreich demonstrieren müssen.

Zum AC sollten Sie unbedingt Ihre vollständigen Bewerbungsunterlagen mitbringen, ebenso Stifte, Papier und Taschenrechner. Außerdem empfehlen wir Ihnen, Lutschbonbons für den Hals und auch Traubenzucker mitzunehmen und für den Fall der Fälle Kopfschmerztabletten. Sie verhindern so das Absinken des Blutzuckerspiegels und Konzentrationsverlust bei AC-Übungen, die sich über längere Zeit hinziehen. Grundsätzlich sollten Sie aber bei ernsthaften gesundheitlichen Beschwerden vom AC Abstand nehmen.

squeaker.net-Checkliste für den Assessment Center-Tag

- Bewerbungsunterlagen
- Schreibutensilien: Notizblock und Stifte
- Taschenrechner
- Taschentücher
- Halsbonbons und Traubenzucker
- Kopfschmerztabletten

Manche Unternehmen haben sehr firmenspezifische AC-Verfahren. Die Schwerpunkte kann man anhand der Firmenphilosophie sowie anhand des Stellenprofils und der Aussagen auf der Recruiting-Webseite des Unternehmens ableiten. Wichtige Hinweise geben auch die Erfahrungsberichte in Kapitel E sowie die Unternehmensprofile in Kapitel F dieses Insider-Dossiers.

Präsentation

Während einer Präsentation – auch Kurzvortrag genannt – können Sie zeigen, ob Sie in der Lage sind, ein Thema in kurzer Zeit inhaltlich zu erfassen und es in einem mündlichen Vortrag den Zuhörern verständlich und überzeugend zu vermitteln. Für die Erstellung Ihrer Präsentation von ungefähr fünfminütiger Dauer werden Sie meist 10-30 Minuten Vorbereitungszeit haben. Für längere Präsentationen oder komplexere Sachverhalte erhalten Sie meist umfangreichere Informationen und 30-60 Minuten Vorbereitungszeit. Unter Umständen wird die Aufgabe bei mehrtägigen ACs sogar am Vorabend gestellt. Achten Sie in diesem Fall darauf, dass Sie nicht die ganze Nacht zur Vorbereitung der Präsentation verwenden. Schließlich sind Sie nur dann in Topform, wenn Sie auch ausreichend schlafen konnten.

Neben Ihren Präsentationsfähigkeiten wird auch Ihr systematisches Denken und Handeln bewertet, also inwiefern Sie die Präsentation didaktisch sinnvoll und logisch aufbauen und Zeitvorgaben einhalten. Weiterhin sammeln Sie Pluspunkte, wenn Sie bei Ihren

Zuhörern Aufmerksamkeit erzielen und mit angemessener Selbstsicherheit möglichst frei reden und sich unmissverständlich ausdrücken können. Sie müssen nachhaltige Überzeugungsarbeit leisten und Ihren Standpunkt glaubwürdig vertreten. Dazu gehören neben den Inhalten auch eine klare Sprache und ein sicherer Ausdruck. Auch wenn die Inhalte Ihrer Präsentation nicht mit erster Priorität bewertet werden, sollten Sie dennoch plausible und sinnvolle Inhalte präsentieren. Mit diesen können Sie zusätzlich punkten und außerdem wird Ihre fachliche Kompetenz natürlich umso wichtiger, je mehr Bezug das Thema zum Unternehmen bzw. Ihrer zukünftigen Position aufweist.

Die Themen, die Ihnen für Ihre Präsentation im AC vorgegeben werden, können grundsätzlich aus allen Themenbereichen stammen. Sie können sogar fachfremd sein. Typische Themen stammen aus den folgenden beiden Bereichen:

1. Gruppe: Zukunftsvisionen für Industriezweige, Unternehmen oder Gesellschaften. Mit diesen Themen wird festgestellt, ob Sie aktuelle Entwicklungen und Trends verfolgen und ob Sie unternehmerisch und langfristig denken. Folgende Fragestellungen könnten Ihnen begegnen:
- Wie sieht die Zukunft von Einzelhandelsunternehmen und Konsumgüterherstellern aus?
- Welche gesellschaftlichen Trends sind festzustellen?
- Wie wichtig sind Innovationen für Wachstum?

Sie merken schon: Wenn Sie thematisch auf dem Laufenden sind und die Branchenentwicklungen beobachten, wird es Ihnen leichter fallen, sich mit solchen Fragestellungen zu beschäftigen. Doch auch ohne Vorwissen ist diese Übung bestreitbar. Für Ihre Vorbereitung werden Sie in der Regel Unterlagen erhalten, die Ihnen eine Vielzahl von Informationen geben. Wählen Sie die wichtigsten Informationen aus und wenden Sie das squeaker.net-Lösungsschema an, das wir Ihnen weiter unten vorstellen.

2. Gruppe: Berufliche Anforderungen für bestimmte Berufsbilder. In diesem Themenbereich wird Ihr Wissen über die Bedeutung und den Umfang verschiedener harter und weicher Kompetenzen und Fähigkeiten geprüft. Fragestellungen könnten wie folgt aussehen:
- Welche Eigenschaften muss ein Top-Manager aufweisen?
- Welche Führungsgrundsätze sind besonders wichtig?
- Was bedeutet interkulturelles Management?
- Was ist strategisches Marketing?
- Welche Aufgaben hat ein Brand Manager?
- Welche Schritte umfasst ein Marketingplan für eine Produkteinführung?

Bei der Vorbereitung Ihrer Präsentation zu solch einer fachlichen Fragestellung sollten Sie das Thema zielgerichtet analysieren und Ihren Vortrag anhand der folgenden Fragen gliedern:

- Was ist das Kernproblem?
- Wie ist bisher versucht worden, dieses zu lösen?
- Was sind die Pros und Contras der bisherigen Lösungsansätze?
- Wie lautet Ihre persönliche Empfehlung?

Achten Sie unbedingt auf die Ihnen zur Verfügung stehende Zeit – sowohl bei der Vorbereitung als auch für den eigentlichen Vortrag. Zur Vorbereitung Ihres Vortrags empfehlen wir Ihnen das squeaker.net-Präsentationsschema, mit dem sich jede Themenpräsentation souverän umsetzen lässt.

Das squeaker.net-Präsentationsschema

1. Nennen Sie das Thema und machen Sie deutlich, warum es für Ihre Zuhörerschaft wichtig ist. Dabei ist es wichtig, den Adressatenkreis zu kennen und einen Bezug herzustellen. Eine unterhaltsame Eröffnung mittels eines Witzes oder einer Anekdote kann die Zuhörer zwar neugierig machen auf das, was folgt, kann aber auch ablenken und sollte bei einem fünfminütigen Vortrag wohl überlegt sein. In jedem Fall sollten Sie keine künstliche oder gewollte Witzigkeit an den Tag legen.

2. Stellen Sie Ihre fachliche und persönliche Eignung heraus und erklären Sie, warum Sie Experte für dieses Thema sind.

3. Beschreiben Sie die aktuelle Situation und das Problem, das alle betrifft und das es zu lösen gilt. Schreiben Sie dabei, sofern möglich, das Keyword auf ein Flipchart oder eine Folie. Laufen Sie nicht in die Wissensfalle – wenn Sie zu dem gefragten Thema aus Ihrem eigenen Wissen viele Informationen besitzen, ordnen Sie diese nach ihrer Relevanz und stellen Sie sie im Zweifel hinter die vom Unternehmen vorgegebenen Informationen zurück.

4. Beziehen Sie klar Stellung, doch vermeiden Sie es, extreme Positionen einzunehmen. Wenn Sie polarisierende Meinungen vertreten, machen Sie sich leicht angreifbar und finden sich schnell in einer defensiven Position wieder, aus der heraus Sie sich verteidigen müssen.

5. Erklären Sie die Ursachen, die zur derzeitigen Situation geführt haben. Die Ursachen können Sie durch Pfeile auf dem Flipchart illustrieren. Eine Visualisierung der Zusammenhänge macht Ihren Vortrag lebendig, hält Ihre Zuhörer wach und lässt Sie souverän erscheinen.

6. Erstellen Sie ein gedankliches Bild von der zukünftigen und wünschenswerten Situation, die erreicht werden soll und benennen und erklären Sie die Maßnahmen, die zur Zielerreichung notwendig sind.

7. Zum Abschluss Ihrer Präsentation beziehen Sie konkret Position und fassen in einem Schlussappell Ihre Botschaft zusammen. Schließen Sie immer mit einer konkreten Handlungsaufforderung.

Gute Präsentationen und Vorträge sind zum größten Teil eine reine Übungsfrage. Nutzen Sie also jede Chance, um Vorträge zu halten und frei zu sprechen. In Seminaren und Übungen an der Universität gibt es hierzu z. B. Gelegenheit. Trainieren Sie dabei auch den Umgang mit der Präsentationstechnik. Der beste Vortrag wird zerstört, wenn Sie Ihre Kraft auf den Kampf mit der Technik konzentrieren müssen. Lassen Sie sich so oft wie möglich Feedback geben, um kontinuierlich besser zu werden.

Bei mehrtägigen ACs werden Ihnen manchmal die Unterlagen zur Vorbereitung Ihrer Präsentation bereits am Vorabend gegeben. Die Unterlagen sind dann meistens sehr umfangreich und erfordern viel Zeit zur Durchsicht. Versuchen Sie gemäß der 80-20-Regel zunächst die wichtigen Erkenntnisse und Ergebnisse herauszufiltern und die Informationen zu strukturieren. Wenn Sie noch ausreichend Zeit haben, können Sie immer noch an den Feinheiten arbeiten, sofern Sie noch fit sind. Schlagen Sie sich besser nicht die ganze Nacht um die Ohren, sondern gehen Sie so ausgeruht und ausgeschlafen wie möglich in den nächsten Tag, der nicht nur von der Präsentation entschieden wird. Nehmen Sie sich vor allem die Zeit, Ihren Vortrag einmal vor sich selbst zu halten. Erst in dem Moment, in dem Sie Sachverhalten ausformulieren, werden Sie merken, welche Stellen schon klar sind für Sie und an welchen Stellen Sie noch feilen müssen.

> **Tipp**
>
> Viele Ratgeber empfehlen die Gliederung Ihrer Präsentation in Einleitung, Hauptteil und Schluss. Für eine grobe Gliederung ist dies ausreichend, für die Betitelung in keinem Fall! Wählen Sie aussagekräftige Überschriften für die einzelnen Abschnitte Ihrer Präsentation. Stellen Sie eine Agenda voran. Sollten Sie in PowerPoint präsentieren können, dann wirkt es sehr professionell, wenn Sie die Aussagen des jeweiligen Präsentationscharts als Untertitel verwenden. Überfüllen Sie die Folien jedoch nicht!

Timing bei der Präsentationsvorbereitung

Üblicherweise durchlaufen Sie in der Vorbereitungsphase vier Arbeitsschritte:
1. Abgrenzung und Ausarbeitung des Präsentationsinhaltes
2. Strukturierung und Darstellungsweise der Inhalte während des Vortrages
3. Zeichnen der Folien und Schaubilder und konkrete Ausformulierung
4. Mentaler Probedurchlauf der finalen Präsentation zum Üben

< 30 Minuten Vorbereitung
Bei einem Zeitfenster von unter 30 Minuten Vorbereitungszeit müssen Sie meist auf den vierten Schritt verzichten, sollten aber mindestens 25 % Ihrer Zeit für Schritt 3 nutzen.

30 – 60 Minuten Vorbereitung
Bei einem Zeitfenster von 30 bis 60 Minuten empfehlen wir Ihnen, für jeden der vier Schritte ca. ein Viertel der gesamten Vorbereitungszeit zu nutzen.

> 60 Minuten Vorbereitung
Wenn Sie mehr als 60 Minuten Zeit für die Vorbereitung haben, achten Sie darauf, mindestens 15 Minuten für Schritt 4 aufzuwenden und verkünsteln Sie sich nicht beim Folienzeichnen. Haben Sie immer die 80/20-Regel im Kopf: Mit 20 % des Aufwands erreichen Sie 80 % des Ergebnisses.

DOs	DONTs
Struktur: Sie geben Ihrem Vortrag einen roten Faden und »führen« die Zuhörer durch Ihre Präsentation.	**Struktur:** Sie überziehen das Zeitlimit und springen thematisch von einem Punkt zum andern. Es ist schwer, Ihnen zu folgen.
Sprache: Sie sprechen eher langsam und konzentriert. Je wichtiger der Satz, desto kürzer, betonter und deutlicher. Sie setzen Sprechpausen gezielt ein, um Ihren Vortrag zu entschleunigen. Notizen sind nur Gedankenstützen.	**Sprache:** Sie sprechen hektisch und verhaspeln sich oft, nehmen sich keine Zeit, um Wichtiges zu betonen. Sie lesen Ihren Vortrag ab und wirken dadurch sehr monoton und unsicher.
Körpersprache: Sie halten von Beginn an Blickkontakt mit Ihren Zuhörern und wirken so verbindlicher. Ihr Blick verteilt sich »gerecht« auf Ihre Zuhörer.	**Körpersprache:** Sie halten Ihre Hand vor den Mund, spielen mit dem Kugelschreiber, fahren sich nervös durchs Haar und wippen von einem Bein aufs andere.
Notizen & Manuskript: Sie fertigen Ihre Notizen ordentlich und leserlich an. Wenn Sie diese am Ende abgeben müssen, so ist dies für Sie kein Problem.	**Notizen & Manuskript:** Sie erstellen Ihre Notizen so rasch, dass Sie sie später selbst nicht entziffern können und verhaspeln sich deswegen.
Präsentationseröffnung: Lernen Sie Ihre ersten drei Sätze auswendig. Mit einer knackigen Aussage im ersten Satz sichern Sie sich die Aufmerksamkeit der Zuhörer. Satz 2 stützt die Glaubwürdigkeit Ihrer Person. Satz 3 gibt einen Ausblick auf die folgenden Inhalte der Präsentation.	**Präsentationseröffnung:** Sie vergeuden den magischen Eröffnungsmoment mit demütigen Floskeln wie »Vielen Dank, dass ich heute die Ehre haben darf, vor Ihnen sprechen zu dürfen.« oder indem Sie sich so verhaspeln, dass Ihnen nach 30 Sekunden niemand mehr Themenkompetenz zutraut.
Schlussformel: »Ich habe mich gefreut, über … sprechen zu dürfen und danke Ihnen für Ihre Aufmerksamkeit.«	**Schlussformel:** »So, das war's eigentlich … Ich glaub, ich bin fertig.«

Beispielaufgabe: Selbstpräsentation

Ein Assessment Center beginnt zumeist mit einer Vorstellungsrunde. Auf Unternehmensseite werden sich die Person, die moderiert, sowie die Personen, die Sie als Prüfungskomitee bewerten werden, vorstellen. Im Anschluss stellen sich die Beweber vor. Was nun wie eine nette Begrüßungsrunde wirkt, kann bereits die erste Übung sein: Ihre

Selbstpräsentation. Ob es nun eine offizielle oder verdeckte Übung ist oder nicht, auf jeden Fall werden Sie hier einen ersten, hoffentlich guten Eindruck hinterlassen.

Für Ihre Kurzpräsentation, die in der Regel zwischen zwei bis maximal fünf Minuten dauern soll, wird Ihnen oftmals Vorbereitungszeit von ca. 10-15 Minuten eingeräumt, während der Sie sich auch Notizen machen dürfen. Es kann aber auch vorkommen, dass Sie sich spontan vorstellen und vollkommen frei sprechen müssen. Legen Sie die Schwerpunkte Ihrer Kurzpräsentation auf Ihre Eignung, Ihre Stärken und Fähigkeiten für die Position und stellen Sie Ihre Motivation für einen Berufseinstieg bei dem betreffenden Unternehmen dar.

Eine kreative Variante der Selbstpräsentation kann eine bildliche Vorstellung sein. Sie werden aufgefordert, sich als ein Produkt, Tier oder Auto vorzustellen. Dadurch sind Sie angeregt, auf besondere charakterliche Eigenschaften und Stärken und Schwächen einzugehen. »Wenn ich ein Auto wäre, dann wahrscheinlich ein Van mit großzügigem Stauraum, also Fassungsvermögen und einem angenehmen Überblick über die Straße und das Geschehen vor mir. Ich konnte mir immer recht schnell einen Überblick schaffen, vor allem bei komplexen Projekten, beispielsweise in meinem letzten Praktikum bei … . Neben meinem Studium, das ich unterhalb der Regelstudienzeit abgeschlossen habe, war ich weiterhin ehrenamtlich in der Kindertagesstätte aktiv, in der ich meinen Zivildienst geleistet habe. Außerdem habe ich zwei studentische Kongresse zum Thema Marketing und Globalisierung mitorganisiert.«

»Wenn ich ein Produkt wäre, das Ihr Unternehmen herstellt, dann wäre ich ein Haarshampoo – aber nicht irgendeines, sondern ein 2-in-1-Produkt. Warum ein Haarshampoo? Es ist für einen sauberen, gepflegten und ordentlichen Kopf gedacht – und ich bin ein Kopfmensch, der Probleme analytisch angehen und lösen kann. Und warum 2-in-1? Reinigung und Pflege der Kopfhaut sind wichtig. Die Reinigung schafft Sauberkeit und die Pflege den langfristigen Aufbau – im übertragenen Sinne vor allem von Wissen. Das Tolle am Shampoo ist auch, dass man sich danach gut fühlt – von daher ist es sicherlich auch eine emotionale Komponente, die meine Entscheidung beeinflusst hat. 2-in-1 bedeutet aber auch, dass ich mich selten mit nur einer Sichtweise begnüge. Ich habe Spaß daran, Sachverhalte von mehreren Seiten zu betrachten und zu untersuchen.«

Bei dieser Form der Aufgabenstellung ist es natürlich erforderlich, seiner Kreativität freien Lauf zu lassen. Beachten Sie dabei aber bitte vor allem, dass Sie einen klaren Bezug zu Ihrem Lebenslauf herstellen und die Charaktereigenschaften positiv auf sich übertragen, den Mehrwert für das Unternehmen darstellen und diese Eigenschaften an Stationen in Ihrem Lebenslauf illustrieren. Auf diese Übung können Sie bereits sehr gut zu Hause vorbereiten. Erstellen Sie beispielsweise

Tipp

Sie kennen sich und haben sich zudem auf eine mögliche Kurzpräsentation vorbereitet. Wozu dann benötigen Sie noch 10-15 Minuten Vorbereitungszeit? Machen Sie sich kurz Gedanken, und bringen diese vielleicht auch zu Papier, doch dann können Sie in den Aufenthaltsraum wechseln, die Zeit für einen kurzen Smalltalk nutzen und entspannt der Vorstellungsrunde entgegen sehen. Mit diesem Verhalten machen Sie einen souveränen Eindruck und demonstrieren: »Ich weiß, wer ich bin!«

eine Tabelle mit den Eigenschaften von Tieren (schlauer Fuchs, Adlerblick, König der Meere, ...) oder Produkten (nahrhafte Müsliriegel, schnelle Running-Sportschuhe, ...).

Beispielaufgabe: Stellenanzeige
Bitte bereiten Sie eine zehnminütige Präsentation zu folgendem Thema vor: »Welche Bedeutung hat die klassische Stellenanzeige im Zeitalter des World Wide Web bei der Suche nach qualifizierten Mitarbeitern?« Sie haben 15 Minuten Zeit für Ihre Vorbereitung und können für Ihren Vortrag wahlweise Folien und einen Overheadprojektor oder ein Flipchart nutzen.

Versuchen Sie, so schnell wie möglich alle Vor- und Nachteile von klassischen Stellenanzeigen zusammen zu tragen, um im Anschluss Stellung beziehen zu können. Nutzen Sie die Übung und machen sich zuerst Ihre eigenen Gedanken, welche Pros und Contras Ihnen einfallen, bevor Sie unsere Hinweise lesen.

Der Nachteil einer klassischen Stellenanzeige ist sicherlich der Aufwand in Form von Schaltungskosten sowie die Vorlaufzeit, bis die Anzeige geschaltet wird – die Anzeige muss gelayoutet werden und Stellenanzeigen erscheinen häufig nur in der Samstagsausgabe von Zeitungen. Ein Vorteil der klassischen Stellenanzeige ist jedoch die Möglichkeit, die Größe zu variieren und dadurch die Wichtigkeit und Bedeutung der ausgeschriebenen Stelle zu unterstreichen, während Online-Stellenbörsen zumeist nur einheitliche Anzeigengrößen anbieten. Weiterhin werden Online-Stellenbörsen nur von aktiv Job suchenden Personen genutzt, während Anzeigen in Zeitungen auch schon einmal von anderen Personen überblättert und dann wahrgenommen werden. Und es ist auch möglich, dass es Fachzeitschriften und -zeitungen gibt, die kein Pendant im Internet aufweisen, so dass man bei der Suche nach qualifizierten Spezialisten nicht um diese Titel herum kommt.

Trainingsaufgabe: Produktpräsentation
Vor allem bei einer Bewerbung für eine Position im Marketing oder Vertrieb ist es wahrscheinlich, dass von Ihnen eine Präsentation für ein Produkt oder eine Produkteinführung verlangt wird. Bevor Sie Ihre Präsentation vorbereiten, seien Sie sicher, dass Sie Ihre Zuhörerschaft kennen: Präsentieren Sie vor der Marketingdirektion, vor dem Vertrieb, vor Handelspartnern oder Verbrauchern? Was sind die Anforderungen und Erwartungen des jeweiligen Adressatenkreises?

Im zweiten Schritt stellen Sie das Produkt in den Mittelpunkt und legen den Fokus auf den Produktnutzen und die Wettbewerbsvorteile. Arbeiten Sie die Einzigartigkeit, den USP des Produktes genau heraus. Welchen Zusatznutzen bietet das Produkt gegenüber den Wettbewerbern? Bei der Strukturierung Ihrer Argumente sollten

Sie stark beginnen und noch stärker enden, um den Eindruck Ihrer Argumente zu erhöhen. Das gelingt Ihnen am besten, wenn Sie Ihre Zuhörerschaft bei ihren Problemen und Interessen abholen. Für die Marketingdirektion ist wichtig, wie hoch das Umsatzpotenzial des Produktes sein wird, für den Vertrieb ist wichtig, mit welchen Argumenten er das Produkt im Handel platzieren kann.

Lockern Sie Ihre Präsentation auf und ermöglichen Sie Ihren Zuhörern den Bezug zum Produkt, indem Sie viel visualisieren. Sprechen Sie in bildhaften Vergleichen, wenn Sie das Produkt beschreiben. Benutzen Sie Zeichnungen und Skizzen, vielleicht erhalten Sie sogar ein Mock-up (Produktdummy). Das »touch & feel«-Erlebnis hilft Ihren Zuhörern, eine Beziehung zum Produkt herzustellen.

Viele Vorträge verlieren an Lebendigkeit und wirken langatmig, weil der Vortragende viele Substantive benutzt. Orientieren Sie Ihren Sprachrhythmus an Verben, so gewinnen Sie an Dynamik. Sie sollen voller Energie und Lebendigkeit präsentieren. Am Ende Ihres Vortrages steht der klare Appell zur Produkteinführung oder zum Kauf – je nach Adressatenkreis.

Postkorb

Der Postkorb ist eine klassische und sehr bekannte Assessment Center-Übung, bei der Sie Ihr Organisationstalent und Ihre Entscheidungsfreude unter Beweis stellen müssen. Zeigen Sie, dass Sie auch unter Zeitdruck einen kühlen Kopf bewahren und Prioritäten setzen und delegieren können. Der Postkorb stellt eine Ablage bzw. einen Posteingang mit einer größeren Anzahl an Schriftstücken (Briefe, Faxe, Mails, Notizen, Protokolle, Prospekte, ...) zur Durchsicht und Bearbeitung dar. Dabei handelt es sich um Entscheidungsvorlagen, Anfragen, Aufträge, Aufzeichnungen betrieblicher Vorgänge aller Art und auch um private Notizen.

Sie finden sich in folgender Situation wieder: Sie sind Manager im betreffenden Unternehmen und stehen kurz vor der Abreise zu einem wichtigen auswärtigen Termin. Bevor Sie das Büro verlassen, haben Sie noch eine Stunde Zeit, um Ihren »Postkorb« zu bearbeiten. Das Ziel ist es, dass Sie alle im Postkorb befindlichen beruflichen und privaten Unterlagen binnen einer Stunde abgearbeitet, terminlich koordiniert und wenn möglich delegiert haben. Die Postkorbübung kann auch computergestützt erfolgen – Sie müssen die Mails abarbeiten und delegieren oder selber handeln. Ihre Handlungs- und Entscheidungsperspektive ergibt sich dabei aus der angegebenen fiktiven Position, die Sie bekleiden.

Sie haben meist eine Stunde Bearbeitungszeit. Sollte mehr Wert auf Ihre Fähigkeiten zur Stressbewältigung gelegt werden, wird diese

Übung vermutlich auf bis zu 30 Minuten verkürzt. Merken Sie sich wegen des Zeitdrucks und der sich teils widersprechenden Anfragen und Aufgaben im Posteingang vor allem folgende Grundregel: Sie werden es niemals schaffen, 100 %-ige Lösungen für alle Vorgänge zu erarbeiten. Versuchen Sie also, bestmögliche Ergebnisse auszuarbeiten, die sich sinnvoll argumentieren lassen.

Die Bearbeitung dieser Aufgabe erfolgt stets schriftlich, kann aber durch ein anschließendes Interview mit Rückfragen nach Begründungen für Ihre Entscheidungen ergänzt werden. Geben Sie Ihre Lösung in möglichst strukturierter, lesbarer und sauberer Form ab. Als wichtigstes Lösungsmittel empfehlen wir die **squeaker.net-Entscheidungsmatrix**. Sie treffen Ihre Entscheidungen anhand der Kriterien »Wichtigkeit« und »Dringlichkeit«, so dass sich für jeden zu beurteilenden Vorgang folgende Bewertungsmöglichkeiten ergeben:

POSTKORB	dringend	weniger dringend
wichtig	erledigen (+w;+z)	verschieben (+w;–z)
weniger wichtig	delegieren (-w; +z)	eliminieren (-w;-z)

Somit haben Sie vier Möglichkeiten für die Einordnung der Anfragen:
1) Wichtige und dringende Aufgaben müssen Sie in jedem Fall selbst entscheiden und bestenfalls bearbeiten.
2) Wichtige, aber weniger dringende Aufgaben legen Sie auf einen passenden zeitlichen Termin nach Ihrer Rückkehr, der mit keinem anderen kollidiert.
3) Weniger wichtige, aber dringende Aufgaben können Sie gefahrlos an Ihre Mitarbeiter oder Assistenten delegieren.
4) Weniger wichtige und weniger dringende Aufgaben sind Zeitfallen, die Sie bei der Bearbeitung nur kurz entsprechend markieren und dafür keine weitere Bearbeitung vorsehen.

Um die Vorgänge korrekt einschätzen zu können, sollten Sie bei der Bewertung der Wichtigkeit die Auswirkungen auf das Unternehmen im Blick haben. Lassen Sie sich von Dringlichkeiten nicht irritieren. Oftmals werden Dinge als dringend gekennzeichnet, die überhaupt nicht wichtig sind. Eine selbstverständliche Grundregel für die Bearbeitung sollte lauten: »Erst kommt das Berufliche, dann das Private!« Bei der Durchsicht der Unterlagen im Postkorb können Sie diese direkt mit den Symbolen in der Matrix zur Vorsortierung versehen.

Sie müssen in jedem Fall alle Notizen und Aufgaben gelesen haben, bevor Sie mit der Bearbeitung und Bewertung beginnen. Mit Sicherheit werden sich Anfragen terminlich überschneiden. Zur besseren Übersichtlichkeit sollten Sie daher alle Termine in einen Terminkalender

Tipp

Lassen Sie bei Ihren Entscheidungen den Bezug zur Führungsposition erkennen und zeigen Sie, dass Sie sich mit betrieblichen Abläufen und Hierarchien auskennen. Haben Sie Mut zu delegieren, Informationen weiterzugeben oder auch anzufordern, falls Anfragen uneindeutig sind und zeigen Sie sich bei Handlungsbedarf entscheidungsfreudig.

eintragen. Falls Ihnen kein Kalender ausgehändigt wurde, fertigen Sie rasch eine Kalenderskizze an. Es wird Ihnen besser gelingen zu delegieren, wenn Sie über die Organisation und die Mitarbeiterfunktionen Bescheid wissen. Häufig ist dem Postkorb ein Organigramm beigefügt. Manchmal ergeben sich die Mitarbeiterinformationen auch nur aus dem Kontext der beigefügten E-Mails und den jeweiligen Adresszeilen. Ein Grund mehr, warum Sie zuerst alle Informationen erfassen sollten, bevor Sie mit der Bearbeitung beginnen.

DOs	DONTs
Sie lesen alle (!) Notizen gründlich durch, bevor Sie mit der Bearbeitung beginnen.	Sie versuchen, alles selbst zu erledigen, und haben keinen Mut zu delegieren.
Sie fertigen eine kalendarische Übersicht aller Termine an und ein Organigramm aller beteiligten Personen (falls es nicht beiliegt).	Sie geben unleserliche Notizen ab, die wenig strukturierte Herangehensweise erkennen lassen.
Sie nutzen zur Beurteilung aller Vorgänge die squeaker.net-Entscheidungsmatrix mit den Kriterien »Wichtigkeit« und »Dringlichkeit«.	Sie entscheiden aus dem Bauch heraus und verwenden keine nachvollziehbaren Kriterien für Ihre Entscheidungen.

Es kann vorkommen, dass Sie im Anschluss an diese Übung zu einem Gespräch aufgefordert werden, in dem Sie noch einmal Ihre Entscheidungen nachvollziehbar begründen und argumentieren sollen. Dabei kann der Ton Ihres Gesprächspartners durchaus gereizt oder aggressiv sein. Außerdem können Fragen zu Sachverhalten gestellt werden, die in den bisherigen Informationen nicht bekannt waren. Lassen Sie sich davon nicht irritieren, da es sich in diesem Fall wahrscheinlich um ein verdecktes Stressinterview handelt. Bei neuen Sachverhalten müssen Sie anhand Ihrer Lösungsskizze Entscheidungen revidieren und die hinzugewonnenen Informationen in die Lösung einpassen. Bleiben Sie bei Ihren Antworten konsequent und argumentieren Sie stets in einem ruhigen und sachlichen Ton. Reagieren Sie nicht auf persönliche Angriffe oder das Hinterfragen Ihrer Kompetenz.

Rollenspiel

Das Rollenspiel ist grundsätzlich als Gespräch zwischen zwei Personen angelegt, in Gruppenform wird es seltener durchgeführt. Sie und Ihr Interviewpartner schlüpfen in unterschiedliche betriebliche Rollen und simulieren ein Konfliktgespräch. Typischerweise nehmen

Sie die Rolle des Personalchefs, Vorgesetzten, Geschäftsführers oder Teamleiters wahr. In dieser Rolle wird von Ihnen erwartet, dass Sie Ihr Führungspotenzial demonstrieren. Zeigen Sie Geschick in punkto Gesprächsführung und Verhandlung, aber zeigen Sie auch Einfühlungsvermögen. Weiterhin werden in der Rolle einer Führungsperson auch Durchsetzungsfähigkeit und Überzeugungskraft von Ihnen verlangt werden.

Für die 10-20-minütige Diskussion haben Sie eine in der Regel als zu knapp empfundene Vorbereitungszeit von ca. 5-15 Minuten, in der Sie sich mit der Rollenbeschreibung und Situation vertraut machen können. Thematisch wird entweder ein internes Konfliktgespräch zwischen Vorgesetztem und Mitarbeiter oder ein externes Kundengespräch zwischen Key Account Manager und Kunde simuliert. Ihre Rolle als Vorgesetzter oder Key Account Manager ist nicht leicht oder angenehm, da Ihnen nicht viel Entgegenkommen von Ihrem Gesprächspartner geschenkt wird. Im Gegenteil, häufig wird Ihr Rollenspielpartner Ihnen Geduld erfordernde Uneinsichtigkeit entgegenhalten und Ihre Nerven auf den Prüfstand stellen. Oberstes Ziel des Gesprächs ist immer die Wahrung der Interessen des Unternehmens.

Fast immer werden Sie es mit mehrschichtigen Problemstellungen zu tun haben. Es gibt ein sachlich-objektives Problem, das Ihnen in der Aufgabenstellung mitgeteilt wurde. Dieses ist zu klären und im Sinne und Wohl des Unternehmens zu lösen. Darunter verbirgt sich jedoch häufig ein persönlich-emotionales Problem, das zu den objektiv beobachtbaren Verhaltensweisen führt. Für Ihr Verständnis und Ihren Erfolg ist es zentral, dass Sie beide Probleme erkennen und eine Verhaltensänderung des Mitarbeiters bewirken. Diese doppelte Problemstruktur ist insbesondere bei Mitarbeitergesprächen zu finden, während bei Verkaufsgesprächen vor allem das Verhandeln und Handeln im Unternehmenssinn verlangt sind.

Sie überzeugen in Rollenspielen, wenn Sie aktiv zuhören, strukturiert sprechen, für Ihr Gegenüber verständlich argumentieren und in der entsprechenden Zeit ein zufrieden stellendes Ergebnis erreichen. Es wird in dieser Übung von Ihnen verlangt, dass Sie die sich gesetzten Ziele im Gespräch konsequent umsetzen sowie die Ursachen und Hintergründe des »Problems« durch geschickte Gesprächsführung und Fragetechnik herausfinden. Verwenden Sie offene Fragen, so dass Ihr Gegenüber sich selbst erklären kann anstatt dass er sich hinter knappen Ja- oder Nein-Antworten verstecken kann.

Erweisen Sie sich geschickt in Ihrer Kommunikation, indem Sie auch bei solch kritischen Gesprächen einen kühlen Kopf sowie Geduld und Nerven bewahren. Aus Ihrem Gesprächsverhalten versuchen die Personaler, Rückschlüsse auf Ihr Führungspotenzial zu ziehen: Zeigen Sie Ansätze einer Gesprächsstrategie? Gelingt Ihnen eine Klärung? Können Sie Ihre Agenda platzieren? Sind Sie in der Lage,

Entscheidungen zu treffen und zu kommunizieren? Zeigen Sie dabei aber auch Einfühlungsvermögen und ermöglichen ein konstruktives Miteinander?

i) Mitarbeitergespräch

Im Mitarbeitergespräch sind Ihr Ziel und Ihre Aufgabe, eine Verhaltensänderung Ihres Mitarbeiters zu bewirken. Dies setzt voraus, dass Sie die Hintergründe und Ursachen des Fehlverhaltens herausfinden. Auf dieser Basis können Sie Vereinbarungen zur Verbesserung der Situation treffen. Die beiden großen Fehler bei diesem Gespräch liegen darin, entweder in einen zu soften und angepassten Kuschelgesprächston (»Haben Sie ein Problem? Ich helfe Ihnen und mache es Ihnen recht.«) oder aber zu autoritär-abwertenden Kommunikationsstil (»Draußen warten genügend andere auf Ihren Job!«) zu verfallen. Diese Fehler vermeiden Sie, indem Sie Mitarbeitergespräche professionell nach folgendem Ablaufschema führen:

1. Begrüßen Sie den Mitarbeiter mit seinem Namen und weisen Sie ihn freundlich darauf hin, dass es sich um ein Gespräch über sein Verhalten handelt. Ganz wichtig und auch nicht leicht: Seien Sie dabei ehrlich, direkt und fair, indem Sie nicht lange um den heißen Brei reden, sondern auf den Punkt kommen und die Agenda platzieren.

2. Schildern Sie wertungsfrei das beobachtete Verhalten des Mitarbeiters entsprechend der Ihnen vorliegenden Information und versuchen Sie diese mit Hilfe des Mitarbeiters zu vervollständigen. Vermeiden Sie hierbei wertende Adjektive, denn es geht nicht um Schuldzuweisung. Das Ziel ist es, gemeinsam die Situation zu verbessern, also Vereinbarungen zur Verhaltensänderung zu treffen. Klären Sie in diesem Schritt den Sachverhalt und holen Sie sich die Bestätigung des Mitarbeiters zu einem bestimmten Fehlverhalten. Arbeiten Sie Ihre Kritikpunkte dabei so konkret und sachlich wie möglich heraus - vermeiden Sie Pauschalisierungen. Lassen Sie sich dabei nicht von Ausreden und Unterbrechungen ablenken, sondern teilen Sie dem Mitarbeiter mit, dass er im Anschluss seine Ausführungen zum Sachverhalt machen kann. Werden Sie hierbei nicht zum Dauerredner, sondern lassen Sie den Mitarbeiter zügig zu Wort kommen.

3. Räumen Sie dem Mitarbeiter ausreichend Zeit für eine Stellungnahme zu den Beobachtungen ein und hören Sie aufmerksam zu. Versuchen Sie, sich in die Lage des Mitarbeiters hineinzuversetzen und seine Argumentation nachzuvollziehen. Unterbrechen Sie ihn erst dann, wenn er den Zeitrahmen zu überspannen droht. Versuchen Sie, die Begründung des Mitarbeiters für sein Verhalten zur Sprache zu bringen und ihm dabei gut zuzuhören und seine Einsicht zu fördern, dass derartige

> **Tipp**
>
> Eine scharfe argumentative Waffe ist die sinngemäße Formulierung: »Wenn Sie an meiner Stelle wären, was würden Sie dann sagen und unternehmen, um Ihr Verhalten zukünftig zu ändern?« Der Perspektivenwechsel zwingt den Mitarbeiter, seine Blockadehaltung aufzugeben. Sollte der Mitarbeiter nach mehreren Versuchen uneinsichtig bleiben und nicht einlenken wollen, dann können Sie ruhigen Gewissens mit einer Abmahnung drohen. Behalten Sie sich diesen Schritt aber unbedingt als ultima ratio auf und vermeiden Sie ihn so lange wie möglich.

Vorkommnisse zukünftig vermieden werden sollten. Im Rahmen des Gesprächs werden die Phasen zwei und drei wahrscheinlich überlappend stattfinden.

4. Geben Sie erst nach dieser Klärung eine eigene Stellungnahme und Bewertung ab. Erst jetzt haben Sie die argumentative Basis geschaffen, um Ihren Mitarbeiter zu Verhaltensänderungen zu bewegen. Sprechen Sie von der »Signalwirkung« seines Verhaltens und dem »Ruf« der Abteilung oder des Unternehmens. Zeigen Sie auch entsprechende Folgen seines Verhaltens auf, die letztlich auch ihn treffen, ohne dabei drohend zu wirken. Appellieren Sie an die Gemeinschaft und den Zusammenhalt im Unternehmen oder der Abteilung, indem Sie Formulierungen wie »wir« und »gemeinsame Lösung finden« betonen.

5. Wenn Ihr Mitarbeiter einlenkt, bestätigen Sie ihn und fassen Sie das Gesprächsergebnis zusammen, wobei Sie unbedingt überprüfbare Ergebnisse vereinbaren und explizit darauf hinweisen, dass Sie nun von ihm erwarten, das kritisierte Verhalten zu ändern (»Wir sind also zu dem Ergebnis gekommen, dass...«). Wir empfehlen Ihnen, das Gespräch aktiv zu beenden, aufzustehen und Ihren Mitarbeiter zu verabschieden, um so abschließend Entschlossenheit und Sicherheit zu dokumentieren, wie beispielsweise: »Ich freue mich, dass wir trotz der Schwierigkeiten gemeinsam eine Lösung gefunden haben.«

Ein klassisches Ablenkungsmanöver des Interviewers ist eine Veränderung der Ausgangssituation: Die gespielte Annahme des Mitarbeiters weicht von der Vorabinformation ab. So erwartet der Mitarbeiter plötzlich eine Gehaltserhöhung, während Sie bestens für ein disziplinarisches Gespräch vorbereitet sind.

Bleiben Sie sachlich und ruhig und erklären Sie ihm die Situation. Spielen Sie sofort mit offenen Karten und machen Sie verbindlich, aber unmissverständlich klar, worum es geht. Erwidern Sie seine Frage nach einer Gehaltserhöhung keinesfalls mit einer Frage nach den Gründen oder ähnlichem, da Sie Gefahr laufen, das Gespräch schnell in eine andere Richtung zu lenken und Ihre Agenda nicht mehr durchsetzen können.

DOs	DONTs
Sie beachten die Zeitvorgabe und finden in diesem Rahmen eine Lösung. Notieren Sie Anfangs- und Endzeitpunkt.	Sie lassen sich unterbrechen und von Ihrem Gegenüber ablenken, so dass Sie die »Gesprächszügel« aus der Hand geben.
Sie hören aktiv zu und versuchen, die Sichtweise Ihres Mitarbeiters zu verstehen.	In einem autoritär-abwertenden Stil versuchen Sie Ihren Mitarbeiter zu maßregeln.
Sie verhalten sich diplomatisch, aber aufrichtig. Das wird von Ihnen als Vorgesetztem hoch geschätzt.	Sie machen Schuldzuweisungen, anstatt den Blick auf die zukünftige Verhaltensänderung zu lenken.
Sie beenden das Gespräch mit einer klaren Erwartung und Aufforderung zur Verhaltensänderung.	Sie »belohnen« Fehlverhalten mit Weiterbildung, Beförderung oder Ähnlichem.

ii) Kundengespräch

Beweisen Sie, dass Sie mit schwierigen Kunden umgehen können, indem Sie einen Ausgleich zwischen Kundeninteressen und denen des Unternehmens schaffen, ohne in die Kosten- oder Kundenverlustfalle zu tappen. In der Regel handelt es sich beim Kundengespräch um ein Verkaufsgespräch, dessen Ziel ein Vertragsabschluss ist. Es können aber auch Reklamationsgespräche mit verärgerten Kunden geführt werden. In diesem Fall geht es darum, dass aus dem reklamierenden Kunden wieder ein zufriedener Kunde wird. Versuchen Sie daher herauszufinden, welche Motive Ihr Kunde hat. Zeigen Sie Verständnis und geben Sie Fehler ohne Umschweife zu. In keinem Fall dürfen Sie Verantwortlichkeiten anonym beim Unternehmen abladen, sondern stehen persönlich für eine Verbesserung der Situation ein. Ihr Ziel, den Kunden zu beruhigen oder das Produkt zu verkaufen, dürfen Sie nicht um jeden Preis verfolgen. Sie haben sich in jedem Fall an die Regeln und Abmachungen Ihrer Firma zu halten.

Grundsätzlich gilt im Kundengespräch ein ähnlicher Gesprächsablauf wie im Mitarbeitergespräch:

1. Bereits bei der Begrüßung mit der namentlichen Anrede des Kunden schaffen Sie eine wohlgesonnene Atmosphäre, in der ohne Spannungen geklärt werden kann, worum es geht.
2. Schildern Sie Ihr Angebot und beschreiben Sie die Vorteile Ihres Produktes, Ihrer Aktion oder Promotion. Verweisen Sie dabei auf die gute und langjährige Zusammenarbeit und das Win-Win Ihrer geschäftlichen Aktivitäten. Stehen Sie ehrlich zu Ihren Zielen und unterstreichen Sie die gemeinsamen Potenziale und Möglichkeiten. Richten Sie dabei Ihre Fachsprache konsequent am Kunden aus und befragen Sie ihn zu seinen Vorstellungen

und Wünschen. Die Technik der Perspektivenübernahme ist hier extrem wichtig. Vermeiden Sie unbedingt Suggestivfragen (»Sind Sie nicht auch der Meinung, dass ...«) und Alternativfragen (»entweder ... oder ...«), da diese oft zu der Antwort »weder ... noch ...« führen und Sie den Kunden auf diese Art verärgern können.
3. Hinsichtlich Ihres Vokabulars sollten Sie sich vor Augen führen, in welcher Position Ihr Gesprächspartner ist. Der Filialleiter eines kleinen Supermarktes wird vielleicht nicht über den gleichen Wortschatz und das gleiche profunde Marketingwissen verfügen wie der Chefeinkäufer einer großen Handelskette. Gehen Sie auf seine Einwände ein. Im Zweifel kennt er jedenfalls seine Kunden besser als Sie. Arbeiten Sie Punkt um Punkt heraus, warum Ihr Angebot seinen Wünschen entspricht.
4. Wenn nicht das Verkaufen, sondern das Besänftigen verärgerter Kunden im Vordergrund steht, sollten Sie dem Kunden ein wenig Zeit geben, seinem Ärger Luft machen zu können. Jedoch müssen Sie ihn aber bald unterbrechen, weil er sonst den Weg ins konstruktive Gespräch kaum von alleine finden wird. Bringen Sie ihn zurück auf die Sachebene, sehen Sie großzügig über persönliche Angriffe hinweg und lenken Sie ein: »Es tut mir leid, dass ... Was können wir unternehmen, um zu unserer erfolgreichen Geschäftsbasis vor diesem Vorfall zurückzukommen?«

Beenden Sie das Kundengespräch aktiv und kommen Sie zum Abschluss des Deals, indem Sie auf die erzielte Einigung hinweisen und die Bestellung schriftlich fixieren. Halten Sie gegebenenfalls diejenigen Punkte fest, zu denen noch Klärungsbedarf besteht. Verteilen Sie die Aufgaben nach der Regel: »Wer macht was bis wann?« und vereinbaren Sie einen neuen Termin zur Klärung dieser Fragen. Sowohl beim Verkaufen als auch beim Besänftigen müssen Sie die Beobachter durch ausdauerndes Argumentieren und strukturierte Gesprächsführung sowie die Fähigkeit, Sachverhalte differenzierend darzustellen, beeindrucken.

DOs	DONTs
Sie hören aktiv zu! Die geduldige Bereitschaft des Zuhörens zeigt Ihrem Gegenüber, dass Sie ihn ernst nehmen und schafft dadurch Akzeptanz.	Sie sind ungeduldig und es interessiert Sie eigentlich nicht, was Ihr Gesprächspartner denkt. Sie gehen gleich zum Spiel von Angriff, Verteidigung und Gegenangriff.
Sie kommunizieren deutlich! Konstruktive Ergebnisse erreichen Sie durch klare und konkrete Aussagen.	Sie trauen sich nicht konkret zu werden und bleiben schwammig. Ihr Gegenüber hat großen Spielraum in der Interpretation – und interpretiert vielleicht falsch.
Sie wählen Argumente geschickt! Beginnen Sie mit starken Argumenten und hören Sie mit noch stärkeren auf.	Sie verschießen Ihre besten Argumente gleich zu Beginn und am Ende des Gesprächs bleibt Ihnen nichts, um Nachdruck zu erzeugen.
Sie verdeutlichen Motive und Ziele! Stellen Sie die Hintergründe Ihres Standpunktes dar und ermöglichen Sie so ein besseres Verständnis.	Sie bleiben unpräzise oder halten sich gar bedeckt bei Ihren Hintergründen, so dass Vermutungen, Misstrauen und Unklarheit entstehen.

Trainingsaufgaben zum Rollenspiel:

Messestand: Als Vertriebsmitarbeiter einer Messegesellschaft ist es Ihre Aufgabe, den Geschäftsführer eines mittelständischen Anlagenherstellers mit 200 Mitarbeitern davon zu überzeugen, als Aussteller auf der Messe einen Standplatz zu mieten. Die Standmiete beträgt 10.000 Euro. Sie haben für Ihr Gespräch sieben Minuten Zeit.

Außendienst: Als Außendienstmitarbeiter eines Waschmittelherstellers besuchen Sie den Regionalgebietsleiter einer größeren Supermarktkette. Sie sollen ihn für eine spezielle Promotion gewinnen, die durch Servicekräfte in seinen Filialen durchgeführt werden soll. Dafür sind jedoch kleinere Umbauarbeiten im Kassenbereich aller Filialen notwendig. Sie haben fünf Minuten Zeit, den Regionalgebietsleiter zu überzeugen.

Kühlschrankverkauf: Sie sind Vertriebsmanager in Grönland und sollen den Absatz an Kühlschränken für Eskimos erhöhen. Sie führen ein Verkaufsgespräch, und es wird erwartet, dass Sie einen Kühlschrank verkaufen.

Produktmanagement: Als Brand Manager mit nationaler Verantwortung haben Sie für den Relaunch Ihrer Marke eine Kampagne entwickelt, die etwa 20 Prozent über dem geplanten finanziellen Rahmen liegt. Insbesondere die Mediaspendings sind umfangreicher als ursprünglich geplant, jedoch gemäß den Marktforschungsdaten in dieser Größenordnung für den Erfolg des Relaunches notwendig. Sie sollen den Etat bei Ihrem Marketingdirektor durchsetzen.

Ressortleiter: Sie leiten ein Ressort innerhalb eines Unternehmensbereiches und berichten direkt an den Bereichsleiter. Für die Sitzung der Bereichsleiter haben Sie eine umfangreiche Datensammlung und Präsentation durch Ihre Assistenz zusammenstellen lassen und in der Besprechung vorgetragen. Dabei sind mehrere fehlerhafte Daten entdeckt worden, so dass Ihr Vortrag an Glaubwürdigkeit eingebüßt hat. Wie stellen Sie eine bessere Vorbereitung durch Ihre Assistenz sicher?

Abteilungsfeedback: Als Abteilungsleiter sind Ihnen mehrfach vertrauensvolle Beschwerden über das unkooperative Verhalten eines Kollegen innerhalb der Abteilung zu Ohren gekommen. Konkrete Anhaltspunkte haben Sie dafür jedoch nicht. Sie spüren, dass sich das Klima verschlechtert, und müssen den Kollegen zum Gespräch bitten. Wie können Sie eine Verhaltensänderung bewirken?

Projektverantwortung: Sie haben als Führungsperson ein Projekt initiiert und einen Projektleiter mit der Durchführung und Koordination beauftragt. Die Projektteammitglieder haben in letzter Zeit gehäuft Beschwerden über das arrogante Benehmen des Projektleiters geäußert. Die Stimmung ist schlecht und der Projekterfolg in Gefahr. Sie haben als Vorbereitung für das Gespräch eine Akte, die mit mehreren Seiten Beschwerdemails gefüllt ist, und 30 Minuten Zeit zur Bearbeitung. Das Gespräch dauert 20 Minuten. Ziel ist es, mit dem Mitarbeiter zu einer Lösung des Problems zu gelangen.

Zur Übung empfehlen wir Ihnen, die Argumentationsketten aus den Perspektiven jeweils beider Gesprächspartner zu skizzieren. So wird es Ihnen in der tatsächlichen Gesprächssituation leichter fallen, sich in die Situation Ihres jeweiligen Gegenübers zu versetzen.

Case Study

Case Studies kommen auch in der Konsumgüterindustrie im Bewerbungsprozess zum Einsatz. Anders als bei Unternehmensberatungen oder Banken allerdings verwenden die meisten FMCG-Unternehmen kürzere und weniger komplexe Case Studies. Jedoch ist die Zahl der Unternehmen, die anwendungsorientiertes Denken prüfen und Wissen auf diese Weise abfragen, steigend. Die Unternehmen wollen mittels Fallstudien Ihr analytisches und qualitatives Urteilsvermögen kennen lernen.

Insider-Tipp

Zur weiterführenden Vorbereitung auf Ihr Case Interview empfehlen wir das Insider-Dossier »Consulting Case-Training« und »Bewerbung bei Unternehmensberatungen«. Zusätzlich finden Sie Beispiel-Cases auf: squeaker.net/Karriere/Consulting/Beispiel-Case

Beispielaufgabe: Markenstrategie
Bei der Bewerbung für eine Marketingposition kann es Ihnen passieren, dass der Marketingmanager – Ihr zukünftiger Vorgesetzter – eine Empfehlung zur Weiterführung einer Markenstrategie von Ihnen erwartet: Soll eine differenzierte Markenstrategie mit drei separaten Marken gewählt oder soll der Fokus auf eine Dachmarke gelegt werden? Sie erhalten lediglich die Produktdummies als einziges Informationsmaterial. Alle wesentlichen Informationen, die für Ihre Entscheidung notwendig sind, müssen Sie durch gezielte Nachfragen gewinnen. So werden indirekt Ihre (markt-)forscherischen Qualitäten getestet. Im Rahmen der Überprüfung Ihrer analytischen und qualitativen Fähigkeiten wird auch erwartet, dass Sie den Produktdeckungsbeitrag ausrechnen können, aber auch andere Faktoren wie Image, Markenwert etc. in Ihre Empfehlung einbeziehen. In diesem bis zu 30-minütigen Gespräch wird eine strukturierte Vorgehensweise und am Ende der Fallstudie eine gut begründete, plausible Antwort erwartet. Alternativ zu der Interviewform der Fallstudien kann es auch komplexere Problemstellungen inklusive umfangreichen Aktenmaterials geben, die ausführlich und schriftlich gelöst und abschließend gegebenenfalls präsentiert werden.

Gruppendiskussion

Eine Gruppendiskussion ist beinahe schon ein Klassiker unter den Übungen im Assessment Center. Hier diskutieren vier bis sechs Teilnehmer ein in der Regel vorgegebenes Thema. Vielleicht werden Sie als Gruppe aber zunächst auch aufgefordert, sich auf ein Thema zu einigen. Sollte dies der Fall sein, dann ist bereits der Auswahlprozess des Themas ein wichtiger Bestandteil der Übung: Wer hier eine Führungsrolle einnehmen kann, die von den anderen Bewerbern akzeptiert wird, hat gute Managerqualitäten bewiesen.

Gruppendiskussionen werden ohne oder mit Rollenvorgabe durchgeführt. Grundsätzlich gilt für Diskussionen ohne Rollenvorgabe eine eher kooperativer Verhaltens- und Diskussionsstil, während die Variante mit Rollenvergabe recht konfliktionär angelegt ist. In beiden Fällen gilt es allerdings, ein gemeinsames Ergebnis als Gruppenziel zu erreichen. Der Einsatz eines Moderators in einer Gruppendiskussion kommt seltener vor. Die nachfolgenden Beschreibungen der Varianten von Gruppendiskussionen ergänzen sich. Wir empfehlen Ihnen daher, unbedingt alle drei Varianten zu lesen.

Bei einer Gruppendiskussion achten die Beobachter vor allen Dingen auf Ihr Kommunikationsverhalten in der Gruppe. Sie werden bewertet nach Ihrer sozialen Kompetenz, die Sie auf der verbalen Ebene unter Beweis stellen müssen. Wesentliche Beurteilungskriterien sind

Ihr Einfühlungsvermögen, Ihre Stressresistenz, Ihr Durchsetzungsvermögen sowie Ihre Ausdauer in der Diskussion.

DOs	DONTs
Allgemeinverhalten: Sie sind freundlich, rücksichtsvoll und gelassen, nehmen Ihre Gesprächspartner ernst, hören aktiv zu und lassen andere ausreden. Ihr Auftreten ist selbstbewusst.	**Allgemeinverhalten:** Sie verhalten sich rücksichtslos und unterbrechen die anderen Diskussionsteilnehmer, Sie wissen sowieso alles besser.
Diskussionsregeln: Sie vertreten Ihre eigene Meinung und verzichten auf oberflächliche oder gar fehlerhafte Argumentation. Sie sorgen für ein ausgeglichenes Verhältnis von Redebeiträgen und loben auch die Beiträge anderer.	**Diskussionsregeln:** Sie halten Monologe und versuchen, Ihre Meinung durch zu drücken. Ungelungenen Beiträgen anderer begegnen Sie ironisch oder sarkastisch, um Ihre Dominanz zu unterstreichen.
Sprachverhalten: Ihre Beiträge sind sachlich und konkret, Ihre Aussprache ist deutlich und ruhig. So wirken Sie souverän.	**Sprachverhalten:** Sie sind um keine Füllwörter (ähm, also, auf jeden Fall, …) und Superlative verlegen.
Inhaltlich: Bei Unklarheiten fragen Sie nach und behalten stets das Ziel im Auge. Fremde Ideen greifen Sie geschickt auf und entwickeln sie weiter.	**Inhaltlich:** Sie protzen mit Fachtermini, die die anderen Gruppenteilnehmer nicht kennen können und kämpfen nur um Ihre eigene Idee.

i) Gruppendiskussion ohne Rollenvorgabe
Bei einer Gruppendiskussion ohne Rollenvorgabe geht es um eine gemeinsame Diskussion eines Themas mit dem Ziel, eine Einigung, ein Ergebnis zu erreichen. Mit dem Thema erhalten Sie auch eine kurze Zeit zum Einlesen und zum Vorbereiten. Versuchen Sie, die Kernpunkte schnell zu erfassen und finden Sie Ihren eigenen Standpunkt. Um Ihre Meinung zu vertreten, sollten Sie sich auch von Anfang an Pros und Contras überlegen, die Sie später in die Diskussion einfließen lassen können. Sollten die anderen Teilnehmer noch in das Lesen vertieft sein, dann nutzen Sie diese Zeit und machen sich Gedanken, wie Sie die Diskussion eröffnen und in die Problematik einleiten können.

Nach der kurzen Vorbereitungsphase nämlich kommt der kritische Punkt, an dem die Gruppendiskussion eröffnet wird. Häufig verharren die Teilnehmer für einen Moment in befangener Starre, niemand traut sich, das Wort an sich zu nehmen und die Diskussion kommt nur schleppend in Gang. Trauen Sie sich und ergreifen Sie die

Initiative – damit können Sie sich bereits Pluspunkte bei den Beobachtern sichern. Zur Eröffnung der Diskussion empfiehlt es sich, die Problematik kurz zu umreißen und zu definieren, was das Ergebnis der Diskussion sein soll (eine Entscheidung, eine Empfehlung, etc.). Um dann aber nicht in einen Monolog zu verfallen, sondern die anderen Diskussionsteilnehmer auch einzubeziehen, könnten Sie z. B. mit folgenden Fragen das Eis brechen und erreichen, dass die einzelnen Positionen in der Gruppe zu Tage treten:
- Wie sieht jeder von uns die Problematik?
- Wo sind die Meinungsschwerpunkte?
- In welchen Punkten sind wir uns einig und was ist zu diskutieren?

Da vielleicht mehrere Diskussionsteilnehmer versuchen werden zu beginnen, ist es nicht tragisch, wenn Sie nicht zum Zuge kommen. Sobald die Diskussion jedoch in vollem Gange ist, sollten Sie darauf achten, dass Ihr Redeanteil weder zu gering noch zu groß ist.

Im Vordergrund einer Gruppendiskussion stehen Ihr Verhalten, Ihr Umgang mit den anderen Teilnehmern und das Engagement, mit dem Sie sich in die Diskussion einbringen. Dies heißt jedoch nicht, dass Sie das Inhaltliche ganz vernachlässigen dürfen. Auch inhaltlich gibt es ein »besser« oder »schlechter«, daher nehmen Sie auch das Thema ernst und diskutieren, als ob es um eine echte Entscheidung geht. Die Beobachter werden auch Ihren Scharfsinn und Ihren gesunden Menschenverstand positiv bemerken.

Grundsätzlich gibt es jedoch kein Patentrezept für das richtige Verhalten in einer Gruppendiskussion. Bewertungskriterien fallen unterschiedlich aus, da unterschiedliche Stellen mit verschiedenen Anforderungen zu besetzen sind. Eine Empfehlung für »richtiges« Verhalten können wir Ihnen aber mit auf den Weg geben: Bleiben Sie Sie selbst und bringen Sie sich aktiv ein! Es wird weder der Vielschwätzer noch der Schweigsame gesucht.

Wenn Sie in der Diskussion Ihren Standpunkt darlegen, dann sollten Sie auf jeden Fall auch Ihre Beweggründe erklären. Damit ermöglichen Sie es den anderen Diskussionsteilnehmern, Ihre Motive und Ziele nachzuvollziehen und Ihr Standpunkt gewinnt an Klarheit und Authentizität. Die wichtigste rhetorische Technik in diesem Kontext ist die 5-Satz-Technik:
- Standpunkt benennen: »Ich bin überzeugt, dass …«
- Argumente präsentieren: »Meine Erfahrungen hierbei sind …«
- Beispiele erläutern: »Wir haben alle gesehen …«
- Einwänden zuvor kommen: »Sie werden jetzt denken …«
- Fazit ziehen: »Daher sollten wir …«

Setzen Sie diese Methode jedoch nicht mit aller Gewalt durch. In einer Diskussion wird man Sie unterbrechen, und Sie müssen

> **Tipp**
> Eine Gruppendiskussion gilt erst dann als erfolgreich, wenn alle Teammitglieder in den Prozess eingebunden waren und ein Ergebnis erzielt worden ist, mit dem alle Personen einverstanden sind. Im betrieblichen Geschehen ist dieser Aspekt für die Umsetzung von Beschlüssen von zentraler Bedeutung, da Teammitglieder diese nur dann vollkommen unterstützen, wenn sie das verabschiedete Ergebnis mit erarbeitet und beschlossen haben.

Gegenmeinungen und Einwände zulassen. Außerdem würden Sie wahrscheinlich einen längeren Monolog halten, wenn Sie diese Methode konsequent durchziehen. Sie eignet sich aber in jedem Fall sehr gut für die Vorbereitung und kann in der Diskussion auch sukzessive angewandt werden.

Verfolgen Sie die Diskussion aufmerksam, hören Sie den anderen Teilnehmern mit einer angemessenen Geduld zu und nehmen Sie sie ernst. Vermeiden Sie es, auf alles, was von anderen gesagt wurde, spontan mit einer Gegenrede (Angriff und Verteidigung) zu reagieren. Konzentrieren Sie sich auf das, was der jeweils Sprechende sagt, und halten Sie Blickkontakt. Lassen Sie die anderen ausreden und setzen auch Sie beim Sprechen gezielt den Blickkontakt ein, um alle Diskussionsteilnehmer einzubinden. Besonders souverän wirken Sie, wenn Sie Ideen und Anregungen anderer Teilnehmer aufgreifen, diese weiter entwickeln und damit das Gesamtergebnis verbessern. Unterstützen Sie Argumente von Teammitgliedern, die Sie als valide ansehen. Wenn Sie etwas nicht verstehen, dann fragen Sie gezielt nach. Meist sind Sie mit Ihrer Frage nicht allein, beweisen jedoch als Einziger den Mut, diese auch zu stellen.

Mit inhaltlich guten Beiträgen allein ist es nicht getan. Versuchen Sie auch, der Diskussion Struktur zu geben, indem Sie z. B. Zwischenergebnisse zusammenfassen. Auch wichtig ist es, die Agenda bzw. die Zeit im Auge zu behalten. Insbesondere wenn sich die Gruppe an einem Detail festbeißt, könnten Sie etwas sagen wie: »Diesen Aspekt haben wir schon ausführlich besprochen und festgestellt, dass … Angesichts der Zeit schlage ich vor, dass wir uns nun …« Ebenso sollten Sie sich bemühen, die Diskussion auf das Thema zu zentrieren: »Ich befürchte, dass wir zu sehr abschweifen, wenn wir diesen Punkt noch detaillierter besprechen. Wir sollten im Hinblick auf eine Entscheidung …« Des Weiteren sollten Sie demonstrieren, genauso wie in der späteren beruflichen Praxis, dass Sie das Unternehmensinteresse vor Ihre persönlichen Vorlieben stellen: »Unsere Argumentation muss von der Ressort-/Bereichsleitung akzeptiert werden. Dazu sollten wir auch die folgenden kritischen Punkte diskutieren. …«

Eindeutige Vielredner sollten Sie diplomatisch darauf hinweisen, dass für das Gruppenergebnis die Meinung und der Beitrag der anderen sehr wichtig und zu berücksichtigen ist. Lassen Sie sich auf gar keinen Fall provozieren. Bei Angriffen sollte Ihre Reaktion immer eine Deeskalation sein, indem Sie nicht auf den Angriff eingehen, sondern sich auf die sachliche Ebene konzentrieren.

Versuchen Sie auch durch Ihre Körpersprache Gelassenheit und Souveränität zu dokumentieren. Weit auf den Tisch gelehntes Aufstützen des Körpers kann einen aggressiven Eindruck vermitteln, während ein zurückgezogenes, legeres Sitzen im Sessel eher Desinteresse und eine unangebrachte Passivität ausstrahlt. Nervosität

> **Tipp**
>
> Machen Sie sich unbedingt von dem Erwartungsdruck frei, das Thema bis in alle Facetten zu diskutieren und ein für alle Teammitglieder gleichermaßen perfektes Ergebnis abzuliefern. Dies verhindert meist schon die knappe Zeit. Natürlich sollen Sie ergebnisorientiert arbeiten und ein ordentliches Ergebnis abliefern, aber das Augenmerk der Prüfer liegt zum einen auf einem fairen und offenen Miteinander und zum anderen auf der Erarbeitung einer guten und praktikablen, nicht jedoch einer perfekten Lösung.

wiederum zeigt sich in unruhigem Wippen, Fingerspielen (Verknoten, Trommeln auf der Tischplatte, Kugelschreiber klickern) und Umschlingen der Stuhlbeine. Setzen Sie sich so angenehm und entspannt wie möglich hin, da der Gesamteindruck für das Prüfungskomitee wichtig ist.

Beispielaufgaben: Allgemeine Themen
- Wie lange wird der Wirtschaftsaufschwung in Deutschland anhalten?
- Wie lässt sich der Energieverbrauch in unserem Unternehmen reduzieren?
- Welche Eigenschaften sollte eine gute Führungskraft haben?
- Wie sieht eine gute Mitarbeiterzeitung aus?

Beispielaufgaben: Themen mit Branchenbezug
- Wie bewerten Sie die Optionen organischen gegenüber externen Wachstums in der Konsumgüterindustrie?
- Was wäre für Sie eine erfolgreiche Marketingstrategie für die Markteinführung einer Haarstylingserie speziell für die Zielgruppe der unter 20-Jährigen?
- Wie kann eine kontinuierliche Verbesserung der Maßnahmen zur Qualitätssicherung in der Nahrungsmittelproduktion gewährleistet werden?
- Wie kann ein bestmögliches Customizing (Anpassung an Kundenwünschen) in der Marketingorganisation umgesetzt werden?
- Sollen wir für unsere Premium-Eismarke eine eigene facebook-Seite gestalten oder nicht?

ii) Gruppendiskussion mit vorgegebenen Rollen

Eine Gruppendiskussion mit vorgegebenen Rollen hat starke Ähnlichkeiten mit der Rollenspielübung. Vor Beginn der Übung erhalten Sie eine Beschreibung der Aufgabe und Ihrer Rolle mit definierten Merkmalen und Forderungen, die Sie zu vertreten haben. Die Grundlage stellen schriftliche Regieanweisungen und Informationsmaterialien dar, die eine fiktive unternehmerische Situation erklären und Managemententscheidungen erfordern. Die Rollen der anderen Teilnehmer sind Ihnen nur grob bekannt; meist kennen Sie nur deren Position oder Funktion im Unternehmen. Zentral für Ihren Erfolg ist, dass Sie die Standpunkte, Interessen und Beweggründe der anderen Teilnehmer schnellstmöglich herausfinden. Das Ziel der Gruppe ist es dann, einen Ausgleich bzw. einen Vorschlag zur Aufgabenlösung zu erarbeiten.

> **Tipp**
>
> Bei der Gruppendiskussion mit vorgegebener Rolle werden Sie daran gemessen, wie gut Sie für die Interessen der von Ihnen vertretenen Person eintreten. Vergessen Sie Ihre persönliche Meinung und versuchen Sie, sich so gut wie möglich in Ihre Rolle einzufinden und aus dieser heraus zu argumentieren.

Beispielaufgabe: Product Launch
Sie sind Produktmanager und sollen mit Ihren Kollegen aus Forschung & Entwicklung, Produktion und Logistik die Vorgehensweise

zur Markteinführung eines neuen Produktes diskutieren und eine Ablaufempfehlung für die Geschäftsführung formulieren. Sie haben dazu 45 Minuten Zeit.

Varianten zu der reinen Diskussion können ein kurzes Projekt oder eine Case Study sein. Hierbei wird das Zusammenwirken aller Mitspieler noch wichtiger, da es sein kann, dass jeder Teilnehmer aus seiner Rollenbeschreibung über unterschiedliche Informationen verfügt, die erst im Austausch miteinander das Gesamtbild ergeben. Daher müssen Sie innerhalb der Gruppe zunächst jedem Teilnehmer alle Informationen zugänglich machen. Sofern Ihnen Medien wie beispielsweise ein Flipchart zur Verfügung gestellt werden, sollten Sie diese auf jeden Fall nutzen, um eine transparente Übersicht aller Informationen zu erstellen. Gehen Sie bei der Sammlung, Sortierung und Interpretation der Informationen systematisch vor und achten Sie darauf, alle Mitarbeiter im Boot zu haben.

Trainingsaufgabe: Fallstudie Produktdesign
Sie sind in einer Gruppenübung mit vier Teilnehmern, die unterschiedliche Rollen wahrnehmen: ein Marktforscher, ein Produktmanager, ein Controller und ein Kollege aus Forschung & Entwicklung. Sie arbeiten an einem neuen Produkt und verlangen basierend auf Ihren jeweiligen Anforderungen unterschiedliche und sich teilweise widersprechende Eigenschaften des Produktes. Das Produkt und die geforderten Eigenschaften werden zwecks Vereinfachung in Form von Legosteinen gewünscht. Sie sollen abschließend ein fertiges Produkt aus Legosteinen und das dazugehörige Marketingkonzept vorstellen. Auf Ihrer Regieanweisung finden Sie Informationen für Ihre Rolle. Jeder Person liegt eine andere Regieanweisung vor, die nur der jeweiligen Person bekannt ist:

Marktforschung: Das Produkt muss eine ausgefallene Form und besondere Ästhetik aufweisen. Es müssen alle Farben der zur Verfügung stehenden Legosteine verwendet werden, damit das Produkt möglichst bunt ist.

Marketing: Das Produkt soll mindestens zehn Reihen hoch und vier Reihen breit sein. Rote Steine müssen weiße Steine berühren. Rote Steine sollen mindestens in zwei aufeinander folgenden Reihen verbaut werden. Blaue Steine dürfen die gelben Steine nicht berühren. Schwarze Steine sollen vermieden werden.

Forschung & Entwicklung: Mehr als zehn Reihen in der Höhe sind instabil und können aus Gründen der Produktsicherheit nicht realisiert werden. Die chemischen Strukturen verlangen, dass schwarze auf rote, und rote auf weiße Steine folgen. Blaue Steine können nicht verwendet werden.

Controlling: Aus Kostengesichtspunkten (Material- und Transportkosten) ist das Produkt so kompakt wie möglich zu gestalten. Schwarze und weiße Steine sollen so viel wie möglich verbaut werden.

Insgesamt können wegen des Kostendrucks nur vier verschiedene Farben – inklusive schwarz und weiß – verwendet werden.

Es stehen Ihnen Papier, Stifte, eine große Kiste mit Legosteinen, ein Flipchart, ein Overheadprojektor und Folien zur Verfügung. Sie haben 60 Minuten Zeit für die Produktgestaltung, die Erarbeitung und Präsentation des Marketingkonzeptes.

Lösungshinweis: Es gibt sicherlich viele verschiedene Lösungsansätze. squeaker.net präsentiert Ihnen eine Musterlösung, die auf Interaktion, Projektleitung, Delegation und Teamwork setzt.

Relativ schnell wird Ihnen klar, dass zuerst eine einheitliche Informationslage für alle Teammitglieder geschaffen werden muss. Bestimmen Sie also einen Teamleiter, der diesen Prozess koordiniert. Von Anfang an sollten Sie sich als Gruppe zeitliche Vorgaben setzen. In diesem Fall könnte dies so aussehen: 30 Minuten für die Produkterstellung, 20 Minuten für die Erstellung des Konzeptes zur Markteinführung sowie fünf Minuten für die eigentliche Präsentation. Die weiteren fünf Minuten verbleiben als Puffer. Nachdem Sie alle Informationen gesammelt haben, ordnen Sie diese nach zwingend vorgeschriebenen Anforderungen (Muss) und den wünschenswerten Eigenschaften (Kann). Die sich widersprechenden Anforderungen müssen diskutiert und eine Einigung sollte herbeigeführt werden. Nach diesem Prozess steht eine grobe Skizze des Produktes und ein Teil der Gruppe kann, geführt von dem Mitarbeiter aus Forschung & Entwicklung, mit dem Bau des Produktes beginnen. Die anderen Personen können sich der Arbeit am Marketingplan widmen. Dieses parallele Vorgehen eignet sich besonders bei Zeitdruck.

Für die spätere Präsentation sind damit sogleich die Rollen vergeben. Jedes Gruppenmitglied sollte den Teil präsentieren, bei dem er während der Erarbeitung Feder führend war. So kann jeder seine Punkte in einer knappen Minute darstellen. Der Projektleiter kann eine kurze Einleitung und die Prozessdokumentation übernehmen. Der Produktentwickler erklärt den Produktaufbau, wobei er vom Controller ergänzt wird, der die Restriktionen erläutert. Der Marktforscher vervollständigt die Anforderungen und erklärt den Nutzen für die Zielgruppe. Der Marketingmanager und der Projektleiter runden den Vortrag mit einigen schließenden Bemerkungen zum Marketing-Mix ab.

> **Tipp**
>
> Natürlich sollten Sie ein konkretes Produkt aus Legosteinen als Ergebnis vorweisen können, jedoch geht es bei dieser Übung vielmehr um den Prozess der Problemlösung und den Umgang miteinander innerhalb des Teams. Achten Sie also besonders auf Ihre soziale Interaktion und Ihre Kooperationsbereitschaft. Bei Fallstudien und kurzen Projekten sind Teamwork, gute Informationspolitik sowie eine zielgerichtete, systematische Vorgehensweise gefragt.

Beispielaufgabe: Konstruktionsübung

In manchen Unternehmen wird eine sogenannte Konstruktionsübung als interaktive Gruppenaufgabe eingesetzt. Ihre Teamaufgabe ist es, einen Turm oder eine Brücke zu bauen. Als Arbeitsmittel erhalten Sie dazu lediglich Papier, Schere und Klebstoff. In der vorgegebenen Zeit sollen Sie das gefragte Objekt bauen, das möglichst hoch oder lang und dazu stabil und originell sein soll.

Bei dieser Übung sind nicht nur Kreativität und ein vorzeigbares Produktergebnis gefragt, sondern vor allen Dingen ein konstruktives Teamverhalten. Die Prüfer beobachten sehr genau, wie sich die Gruppe auf das Vorgehen einig, wer sich mit seiner Idee durchsetzt, und wer das Projekt führt. Die Übung ist in jedem Fall zu schaffen – zeitlich wie technisch. Wenn Sie kein fertiges Objekt vorweisen können, gilt die Konstruktionsübung im Allgemeinen als gescheitert. Lassen Sie sich auf diese Übung ein und gehen mit Freude an die Sache. Mit Begeisterung lässt sich diese Aufgabe am besten lösen.

Es empfiehlt sich, zunächst ein kurzes Brainstorming durchzuführen (vgl. Abschnitt »Kreativtests« in Kapitel D.). Die Gruppe sollte sich danach auf einen Projektkoordinator einigen. Häufig ist dies derjenige, der danach fragt oder der die Idee hatte, die sich durchgesetzt hat. Der Projektleiter koordiniert alle Tätigkeiten – viele können in der Regel parallel durchgeführt werden – und behält die Zeit im Auge.

Bringen Sie unbedingt Ideen ein und werben Sie für Ihre Idee. Verteidigen Sie die Vorteile Ihrer Idee, doch versuchen Sie nicht, diese um jeden Preis durchzusetzen. Vielleicht gibt es ja bessere Ideen von anderen Teammitgliedern, die Sie anerkennen können und sollten. Viele Unternehmen sehen natürlich gerne eine gewisse Durchsetzungsfähigkeit und Überzeugungskraft, ebenso wichtig ist jedoch auch, andere gewähren zu lassen, wenn es im Sinne des Gesamtergebnisses ist. Achten Sie immer darauf, die Balance zwischen kooperativem Verhalten und Ihrem Durchsetzungsvermögen sowohl bezüglich Ihrer eigenen Vorschläge als auch bezogen auf die Erreichung des Zieles zu halten.

Der Schlüsselmoment bei der Konstruktionsübung ist das Zusammenfügen aller separat in Teilgruppen gebauten Module und der anschließende Test der gemeinsamen Konstruktion. Den Teamerfolg können Sie alle zusammen feiern. Der Projektkoordinator übergibt oder präsentiert, sofern gewünscht, das Modell.

iii) Gruppendiskussion mit Moderator
Bei diesem Aufgabentyp wird die Rolle des Moderators einer Person konkret zugewiesen – vielleicht ja sogar Ihnen. Die zu moderierende Gruppe kann sich entweder aus den anderen Bewerbern oder aus den Beobachtern zusammen setzen. Die Fähigkeit, eine Gruppe zu moderieren, gilt als eine wichtige Kernkompetenz für abteilungs- und/oder funktionsübergreifende Projekte, bei denen viele Mitarbeiter mit unterschiedlichen Denkweisen und Interessen zusammen kommen. Führungskräfte stehen oftmals vor der Herausforderung, Aufgaben gerecht zu delegieren, die Gruppenmitglieder zu motivieren und ihre Stärken zu mobilisieren. Daher wird diese Fähigkeit gerne in AC-Übungen getestet.

Ein guter Moderator wird im besten Fall kaum wahrgenommen. Ganz unaufdringlich und fast nebenbei schafft er die optimalen

Rahmenbedingungen für die Gruppenarbeit. Je besser der Arbeitsfluss läuft und die Teilnehmer miteinander auskommen, desto weniger wird er gebraucht. Denken Sie daran: Kreativität benötigt eine entspannte Atmosphäre. Deshalb ist es wichtig, als Moderator nicht wie ein Befehlshaber aufzutreten. Es gilt, die die Gruppenmitglieder anzuleiten, jedoch nicht autoritäre Befehle zu erteilen. Als Moderator ist es Ihre Aufgabe, die Rahmenbedingungen im Blick zu halten, nicht jedoch konkret Aufgaben zu verteilen. Achten Sie darauf, dass alle Personen eingebunden sind und haben Sie den Fortgang der Arbeit im Blick, so dass ein Arbeitsergebnis in der vorgegebenen Zeit sichergestellt ist.

Der Moderator begrüßt die Gesprächsteilnehmer und stellt sie vor, sofern sie sich nicht schon kennen. Anschließend nennt er das Thema, die Aufgabe der Gruppe und gibt – wenn es eine komplexere Aufgabe ist – eine Struktur vor. Die einzelnen Punkte, die diskutiert werden sollen, müssen für jeden Teilnehmer sichtbar vorliegen, beispielsweise auf einem Flipchart. Dieser Anfang ist wichtig: Erstens versetzen Sie alle Teilnehmer in die gleiche Ausgangslage, außerdem etablieren Sie so Ihre Funktion als Moderator. Während des Treffens achten Sie darauf, dass alles reibungslos und fair zugeht. Sie verhindern, dass sich Einzelne aufspielen und andere ausstechen. Dafür können Sie in solch einer Situation z. B. nachfragen, ob der Rest der Gruppe derselben Meinung ist. Wenn die Diskussion abschweift, müssen Sie die Teilnehmer zurück auf das Thema bringen. Eine Möglichkeit ist, die neue Frage in einem »Ideenspeicher« festzuhalten und später zu diskutieren. Oft erübrigen sich solche Randpunkte, wenn das eigentliche Thema vorankommt. Die Fragen sollten Sie aber keinesfalls vergessen! Dies könnte als Manipulation empfunden werden. Oft sind Beiträge zu technisch oder zu anspruchsvoll. Teilnehmer ohne das nötige Hintergrundwissen sind dann oft aus der Diskussion ausgeschlossen, wollen sich aber nicht die Blöße geben, nachzufragen. Hier müssen Sie als Moderator selbst nachfragen oder Details erklären.

Sie dürfen es aber nicht übertreiben. Je besser eine Diskussion läuft, desto mehr müssen Sie sich als Moderator heraus- oder zumindest zurückhalten. Sie sollten vor allem Ihre eigene Meinung niemandem aufdrängen oder eigene Inputs einbringen, denn damit würden Sie Ihre neutrale Position verlassen. Wenn Sachfragen auftauchen, dann gibt der Moderator sie an die Gruppe zurück. Als Moderator sind Sie für den Ablauf der Diskussion verantwortlich, nicht für ihren Inhalt. Am Ende ist es die Aufgabe des Moderators, Zwischenergebnisse und Ergebnisse festzuhalten. Sie sollten dabei darauf achten, dass keine Unklarheiten oder Zweifel bestehen bleiben. Die Ergebnisse müssen klar formuliert und aufgeschrieben werden. Es macht keinen Sinn, eine Diskussion erneut aufrollen zu müssen, weil nicht jeder das Ergebnis verstanden hat und am Ende möglicherweise nicht damit einverstanden ist.

Feedbackrunde: Peer-Review

Im weiteren Verlauf des AC – beispielsweise in einem Einzelinterview oder im abschließenden Feedbackgespräch – werden Kandidaten häufig gefragt, wie sie die Diskussionsrunde oder die Gruppenübung erlebt haben und wie sie den eigenen Beitrag und den der anderen Teilnehmer einschätzen. Mit detaillierten Fragen wie: »Wer hat die Gruppe geführt?« oder »Wer hat am meisten und wer am wenigsten zum Ergebnis beigetragen?« werden Sie als Kandidat in die Bewertung mit einbezogen. Wenn beispielsweise alle Teilnehmer einer Gruppe ein oder zwei Mitglieder besonders negativ erlebt haben, bleibt dies für die genannten Personen nicht ohne Konsequenzen. Hüten Sie sich vor scheinbar harmlosen Fragen wie »Mit wem aus der Gruppe würden Sie am ehesten einen gemeinsamen Urlaub planen?« oder »Wen würden Sie als Begleiter zu einer gefährlichen Expedition mitnehmen?« Bei Fragen zu Ihren Wettbewerbern ist diplomatisches Geschick gefragt: Zeigen Sie Anerkennung für gute Leistungen und aufrichtiges Mitgefühl, wenn sich jemand offensichtlich blamiert haben sollte. Treffen Sie jedoch noch keine abschließenden Urteile oder Bewertungen – selbst wenn Sie dazu aufgefordert werden – und äußern Sie sich in keinem Fall abschätzig oder herablassend. Die schlussendliche Bewertung der Gruppe und der Einzelnen liegt bei den Beobachtern.

III. Gesprächsformate

Keine Einstellung findet ohne ein vorheriges Bewerbungsgespräch statt. Das persönliche Bewerbungsgespräch ist die komplexeste »Testsituation« für Sie auf dem Weg zum ersehnten Job. Hier geht es nicht nur um Ihre Qualifikation, sondern um Sie als gesamte Person – mit Ihrem Auftreten, Ihrer Gestik und Mimik. Im Telefoninterview entfallen diese, doch das telefonische Gespräch ist ebenfalls nicht zu unterschätzen. Das folgende Kapitel gibt Ihnen wertvolle Tipps für eine sorgfältige Vorbereitung und für ein erfolgreiches Bestehen beider Gesprächsformate.

1. Telefoninterview

Nach der Sichtung der schriftlichen Bewerbungsunterlagen nutzen viele Unternehmen Telefoninterviews für das zweite Screening der Bewerber. Ein Telefoninterview spart gegenüber einem persönlichen Gespräch Zeit und Geld, testet aber auch Ihre soziale Kompetenz. Während des Telefongesprächs kann der Personaler sich ein Bild machen von Ihrer Kommunikationsfähigkeit sowie von Ihrer Flexibilität bei Reaktionen auf überraschende Fragen. Weiterhin wird die Konsistenz und Stichhaltigkeit Ihrer Angaben im Lebenslauf überprüft. Die gestellten Fragen im Telefoninterview können grundsätzlich die gleichen sein wie im persönlichen Gespräch. Daher sollten Sie das Telefoninterview ebenso ernst nehmen wie das Bewerbungsgespräch beim Unternehmen vor Ort.

Nachdem Sie Ihre Bewerbungsunterlagen versandt haben, sollten Sie jederzeit vorbereitet sein auf einen Anruf des Unternehmens. Seien Sie erreichbar und stellen Sie sicher, dass Ihre Mobilbox seriös besprochen ist. Ein »Richtige Nummer, falscher Zeitpunkt.« mag Ihr Freundeskreis amüsant finden, professioneller ist jedoch eine Ansage, die Ihren vollen Namen enthält. Weiterhin sollten Sie darauf achten, dass Ihr Akku immer geladen ist. Nichts ist unangenehmer, als von einem versagenden Akku unterbrochen zu werden und Ihren Rückruf mit einer umständlichen Erklärung beginnen zu müssen.

Der erste Anruf, den Sie vom Unternehmen erhalten, dient in aller Regel dazu, einen Termin für das eigentliche Telefoninterview zu vereinbaren. Lassen Sie sich auf keinen Fall darauf ein, ein spontanes und unvorbereitetes Gespräch zu führen. Jeder Personaler wird Verständnis dafür haben, und mehr noch: Sie machen einen souveräneren Eindruck, wenn Sie nicht demütig jederzeit für ein Gespräch verfügbar sind. Schließlich bedarf das Gespräch einer gründlichen Vorbereitung, für die wir Ihnen im Folgenden hilfreiche Tipps geben.

Die Vorbereitung: Fertigen Sie ein Telefonskript an!

Im Telefoninterview werden Sie typischerweise zu Ihrem Lebenslauf und zu Ihrer Motivation für die Bewerbung bei dem jeweiligen Unternehmen befragt. Ebenso können Fragen zu Ihren Stärken und Schwächen, also Ihren »Baustellen« vorkommen. Dabei können die Fragen sehr offen und auffordernd gestellt werden. In diesem Fall ist es noch wichtiger, dass Sie strukturiert antworten.

Damit Sie während des Telefoninterviews nicht zu knapp, zu ausschweifend oder zu unstrukturiert antworten und so einen schlechten Eindruck hinterlassen, empfehlen wir Ihnen, dass Sie sich unbedingt gründlich vorbereiten. Hierzu können Sie vorab ein Telefonskript anfertigen, das die wichtigsten Stichwörter enthält, die Sie im Gespräch einbringen wollen und Ihnen einen roten Faden ermöglichen. Diese Stichwörter müssen vor allem die »Highlights« Ihres Lebenslaufes widergeben. Fassen Sie daher als vorbereitende Übung Ihre wichtigen Stationen im Lebenslauf in kurzen Sätzen zusammen. Im Falle von Auslandsaufenthalten für Studium oder Praktikum sollten Sie sich diese Gedanken gleichzeitig auch in der jeweiligen Fremdsprache machen. So sind Sie auch auf plötzliche Sprachwechsel im Interview vorbereitet, die häufig eingesetzt werden, um Ihre Fremdsprachenkenntnisse zu überprüfen.

Für Ihre Vorbereitung: In der folgenden Tabelle haben wir einige Fragen für Sie zusammengestellt, die Ihnen begegnen können. Überlegen Sie sich Stichworte für Ihre Antworten und notieren Sie diese. Haben Sie einmal etwas schriftlich festgehalten, so merken Sie es sich besser. Machen Sie sich darüber hinaus Gedanken, welche weiteren Fragen Ihnen wohl gestellt werden könnten! Schauen Sie sich Ihren Lebenslauf kritisch und am besten mit den Augen eines Fremden an: Welche Fragen ergeben sich? Notieren Sie diese und überlegen Sie sich ebenfalls prägnante, aber aussagekräftige Antworten! Doch begehen Sie nicht den Fehler, Ihre Antworten bereits vorzuformulieren und später abzulesen. Dies würde unauthentisch wirken und spätestens im persönlichen Gespräch würde der Personaler Sie entlarven.

Übrigens: Diese Übung ist auch eine ideale Vorbereitung auf das spätere persönliche Gespräch. Daher geben wir Ihnen im nächsten Kapitel Tipps, wie Sie auf diese und auf weitere mögliche Fragen reagieren können.

> **Tipp**
>
> **Telefonskript anfertigen**
> Das Anfertigen eines Telefonskriptes ist die beste Vorbereitung auf ein Telefoninterview. Überlegen Sie sich vorab, welche Themen Ihnen wichtig sind und halten Sie Stichworte fest. So stellen Sie sicher, dass Sie im Gespräch auf den Punkt kommen.

Mögliche Fragen	Stichworte für Ihre Antwort
»Erzählen Sie von sich! Was haben Sie in den letzten Jahren getan?«	
»Was sind für Sie die wichtigsten Stationen in Ihrem Lebenslauf?«	
»Erzählen Sie von Ihrem Praktikum bei xy. Was haben Sie dort gelernt?«	
»Wo hatten Sie große Hürden zu überwinden und wie haben Sie das geschafft?«	
»Warum haben Sie sich ausgerechnet bei uns beworben?«	
»Haben Sie noch Fragen an uns?«	
(Platz für weitere Fragen)	

Die wichtigsten Fakten zum Unternehmen sollten Sie sich bereits vor Absenden Ihrer Bewerbungsunterlagen angeeignet und bereits im Kopf haben. Tiefergehende Informationen sowie Ihre Fragen zum Unternehmen schreiben Sie in Ihr Telefonskript. Für die Recherche zu Informationen über das Unternehmen sind die Unternehmens-Homepage und der Geschäftsbericht hervorragende Informationsquellen. Das Markenportfolio, die Unternehmensstrategie, Finanzkennzahlen sowie Interviews mit dem Top-Management können wichtige Zusatzinformationen liefern, die Ihnen tiefergehende Fragen erlauben. Bemühen Sie sich also, keine zu banalen Fragen an das Unternehmen zu formulieren, sondern Fragen, die dokumentieren, dass Sie sich bereits intensiv mit dem Unternehmen auseinander gesetzt haben.

Vor dem Telefonat: Schaffen Sie ein ideales Umfeld!
Wenn Sie unsere Übung gemacht haben, sind Sie inhaltlich bestens auf Ihr Telefoninterview vorbereitet. Unmittelbar vor dem Gespräch treffen Sie noch folgende Vorbereitungen: Haben Sie Ihre Bewerbungsunterlagen griffbereit. Ebenso etwas zu schreiben sowie Ihren Kalender, damit Sie am Ende des Gesprächs eventuell einen Termin für das persönliche Vorstellungsgespräch vereinbaren können. Wählen Sie einen Ort, an dem Sie sich wohl fühlen, an dem Sie aber »arbeiten« können. Auf der Couch liegend können Sie Ihre Unterlagen sicherlich nicht so organisieren wie an einem Schreibtisch. Weiterhin ist wichtig, dass Sie in dieser Zeit ungestört sind. Wenn andere Personen in Ihrer Nähe sind, informieren Sie diese im Vorfeld über das Gespräch und bitten, nicht gestört zu werden. Andere Telefone sollten Sie lautlos stellen, damit Sie so wenig wie möglich abgelenkt werden. Ihre Konzentration ist wesentlich für den Erfolg des Gesprächs. Mentale Abwesenheit wird von Ihrem Interviewer sofort bemerkt und wirft ein schlechtes Licht auf Sie.

Eine Grundregel für das Gespräch lautet: Verhalten Sie sich so, als ob Ihr Gesprächspartner Sie sehen könnte! Auch, wenn der Personaler Sie nicht sehen kann, so werden Ihr Verhalten und Ihre Körperhaltung doch Einfluss auf Ihre Stimme haben. Und diese ist elementar dafür, wie Sie wahrgenommen werden, da Mimik und Gestik im Kontext eines Telefongesprächs entfallen. Für Ihre Haltung bedeutet dies, dass Sie eine aufrechte Sitzposition einnehmen oder stehen bleiben. Auch die Wahl Ihre Kleidung ist wichtig. Sie müssen sich nicht so kleiden wie Sie es für das persönliche Bewerbungsgespräch tun würden, doch kleiden Sie sich ruhig etwas sorgsamer als gewöhnlich. Dies wird dem Telefoninterview die Ernsthaftigkeit und Seriosität verleihen, die angebracht ist. Wenn Sie im Jogginganzug auf dem Fußboden rumlungern, könnte es Ihnen vielleicht passieren, dass Sie in einen zu saloppen und umgangssprachlichen Ton verfallen.

Unterschätzen Sie auch nicht die Macht des Lächelns. Ein entspannter und freundlicher Gesichtsausdruck schlägt sich ebenfalls Ihrer Stimme nieder und wirkt angenehm und positiv auf Ihren Interviewpartner. Sprechen Sie deutlich, betont und nicht zu schnell. Ein schnelles Sprechtempo kann den Eindruck von Aufregung und Nervosität noch verstärken. Gegen innerliche Aufregung, eine zitternde Stimme oder den bekannten Frosch im Hals hilft gezieltes In-den-Bauch-Atmen. Außerdem können Sie sich strecken und zusammenkauern, alle Muskeln anspannen und wieder entspannen, damit der Körper gelockert wird.

Im Gespräch: Antworten Sie prägnant und strukturiert!
Nun ist es soweit. Ihr Telefon klingelt und das Telefoninterview beginnt. Seien Sie zu Beginn nicht zu voreilig. Ihr Interviewer wird

---

Tipp

Stellen Sie sich vor, Ihr Telefon-Gesprächspartner kann Sie sehen – und verhalten Sie sich auch genau so. Wenn Sie freundlich lächeln und natürlich gestikulieren, so wirkt sich das auf Ihre Stimme aus und damit auf den Eindruck, den Ihr Gesprächspartner am Telefon von Ihnen erhält.

das Gespräch eröffnen und Ihnen mit seiner ersten Frage den Startschuss geben. Sie sollten in erster Linie strukturierte Antworten geben. Seien sie nicht zu ausführlich und ausufernd, aber auch nicht zu kurz angebunden. Für den Personaler ist es anstrengend, Ihnen alle Informationen in Einzelfragen zu entlocken, aber auch mühsam, wenn Sie nicht auf den Punkt kommen.

Wenn Sie über Ihre Stationen im Lebenslauf sprechen, sollten Sie vermeiden, Unternehmensnamen, Positionen und Tätigkeiten lediglich aufzuzählen. Diese Informationen hat Ihr Gesprächspartner vor sich in Ihrem Lebenslauf. Vermitteln Sie weiterführende Informationen, in dem Sie über Ihre konkreten Erfahrungen und Herausforderungen sprechen und damit signalisieren, welche Kenntnisse und Fähigkeiten Sie für die ausgeschriebene Stelle mitbringen.

Stellen Sie auch Zwischenfragen und gestalten Sie das Gespräch als Dialog. So vermeiden Sie eine »Verhörsituation« und den monotonen Frage-Antwort-Charakter. Lassen Sie die Zwischenfragen in das Gespräch einfließen, aber unterbrechen Sie Ihren Gesprächspartner nicht. Stattdessen können bestätigende und zustimmende Äußerungen ruhig getätigt werden. Der Personaler wird im Allgemeinen den Ablauf vorgeben, jedoch wird es in aller Regel geschätzt, wenn der Bewerber von sich aus Schwerpunkte gemäß seinem Lebenslauf setzt. Es liegt in Ihrer Verantwortung, die richtigen Punkte anzusprechen, durch die Sie sich von Ihren Wettbewerbern hervorheben.

> **Tipp**
>
> Gestalten Sie das Gespräch als Dialog, in dem auch Sie Fragen stellen. So vermeiden Sie ein monotones, langweiliges Interview und durch intelligente Fragen wirken Sie interessiert und erfrischend auf den Interviewer.

Sprechen Sie Ihren Gesprächspartner ab und zu mit seinem Namen an, um eine verbindliche Gesprächsatmosphäre zu schaffen. Sehr professionell und entgegenkommend wirken Sie, wenn Sie Sätze mit »Sie« statt mit »Ich« formulieren. Anstelle von »Ich sende Ihnen ...« sagen Sie »Sie erhalten von mir ...«. Signalisieren Sie auch Ihre Bereitschaft, weitere Auskünfte zu Ihrer Person und zu Ihrem Hintergrund zu geben: »Welche anderen Informationen über meine Ausbildung sind wichtig für Sie?«

Gegen Ende des Interviews wird der Personaler Ihnen Zeit für Ihre Fragen einräumen. Wählen Sie in Abhängigkeit vom Gesprächsverlauf zwei bis drei wichtige Fragen, die Sie sich bereits auf Ihrem Telefonskript stichwortartig vermerkt haben. Hierbei können Sie zeigen, dass Sie sich mit dem Unternehmen bestens vertraut gemacht haben. Vielleicht haben sich während des Gesprächs jedoch auch andere Fragen ergeben, die Sie nun stellen können.

Am Gesprächsende: Zeigen Sie Interesse und bedanken Sie sich!
Am Ende des Gesprächs zeigen Sie noch einmal deutlich Interesse an Ihrer Mitarbeit im Unternehmen. Geben Sie dem Interviewer das Gefühl, dass Sie ein klares Ziel im Blick haben, indem Sie den Fortgang des Bewerbungsprozesses erfragen und um eine Information bitten, wann Sie mit Feedback zum Gespräch rechnen können. Sagen

Sie, dass Sie sich über ein positives Feedback sehr freuen werden. Zum Schluss bedanken Sie sich beim Interviewer für das freundliche Gespräch, das Interesse an Ihrer Person sowie die Zeit, die sich Ihr Gesprächspartner für Sie genommen hat.

DOs	DONTs
Sie bereiten sich gut vor und fertigen ein Telefonskript an.	Sie riskieren bei Spontaninterviews keinen guten Eindruck zu machen.
Sie wählen einen geeigneten, ruhigen Ort für das Gespräch.	Sie lassen sich ablenken von Mitbewohnern, anderen Telefonen, …
Sie achten auf Ihre Haltung und Ihre Kleidung – und Sie lächeln!	Sie denken, Ihr Interviewer kann Sie nicht sehen und werden nachlässig.
Sie antworten klar und strukturiert.	Sie schweifen zu weit aus.
Sie stellen interessierte Zwischenfragen.	Sie fallen Ihrem Gesprächspartner ins Wort und wirken unhöflich.
Sie fragen nach dem weiteren Ablauf und wann Sie Feedback erhalten.	Sie verabschieden sich ohne einen Verbleib und wirken desinteressiert.

Wichtig: Im Telefoninterview können die gleichen Fragen gestellt werden wie im persönlichen Vorstellungsgespräch. Lesen Sie zu Ihrer Vorbereitung auf ein Telefoninterview daher unbedingt auch das folgende Kapitel über das persönliche Bewerbungsgespräch.

2. Vorstellungsgespräch

Das persönliche Vorstellungsgespräch findet nach dem Screening Ihrer Bewerbungsunterlagen und gegebenenfalls nach einem erfolgreichen Telefoninterview und/oder Tests bzw. Assessment Center statt. In der Regel werden mehrere Gespräche geführt. Zunächst findet ein Gespräch mit der Personalabteilung statt und erst wenn dieses positiv verlaufen ist, werden Sie eine oder oft auch mehrere Personen aus der Fachabteilung kennen lernen.

Nachdem Sie durch Ihre Bewerbungsunterlagen und in eventuellen Tests bereits von Ihrer grundsätzlichen Eignung überzeugen konnten, geht es im Vorstellungsgespräch neben dem nochmaligen Überprüfen Ihrer fachlichen Kompetenz vor allem um Ihre Persönlichkeit. In den Gesprächen soll vornehmlich herausgefunden werden, ob das Unternehmen und Sie zusammen passen. Im Fokus stehen daher die folgenden zwei Fragen:
- Warum sollen wir gerade Sie einstellen?
- Warum wollen Sie ausgerechnet zu uns?

Diese beiden Fragen müssen Sie dem Unternehmen auf jeden Fall überzeugend beantworten können, damit das Gespräch einen positiven Ausgang findet. Perfekte Standardantworten auf diese Fragen gibt es allerdings nicht. Stattdessen müssen Sie genau wissen, wer Sie sind, was Sie wollen und vor allen Dingen, warum (vgl. Kapitel »Welches Unternehmen ist das Richtige für mich?« in Kapitel C). Seien sie authentisch, offen, geradlinig und zielstrebig in der Beantwortung dieser Fragen und widmen Sie ihnen die meiste Zeit bei der Vorbereitung auf Ihre Gespräche.

Die Vorbereitung
Zur Beantwortung der obigen Fragen sollten Sie sich überlegen, was Sie für die Firma tun können und nicht umgekehrt. Welche Fähigkeiten und Kenntnisse bringen Sie mit? An welcher Stelle können Sie einen Mehrwert schaffen? Wo und wie können Sie Ihre Stärken einbringen? Die Beantwortung dieser Fragen setzt natürlich voraus, dass Sie sich über Ihre Stärken und Schwächen bzw. Ihre gesamte Persönlichkeit im Klaren sind. Blättern Sie noch einmal zurück zum Kapitel »Ihre Stärken und Schwächen – lernen Sie sich kennen!«. Wenn Sie die Übung in diesem Kapitel gemacht haben, sollten Sie sich bereits gut kennen.

Zur Vorbereitung sollten Sie noch einmal kurz und prägnant die wichtigsten Stationen Ihres Lebenslaufs zusammenfassen, damit Sie den roten Faden im späteren Gespräch nicht verlieren. Überlegen Sie sich für jedes Praktikum, das Sie absolviert haben, wie Sie Ihre Tätigkeit in wenigen Sätzen widergeben können und was Sie dort gelernt haben. Als Hochschulabsolvent sollten Sie auch in der Lage sein, das Thema Ihrer Bachelor- bzw. Masterarbeit mit den wichtigsten Ergebnissen in drei bis fünf Minuten auf den Punkt zu bringen. Sollten Sie zum Thema Ihrer Arbeit gefragt werden, dann zeigen Sie, dass Sie sattelfest sind und sich auskennen. Vielleicht können Sie sogar einen Bezug zwischen dem von Ihnen bearbeiteten Thema und dem Unternehmen herstellen. So dokumentieren Sie geistige Flexibilität und Interesse.

> **Tipp**
> Ihren Lebenslauf sollten Sie im Schlaf kennen. Stellen Sie sicher, dass Sie die wichtigsten Stationen jederzeit abrufen und die wichtigsten Punkte in zwei bis drei Sätzen auf den Punkt bringen können.

Idealerweise bringen Sie vor Ihrem Vorstellungstermin die Namen Ihrer Gesprächspartner so rechtzeitig in Erfahrung, dass Sie ausreichend Zeit haben für eine kurze Recherche über deren beruflichen Werdegang. Wenn die Personalabteilung Ihnen die Namen und Funktionen nicht von sich aus nennt, dann fragen Sie aktiv nach. Über die Firmen-Homepage, das Internet oder Business-Netzwerke wie XING oder LinkedIn können Sie einige Zusatzinformationen erhalten. Diese müssen Sie nicht im Gespräch verwenden, können für Sie aber relevantes Hintergrundwissen darstellen, das ein Verständnis für die Person ermöglicht und größere Überraschungen vermeidet. Sollten Sie vom Unternehmen die Namen der Interviewer nicht erhalten, kann es auch sein, dass man Ihre Belastbarkeit und Flexibilität prüft, in unvorhergesehenen Situationen mit verschiedenen unbekannten Gesprächspartnern zurecht zu kommen.

Folgende Checkliste hilft Ihnen, wichtige Formalien vor dem Gespräch zu klären:
- Haben Sie Ihren Interviewtermin schriftlich (E-Mail ist ausreichend) bei der Personalabteilung bestätigt und sich für die Einladung bedankt?
- Kennen Sie die Anfahrt zum Unternehmen? Wie viel Zeit benötigen Sie?
- Wer werden Ihre Gesprächspartner sein (Name, Abteilung, Funktion)?
- Wie viele Gespräche werden Sie an dem Tag haben? Wie lange werden diese ungefähr dauern? Werden es ausschließlich Einzelgespräche sein?
- Gibt es eine Stellenbeschreibung für die zu besetzende Position?
- Haben Sie sich die Imagebroschüre und/oder den Geschäftsbericht des Unternehmens besorgt (z. B. über die Firmen-Homepage)?

Interviewtypen
Der am häufigsten vorkommende Interviewtyp ist das Einzelinterview. Dennoch möchten wir Ihnen auch die anderen Arten von Interviews, das Panelinterview sowie das Stressinterview, vorstellen. Nach der Beschreibung des Stressinterviews stellen wir Ihnen bereits an dieser Stelle einige typische Fragen dieses Interviewtypens vor. Im Anschluss lesen Sie über den Ablauf des Vorstellungsgesprächs und über weitere Interviewfragen.

Einzelinterview
Das Einzelinterview sieht vor, dass Sie allein mit Ihrem Gesprächspartner ein Interview von 30 bis 60 Minuten führen. Oft folgen mehrere Einzelinterviews aufeinander. Sie geben Ihrem Interviewer Argumente an die Hand, warum Sie der geeignete Kandidat für die zu besetzende Position sind. Unsere Empfehlungen sind alle für den typischen Ablauf eines Einzelinterviews ausgerichtet. Beherzigen Sie unsere Tipps für Ihre Vorbereitung auf die gängigen Fragen eines Einzelinterviews.

Panelinterview
Eine herausfordernde Form des Interviews ist ein so genanntes Panelinterview, das beispielsweise bei Kraft Foods Anwendung findet. Sie werden von einer Expertengruppe aus dem entsprechenden Fachbereich und der Personalabteilung zu Ihrem Lebenslauf und Ihrer Motivation befragt. In der Regel werden Sie sich drei bis fünf Interviewern gegenüber sehen, die Ihnen abwechselnd Fragen stellen. Das Ziel und die Fragen des Panelinterviews sind identisch mit denen eines

Einzelinterviews. Es wird von Ihnen allerdings eine erhöhte Bereitschaft und Fähigkeit erwartet, sich gleichzeitig auf unterschiedliche Gesprächspartner einzustellen. Bewahren Sie stets Ruhe und fragen Sie lieber noch einmal nach, damit Sie sicher sein können, die Fragen richtig verstanden zu haben. Zeigen Sie, dass Sie auch mit dieser erweiterten Interviewsituation professionell umgehen können.

Stressinterview

In einem Stressinterview versucht der Interviewer, Sie durch provozierende oder einschüchternde Fragen zu verunsichern. Ihre Selbstsicherheit und Ihr Selbstvertrauen stehen auf dem Prüfstand. Für die Erstanstellung sind klassische Stressinterviews eher untypisch, dennoch können Ihnen immer wieder einzelne Fragen gestellt werden, die typisch für ein Stressinterview sind. Solche Fragen können sein:

1. Warum haben Sie in »Allgemeine BWL« nur eine »Drei«?
2. Sie liegen deutlich über der Regelstudienzeit. Warum?
Eine schlechtere Note oder eine lange Studienzeit kann gute Gründe haben. Lassen Sie sich von solchen Fragen nicht verunsichern, schließlich bedeuten sie kein Aus für Sie, sonst hätte man Sie überhaupt nicht zum Interview eingeladen. Haben Sie neben dem Studium gearbeitet? Gab es besondere, z. B. familiäre Belastungen während des Semesters »Allgemeine BWL«? Haben Sie Zeit im Ausland verbracht, so dass Ihre Studiendauer länger ist? Bringen Sie die Erklärungen selbstsicher vor.

3. Sind Sie ein typischer BWLer?
Auf diese Frage können Sie zunächst mit einer Gegenfrage reagieren: »Was ist denn ein typischer BWLer?« Seien Sie aber charmant dabei und lächeln wissend. So signalisieren Sie, dass Sie verstanden haben, auf welches Klischee angespielt wird, dass Sie ein Klischee aber dennoch hinterfragen und nicht einfach so hinnehmen.

4. Haben Sie viele Freunde?
Tappen Sie nicht in die Falle und sagen »Na klar!«. Eine reifere Antwort könnte z. B. sein: »Ich habe einen großen Bekanntenkreis, bin jedoch wählerisch, wen ich zu meinen wirklich guten Freunden zähle.« Mit dieser Antwort zeigen Sie gleichermaßen Ihre Aufgeschlossenheit und Kontaktfähigkeit, da Sie viele Bekannte haben, sowie Ihren Anspruch, weil Sie zwischen Bekannten und echten Freunden differenzieren können.

5. Sind wir nur ein Sprungbrett für Sie?
Durch diese Frage versucht der Interviewer herauszufinden, ob Sie Interesse an einer langfristigen Zusammenarbeit mit dem Unternehmen

haben oder ob nur der schillernde Firmenname bei Ihrem Berufseinstieg reizt. Ein Arbeitsverhältnis ist, wie jede andere Beziehung auch, ein Geben und ein Nehmen. Wenn das Gleichgewicht gewahrt ist, sehen Sie keinen Grund, Ihren Arbeitgeber zu verlassen. Wenn Sie so antworten, präsentieren Sie sich selbstbewusst und werden einen souveränen Eindruck hinterlassen.

Das Stressinterview zeichnet sich nicht allein durch den Inhalt der Fragen, sondern auch durch die Art und Weise des Fragens aus. Der Interviewer stellt Ihnen die Fragen recht kurz und knapp hintereinander, wechselt die Themen schnell und unterbricht Sie während Ihrer Antwort. Im schlimmsten Fall werden Ihre Antworten womöglich missbilligend kommentiert. Lassen Sie sich dadurch nicht aus der Ruhe bringen und nehmen Sie dies niemals persönlich. Glauben Sie auch nicht, dass Sie etwas falsch gemacht haben und das Interview nicht gut läuft für Sie. Diese Art des Interviewens dient lediglich dazu, Ihre Souveränität und Selbstsicherheit zu testen. Diese demonstrieren Sie am besten, indem Sie ruhig bleiben und Contenance wahren. Professionelle Interviewer werden Sie nach Ende des Gesprächs über Ihren Fragestil »aufklären« und Ihnen sagen, dass Sie nichts zu befürchten haben.

Der Ablauf des Vorstellungsgesprächs

Vorstellungsgespräche können je nach Unternehmen und Interviewpartner einen unterschiedlichen Verlauf haben. Die wenigsten Unternehmen strukturieren das Bewerbungsgespräche so, dass Ihnen jeder Gesprächspartner dieselben Fragen stellt (dies ist z. B. bei Procter&Gamble der Fall). Dennoch gibt es gewisse Gesprächsphasen, die sich in jedem Interview wieder finden:

- Aufwärmphase: Begrüßung und Vorstellung
- Interviewphase: Qualifikation, Motivation, Persönlichkeit
- Infophase: Arbeitgeber, Arbeitsbedingungen und Vertragliches
- Diskussionsphase: Fragen des Bewerbers, offenes Gespräch
- Schlussphase: Zusammenfassung, Verbleib

Behalten Sie im Kopf, dass Ihr Gesprächspartner in allen diesen Phasen zum Ziel hat, Sie als Mensch und potenziellen Mitarbeiter kennen zu lernen. Daher wird jederzeit darauf geachtet, ob Sie kommunikativ sind, sich strukturiert ausdrücken, sachlich argumentieren und auf Ihr Gegenüber eingehen können.

Bevor wir Ihnen die einzelnen Gesprächsphasen ausführlich vorstellen und Ihnen Tipps für jede Phase geben, möchten wir Ihnen zunächst drei grundlegende Regeln mit auf den Weg geben. Wenn Sie diese beherzigen, werden Sie auf jeden Fall einen guten Eindruck machen:

- Hören Sie gut und aufmerksam zu. Selbst scheinbar belanglose Informationen können Ihnen Aufschluss über den Menschen geben, der Ihnen gegenüber sitzt, und wie Sie mit ihm umgehen sollen. Schließlich entscheidet dieser über Ihre Einstellung.
- Antworten Sie offen und ehrlich. Bekennen Sie sich zu Ihren Qualifikationen, Stärken und Schwächen und verbiegen Sie sich nicht. Auf unzulässige Fragen müssen Sie natürlich nicht oder nicht wahrheitsgemäß antworten.
- Bleiben Sie stets gelassen und ruhig. Lassen Sie sich bei unangenehmen oder Stress auslösenden Fragen einen Augenblick Zeit, bevor Sie antworten. Oftmals geht es weniger um den Inhalt Ihrer Antwort als um Ihre Reaktion. Also bewahren Sie einen kühlen Kopf.

Aufwärmphase: Begrüßung und Vorstellung
Das Vorstellungsgespräch beginnt mit dem ersten Eindruck, den Sie selbst entscheidend beeinflussen können. Achten Sie also auf ein gepflegtes Äußeres (vgl. Abschnitt »(Ver)Kleidungstipps« in diesem Kapitel) und seien Sie pünktlich. Eine Verspätung ist nicht nur unhöflich und verschlechtert Ihre Ausgangsposition, sondern reduziert möglicherweise auch wertvolle Gesprächszeit. Prüfen Sie bereits am Vortag, wie viel Zeit Sie für die Anreise benötigen und planen ausreichend Zeit für sie ein. Am besten sind Sie zwischen fünf bis zehn Minuten vor dem vereinbarten Gesprächstermin bei Ihrem zukünftigen Arbeitgeber. Kommen Sie jedoch auch nicht früher als fünfzehn Minuten vor dem Termin an. Eventuelle Wartezeiten verbringen Sie bei einem kurzen Spaziergang oder in einem Café in der Nähe.

Geben Sie sich höflich, seien Sie jedoch nicht zu zurückhaltend oder gar verschlossen. Im Marketing und Vertrieb werden kommunikationsstarke Personen gesucht. Ein wenig Smalltalk über das Wetter und die Anreise zu Beginn des Gespräches lockert Sie und Ihren Gesprächspartner auf (vgl. Abschnitt »Smalltalk« in diesem Kapitel). Stöhnen Sie nicht über den langen Stau oder das schlechte Wetter. Indem Sie positiv bleiben, schaffen Sie von Anfang an eine gute und angenehme Gesprächsbasis. Nutzen Sie die ersten Minuten dieser Begegnungssituation, um Sympathie entstehen zu lassen.

Tipp

In der Regel empfindet der Gesprächspartner Sie so sympathisch wie Sie ihn. Gehen Sie daher offen und vorbehaltlos auf den Interviewer zu, damit Sympathie entstehen kann. Diese entscheidet auch über Ihre Einstellung.

Interviewphase: Qualifikation, Motivation, Persönlichkeit
Nach der Aufwärmphase werden Sie häufig aufgefordert, die wichtigsten Stationen in Ihrem Lebenslauf zu skizzieren: »Erzählen Sie uns etwas über sich und warum Sie sich bei uns beworben haben!« Das hört sich einfach an, testet aber bereits Ihre Fähigkeit, das Wesentliche vom Belanglosen zu trennen.

Konzentrieren Sie sich in diesem Teil des Gesprächs auf Ihre Hochschulausbildung, Ihre Praxiserfahrung und Ihre außeruniversitären Aktivitäten, insbesondere ehrenamtliches und soziales

Engagement. Beschönigen Sie Ihre Qualifikationen nicht übertrieben, aber stellen Sie Ihr Licht auch nicht unter den Scheffel, sondern präsentieren Sie sich selbstbewusst. Nach dieser allgemeinen Einstiegsfrage zur Eröffnung wird der Interviewer in aller Regel nachhaken und Detailfragen zu Ihrer Ausbildung und Ihrer Praxiserfahrung wie Praktika und Werkstudententätigkeiten stellen, um Ihnen auf den Zahn zu fühlen. Bei den Fragen zu Ihrer Praxiserfahrung möchte der Interviewer erfahren, was die Inhalte der Tätigkeiten waren und was Ihnen dabei viel und eher weniger Freude bereitet hat. Außerdem wird gerne nach erlebten Konflikten und Herausforderungen sowie Ihrem Umgang mit diesen gefragt.

Bereiten Sie Ihre Antworten auf die wichtigsten und häufigsten Fragen in Vorstellungsgesprächen vor. Diese haben wir Ihnen – inklusive einiger Hinweise und Tipps zur Beantwortung – nachfolgend zusammen gestellt:

1. Erzählen Sie uns etwas über sich!
Diese Aufforderung klingt zunächst banal, doch hinter dieser Frage verbirgt sich ein umfassender Test. Bei der Beantwortung einer einzelnen Frage demonstrieren Sie, dass Sie auf den Punkt kommen, Wesentliches vom Unwesentlichen unterscheiden und dass Sie sich strukturiert artikulieren können. Sprechen Sie zuerst die berufliche Ebene an, in dem Sie kurz Ihren Hochschulabschluss und Praxis- sowie Auslandserfahrungen skizzieren. Erst danach können Sie etwas über sich privat verraten. Begreifen Sie diese Frage als einmalige Chance, sich so darzustellen, wie Sie möchten und wie es für Sie vorteilhaft ist. Bedenken Sie, dass der Interviewer ständig auch eine Frage überprüft: Passt dieser Bewerber in unser Unternehmen?

2. Warum bewerben Sie sich für diese Position?
Diese Frage prüft Ihre Motivation und Ihr Interesse sowohl an der ausgeschriebenen Stelle als auch am Unternehmen selbst. Sie überprüft, ob die Position für Sie die erste Wahl oder nur ein Kompromiss oder sogar eine Notlösung ist. Bereiten Sie diese Standardfrage so gut vor, dass Sie in jedem Fall fünf Minuten flüssig über Ihre Beweggründe sprechen können. Denken Sie hierbei an die Mission und Werte des Unternehmens, an das Markenportfolio, die Unternehmenskultur sowie Erfahrungsberichte von Bekannten. Lassen Sie bei der Beantwortung aber nicht den Unterhaltungswert und die Spannung zu kurz kommen. Vermeiden Sie also unbedingt langweilige, zu theoretische Ausführungen. Diese Frage ist auch eine Gelegenheit zu zeigen, was Sie bereits über das Unternehmen wissen und damit, wie zielstrebig und gewissenhaft Sie bei Ihrer Berufswahl vorgehen. Der Interviewer wird hieraus auch auf Ihre Arbeitsweise im Berufsleben schließen.

3. Was sind Ihre Stärken und Schwächen?
Zu Beginn des Kapitels haben Sie sich bereits in der Tiefe mit Ihren Stärken und Schwächen auseinander gesetzt (vgl. Abschnitt »Lernen Sie sich kennen – Ihre Stärken und Schwächen«). Sie sollten diese Frage nun also aus dem Stegreif beantworten können. Auch ohne Vorbereitung mögen manche Bewerber Ihre Stärken und Schwächen benennen, bleiben bei Ihrer Antwort jedoch so knapp und allgemein, dass es auf den Interviewer unglaubwürdig oder ausweichend wirken mag. Auf jeden Fall müssen Sie dann mit Nachfragen rechnen. Wenn Sie Zielstrebigkeit und analytisches Denken als Ihre Stärken sehen, dann liefern Sie Ihrem Gesprächspartner am besten direkt auch die »Beweise«. Berichten Sie von Situationen, in denen Sie diese Stärken bereits erfolgreich einsetzen konnten. Z. B. haben Sie Ihr Studium zielstrebig unterhalb der Regelstudienzeit beendet und Ihr analytisches Denkvermögen haben Sie während eines Praktikums im Rahmen eines Projektes einbringen können. Bei der Beantwortung der Frage nach Ihren Stärken und Schwächen sollten Sie auf jeden Fall auf Ihre Stärken im beruflichen Kontext fokusieren.

4. Was war Ihr größter Erfolg? Und was war Ihr größter Misserfolg?
Bei dieser Frage möchte Ihr Gesprächspartner Ihre Leistungsbilanz einsehen und dabei auch Ihre Selbstwahrnehmung testen. Sie sollten sich bereits längst daran gewöhnt haben, an Erfolgen und Missfolgen gemessen zu werden. Wenn die Frage offen in beide Richtungen gestellt wird, so fokussieren Sie selbstverständlich auf Ihre Erfolge und berichten großzügiger von diesen als von Ihren Misserfolgen. Doch machen Sie sich nicht verdächtig, indem Sie von keinem Misserfolg berichten. Die Gefahr liegt nicht nur darin, dass der Interviewer glauben könnte, dass Sie Ihre Schwächen verheimlichen möchten, sondern vielmehr darin, dass er glauben könnte, Sie nehmen nur Aufgaben an, bei denen Sie kein Risiko eingehen. Zeigen Sie, dass Sie Herausforderungen annehmen und dass Sie auch mit Rückschlägen konstruktiv umgehen können.

Tipp

Wenn Sie von Ihren Misserfolgen sprechen, sollten Sie immer ehrlich zu Ihren Fehlern stehen. Gleichzeitig ist es wichtig darzulegen, was Sie aus ihnen gelernt haben, so dass Sie den gleichen Fehler kein zweites Mal machen.

5. Wo sehen Sie sich in fünf Jahren?
Mit dieser Frage will der Interviewer nicht nur Ihre Zukunftspläne erfahren, sondern vor allem die damit verbundene Motivation. Hier geht es um Ihren Ehrgeiz und Ihre Energie, Ihre Pläne zu verwirklichen. In Ihrer Antwort beschränken Sie sich ausschließlich auf Ihre beruflichen Ziele und Perspektiven. Zeigen Sie Zuversicht hinsichtlich Ihres Werdeganges, ohne dabei arrogant zu wirken. Geben Sie realistische, aber ambitionierte Ziele an, die zu Ihrem Lebenslauf und dem bisher Erreichten passen. Sicherlich unrealistisch wäre eine Antwort »Vorstand Ihres Unternehmens«. Benennen Sie eine Position, die im genannten Zeitraum als realistisch und angemessen erscheint (vgl.

Abschnitt »Karriereoptionen« in Kapitel B). Eine Aufgabe mit dem Wunsch nach erster Personalverantwortung ist beispielsweise eine adäquate Antwort.

6. Was machen Sie in Ihrer Freizeit am liebsten?

Der Interviewer möchte Sie durch diese Frage als Mensch mit Ihren ganz persönlichen Interessen, Neigungen und Aktivitäten kennen lernen. Seien Sie bei der Beantwortung dieser Frage auf detaillierte Nachfragen zu Ihren Hobbies und Interessen gefasst. Vielleicht ist Ihr Gesprächspartner selbst ein ambitionierter Segler, dann sollten Sie mit den Begriffen »Lee« und »Luv« natürlich etwas anfangen können. Sprechen Sie also nur über Interessen und Aktivitäten, bei denen Sie wirklich »zu Hause« sind. Vermeiden Sie eine Überbetonung sportlicher Aktivitäten insbesondere bei Risikosportarten wie Fallschirmspringen, Heli-Skiing oder Boxen, zeigen Sie ein ausgeglichenes und gesundes Freizeitverhalten. Auch wenn Sie ein vielseitig interessierter Mensch sind, sollten Sie nicht zu viele Freizeitaktivitäten nennen. Es könnte sonst schnell der Eindruck entstehen, dass Sie viel Zeit für Ihre Freizeit benötigen und wenig Zeit im Büro verbringen werden.

> **Tipp**
>
> Wenn Sie eine »gesunde Mischung« von Interessen und Hobbies nennen, so deutet das auf ein ausgeglichenes Wesen hin. Ein Beispiel wäre »Lesen + Fußball«. Sie können sich mit sich alleine beschäftigen, suchen gleichzeitig aber auch eine gesellige Aktivität wie einen Mannschaftssport.

7. Was möchten Sie über uns wissen?

Zu gegebener Zeit gibt es in jedem Interview einen Rollenwechsel: Nun sind Sie derjenige, der Fragen stellen darf. Merken Sie sich: An interessierten und klugen Fragen erkennt man den interessierten und klugen Bewerber. Sparen Sie sich in jedem Fall alle Fragen, die Sie längst im Vorfeld hätten klären können. Zeigen Sie auch bei dieser Frage, dass Sie sich auf Ihr Gespräch vorbereitet und bereits mit dem Unternehmen auseinander gesetzt haben. Dies ist der Moment, in dem Sie Ihr Detailwissen auspacken dürfen.

8. Haben Sie derzeit noch weitere Bewerbungen laufen?

Natürlich haben Sie noch weitere Bewerbungen laufen! Wäre es nicht naiv, alles auf ein Pferd zu setzen? Seien Sie jedoch vorsichtig, ob und wie Sie dies vermitteln. Der Interviewer versucht durch diese Frage herauszufinden, wie ernst Ihr Interesse an der Position und dem Unternehmen ist. Wie hoch ist Ihre Identifikation mit dem gerade laufenden Bewerbungsverfahren? Auf jeden Fall sollten Sie versuchen, Ihrem Gesprächspartner Ihre Priorität und Vorliebe für sein Unternehmen zu vermitteln. Sie könnten z. B. sagen »Ja, das habe ich. Mit Ihrem Markenportfolio kann ich mich jedoch am meisten identifizieren und so würde ich mich freuen, von Ihnen eine Zusage zu erhalten.« Wenn Sie bereits ein konkretes Alternativangebot haben, jedoch lieber zu dem Unternehmen möchten, bei dem Sie das aktuelle Gespräch haben, dann sagen Sie dies. Schließlich geht es nun darum, dass das Unternehmen sich schnell für oder gegen Sie entscheiden

> **Tipp**
>
> Sollten Sie schon Absagen erhalten haben, so erwähnen Sie diese auf keinen Fall. Der Interviewer könnte im schlimmsten Fall denken: »Wenn die Konkurrenz den Bewerber schon abgelehnt hat, dann scheint er nicht so geeignet zu sein.«

muss. Achten Sie allerdings darauf, nicht wie ein Pokerer oder gar drohend zu wirken, sondern bleiben Sie glaubwürdig und verbindlich.

9. Warum sollten wir gerade Sie einstellen?
Diese Frage ist ein absoluter Klassiker unter den Interviewfragen. Sie haben sich bereits mit Ihren Stärken und Schwächen auseinander gesetzt und daher sollte es Ihnen leicht fallen, die Eigenschaften und Fähigkeiten zu benennen, die für Sie sprechen. Beschränken Sie sich im Vorstellungsgespräch auf drei wesentliche Argumente, das ist völlig ausreichend. Unterstreichen Sie nicht nur Ihre Stärken als solche, sondern auch, welchen Wertbeitrag Sie mit diesen für das Unternehmen leisten können. Diese kurze Synopse zu Ihrer Person und Motivation sollten Sie durchaus vorher üben.

10. Wie hoch ist Ihre Stressresistenz?
Mit dieser Frage möchte der Interviewer etwas über Ihre Belastbarkeit im Arbeitsalltag erfahren. Wie viel kann man Ihnen zumuten? Wie gehen Sie mit Überstunden um? Und bei welchem Stresslevel bringt man Sie aus der Ruhe? Ebenfalls klopft diese Frage auch Ihre Frustrationstoleranz ab. Verlieren Sie schnell die Freude an Ihrer Arbeit, wenn unvorhergesehene Wochenendarbeit ansteht, oder können Sie auch einmal die Zähne zusammen beißen und Aufgaben konsequent zu Ende bringen? Auch bei der Beantwortung dieser Fragen wirken Sie am überzeugendsten, wenn Sie die berühmte Goldene Mitte finden. Sie sind darauf eingestellt, dass Sie nicht um 17 Uhr den Stift fallen lassen, jedoch halten Sie viel von der oft zitierten Work-Life-Balance. Kein großes und modernes Unternehmen kann es sich heute noch erlauben, seine Mitarbeiter auszubeuten, sondern wird Wert darauf legen, dass Sie Ihren Ausgleich finden. In Phasen mit großem Workload sind Sie natürlich bereit, Mehrarbeit zu leisten. Auf jeden Fall ist für Sie wichtiger, Ihre Aufgaben erfolgreich abzuschließen, als pünktlich das Büro zu verlassen. Ein Indikator für Ihre Stressresistenz ist auch Ihr Verhalten in angespannten Situationen. Sind Sie dann reizbar oder immer noch freundlich und hilfsbereit?

Ihre Stärken

Die Frage nach Ihren Stärken ist auch ein Test Ihres Selbstbewusstseins und Selbstvertrauens. Viele Kandidaten lassen sich durch sie aus der Ruhe bringen. Wie reagieren Sie? Werden Sie verlegen oder trauen sich nicht, Ihre Stärken zu unterstreichen? Wir empfehlen Ihnen, keine Scheu zu haben, Ihre Punkte selbstbewusst vorzubringen. Gleichzeitig sollten Sie jedoch sachlich bleiben und nicht übertreiben, sonst laufen Sie Gefahr, einen arroganten Eindruck zu hinterlassen.

Ihre Stressresistenz

Die Frage nach Ihrer Stressresistenz können Sie am besten beantworten, wenn Sie sich vorher überlegt haben, was Sie wollen, akzeptieren und mit sich und Ihrem Leben vereinbaren können. Je besser Sie wissen, was Sie zu leisten bereit sind, desto überzeugender können Sie auf eine solche Frage reagieren. Um Ihre Leistungsbereitschaft glaubwürdig zu präsentieren, können Sie eine beispielhafte Situation schildern, in der Sie überdurchschnittliche Leistung und Mehrarbeit erbracht haben. Vielleicht haben Sie während Ihres Studiums Nachtschichten für eine Gruppenarbeit geleistet. Oder Sie haben in einem Praktikum das Wochenende durchgearbeitet, damit die Abschlusspräsentation am Montag tipp-topp fertig war.

Die bisherigen Fragen zielten darauf ab, Sie als Persönlichkeit mit Ihren Stärken und Schwächen sowie Ihrer Motivation kennen zu lernen. In einem weiteren Teil Ihres Interviews wird es darum gehen, Ihre fachliche Eignung im Allgemeinen und Ihren Umgang mit Marketing- und/oder Vertriebsthemen zu ergründen. Diese Fragen können Ihnen sowohl im Gespräch mit der Personal- als auch mit der Fachabteilung begegnen. Im folgenden Abschnitt finden Sie solche Fragen mit fachlichem Bezug aus dem Bereich Marketing und Vertrieb.

Fachfragen aus dem Bereich Marketing und Vertrieb

Wenn Sie bereits ein Praktikum im Bereich Marketing oder Vertrieb absolviert haben, so wird Ihnen der Umgang mit vielen fachlichen Fragen leichter fallen. Sie haben bereits praktische Erfahrung gesammelt und wissen, worum es im Berufsalltag geht. Sollte Ihnen Marketing- oder Vertriebspraxis noch fehlen, so hören Sie sich im Freundes- und Bekanntenkreis um, wer in diesem Bereich arbeitet. Wir empfehlen Ihnen, möglichst viel über den Arbeitsalltag herauszufinden, damit Sie ein klares Bild von der Tätigkeit haben. Dies wird Ihr Interviewer im Gespräch merken und so schlussfolgern, dass Sie wirklich wissen, welche Aufgaben auf Sie zukommen und davon ausgehen, dass Sie eine bewusste Entscheidung für diesen Funktionsbereich getroffen haben.

Im Vorstellungsgespräch versucht der Interviewer über fachliche Fragen herauszufinden, wie wohl Sie sich mit Fragestellungen aus dem Marketing- oder Vertriebsbereich fühlen und wie gut Sie diese lösen können. Schließlich geht es bei den fachlichen Fragen um Ihren späteren Arbeitsgegenstand. Wenn Sie bereits im Gespräch Probleme haben, Lösungsansätze zu finden und Ideen zu entwickeln, dann wird Ihr Arbeitsalltag mit großer Wahrscheinlichkeit nicht leicht werden. Wir empfehlen Ihnen, zu den folgenden Fragen zunächst eine eigene Antwortmöglichkeit zu entwickeln und erst dann unsere Lösungshinweise nachzulesen.

1. Hier sehen Sie zwei Produkte. Beides sind Gesichtscremes gegen Hautunreinheiten. Wodurch unterscheiden Sie sich? Wie würden Sie diese beiden Produkte vermarkten?

Mit dieser Frage führt der Interviewer Sie gleich in medias res des Marketing. Sie sehen zwei Produkte der gleichen Art: zwei Feuchtigkeitscremes. Mit größter Wahrscheinlichkeit stehen diese beiden Cremes in direkter Konkurrenz zueinander. Wodurch also unterscheiden sie sich? Wie können Sie die beiden Produkte voneinander abgrenzen? Und welche Vermarktungsstrategien ergeben sich daraus? Dies sind hier die relevanten Fragen. Um Ihre Antwort zu strukturieren, können Sie sich der klassischen 4Ps bedienen.

Tipp

Nutzen Sie auch squeaker.net zum Austausch mit anderen Bewerbern und Young Professionals. In unserem Karriere-Netzwerk finden Sie viele hilfsbereite und kompetente Mitglieder, die gerne Wissen austauschen und sich gegenseitig unterstützen.

Insider-Tipp

»Demonstrieren Sie im Gespräch unbedingt Affinität für das Produkt, indem Sie es in die Hand nehmen, auspacken, testen, etc. Wenn Sie unsicher sind, ob dies erlaubt ist, so können Sie einfach fragen.«
Produktmanagerin,
L'Oréal

Exkurs: Der Marketing-Mix oder die 4Ps des Marketing

Der Marketing-Mix wird im englischsprachigen Raum kurz als »4 Ps« bezeichnet. Diese stehen für Price, Product, Place und Promotion. Im Deutschen werden diese vier absatzpolitischen Instrumente als Produkt-, Preis-, Distributions- und Kommunikationspolitik bezeichnet. In einigen Lehrbüchern wird auch von bis zu 7 P gesprochen. Diese umfassen zusätzlich die Dimensionen People, Process und Physical Evidence. Diese Erweiterung ist nicht unumstritten und in der Unternehmenspraxis haben sich die klassischen 4P branchenübergreifend etabliert. Die Tabelle gibt Ihnen Hinweise, an welche Punkte Sie bei der Bearbeitung der Frage denken können.

4Ps	Elemente der Marketinginstrumente
Product	Alles rund um das Produkt: Inhaltsstoffe, Eigenschaften, Formel, Rezeptur, Qualität, Produktversprechen, Verpackung, Zusatzservices, …
Price	In welchem Preissegment wird das Produkt verkauft? Einstiegspreis? Premiumpreis? Gibt es besondere Angebote?
Place	Welche Vertriebskanäle werden genutzt? Direkter und/oder indirekter Handel? Welche Art von Geschäften?
Promotion	Wie wird mit dem Endverbraucher kommuniziert? In welchen Medien wird das Produkt beworben? Welche Aussagen werden getroffen? In welchem Stil und in welcher Tonalität wird kommuniziert?

Wenn Sie die beiden Feuchtigkeitscremes gegen Hautunreinheiten vergleichen, finden Sie vielleicht nicht bei jedem der 4Ps einen Ansatzpunkt zur Abgrenzung der Produkte. Dies ist nicht schlimm, die 4Ps dienen Ihnen lediglich als Hilfestellung und als methodisches Gerüst, damit Sie Ihre Antwort strukturiert präsentieren können. Vergleichen Sie die Aufmachung des Produktes! Welche Farben werden verwendet? Ein klinisches Weiß, das einen medizinischen Eindruck macht? Oder knallige Farben, die darauf hinweisen, dass das Produkt eine jüngere Zielgruppe ansprechen soll? Kennen Sie die Inhaltsstoffe? Ein natürlicher Inhaltsstoff spricht ebenfalls eine besondere Verwenderin an. Können Sie einschätzen, in welchen Preissegmenten die Produkte angesiedelt sind? Wissen Sie, in welchen Distributionskanälen die Produkte verkauft werden? In der Drogerie wird ein Kosmetikprodukt günstiger verkauft als in der Parfümerie. Zur Vorbereitung Ihres Interviews haben Sie die Werbung in sämtlichen Medien aufmerksam verfolgt. Haben Sie für die beiden Produkte Werbung wahrgenommen? Wenn Sie es nicht wissen, sollten Sie besser plausible und begründete Vermutungen äußern anstatt gar nicht zu antworten.

2. Hier sehen Sie zwei Anzeigen zum gleichen Produkt: die eine wurde vor zwei Jahren geschaltet, die andere ist die aktuelle Werbekampagne. Was haben wir verändert und was möchten wir damit erreichen?

Oftmals fällt es Bewerbern schwer eine solche Frage zu beantworten, weil Sie das Offensichtliche als zu banal erachten. Tappen Sie nicht in diese Falle, sondern beobachten Sie jedes einzelne Element und jedes Detail in den beiden Anzeigen. Welche Elemente sind gleich in den beiden Anzeigen und welche sind verschieden? Was ist das Hauptmotiv? Sehen Sie eine Person? Wie alt sie ist und was für ein Typ? Was ist die Headline und damit die Hauptaussage? Wie wird das Produkt dargestellt? Wie viel Text enthalten die Anzeigen und was sind die Aussagen? Welche Schlüsselworte entdecken Sie? Welche Farben werden eingesetzt? Auch, wenn Sie die richtige Antwort nicht kennen: Verlassen Sie sich auf Ihren gesunden Menschenverstand und sagen Sie, wie die Dinge auf Sie - auf Sie als Konsument - wirken. Meistens nähern Sie sich auf diesem Weg der richtigen Antwort erfolgreich an.

> **Tipp**
>
> Beschäftigen Sie sich mit den Handelsstrukturen, um ein Gefühl für die Marktgrößen zu erlangen. In Deutschland gibt es über 60.000 Verkaufspunkte des Lebensmitteleinzelhandels, knapp 20.000 Drogeriemärkte und Parfümerien und über 20.000 Apotheken.

3. Sie lancieren ein neues Produkt. Ihr Logistikmanager benötigt eine Information über die Einführungsmenge. Wie berechnen Sie diese?

Wenn Sie noch nie im Produktmanagement oder im Vertrieb gearbeitet haben, dann mag diese Frage für Sie ein großes Rätsel darstellen. Doch lassen Sie sich nicht abschrecken. Der Interviewer erwartet von Ihnen keine korrekte Zahl, sondern die korrekte Herangehensweise. Zur Mengenberechnung müssen Sie wissen, in welchen Distributionskanälen das Produkt vertrieben wird. Im gesamten Lebensmitteleinzelhandel? Nur in Drogeriemärkten? Apotheken? Parfümerien? Warenhäusern? Auf dieser Basis sollten Sie abschätzen können, auf wieviele Prozent der möglichen Vetriebsfläche oder -kanäle das Produkt präsentiert werden kann.

Treffen Sie weiterhin eine Annahme, wie viele Produkte pro Verkaufspunkt durchschnittlich im Regal stehen werden. Die gesamte Einführungsmenge eines Produktes errechnet sich als Produkt der Anzahl der Verkaufspunkte und der durchschnittlichen Anzahl an Produkten, die pro Verkaufspunkt verkauft werden. Treffen Sie hier plausible Annahmen. Es wird vermutlich nicht jeder einzelne Verkaufspunkt beliefert. Bei großen Handelsketten hat der Key Account Manager vielleicht nur von drei von vier Distributionsformaten der Handelskette zur Aufnahme ins Sortiment bewegen können. Bei einer Distribution, die von den Außendienstmitarbeitern besucht wird, werden nicht 100 % der Distribution persönlich betreut. Die geschätzte Menge sollte dann z. B. den erwarteten Jahresumsatz darstellen. Bei einer Produktneueinführung müssen Sie allerdings auch eine sog. Pipeline aufbauen im Rahmen des »sell-in« (Verkauf an den Einzelhandel). Das bedeutet, dass eine zusätzliche Menge für die eigentliche Listung und Platzierung im Regal sowie eine zusätzliche

Reserve für die ersten Abverkäufe an die Konsumenten (»sell-out«) berücksichtigt werden muss. Als Daumenregel wird in der Konsumgüterindustrie dazu meist die dreifache monatliche Abverkaufsmenge eines Standardmonats als sog. »Pipeline« definiert.

4. Dieses Produkt haben wir im letzten Jahr lanciert. Die Verkaufszahlen im Handel sind sehr schwach. Was könnte das Problem sein?

Wenn die Verkaufszahlen eines neuen Produktes sehr schwach sind, so ist das Produkt von den Konsumenten offensichtlich nicht angenommen worden. Man spricht von einem Flop. Die Floprate bei Produkteinführungen im Lebensmitteleinzelhandel ist extrem hoch. Es ist schwer, in der schnelllebigen Konsumgüterindustrie Innovationen zu entwickeln, die den Puls der Zeit treffen und von den Konsumenten angenommen werden. Wenn ein Produkt floppt, kann dies mehrfache Gründe haben. Entweder war das Produktkonzept trotz intensiver Marktforschung falsch definiert. Oder der Preis war falsch, meistens zu hoch, gewählt. Oder aber ein Wettbewerber hat zeitgleich ein identisches oder ähnliches Produkt auf den Markt gebracht, das es schneller zu einer höheren Marktdurchdringung geschafft hat. Wenn Ihnen mit dieser Frage ein Produkt gezeigt wird, so lassen Sie wieder Ihren gesunden Menschenverstand walten. Wie wirkt dieses Produkt auf Sie? Würden Sie es kaufen? Warum? Oder warum nicht? Trauen Sie sich, auch Kritik zu äußern. Im besten Fall erkennen Sie genau, was das tatsächliche Problem gewesen ist und stellen so Ihr kritisches Urteilsvermögen unter Beweis.

5. Wir vertreiben unsere Haarkosmetikmarke XY ausschließlich über Friseure. Was sind die Vor- und was die Nachteile dieses Distributionskanals?

Auch hier können Sie zunächst aus Konsumentenperspektive an die Frage herangehen. Was denken Sie, wenn Sie Haarpflegeprodukte bei Ihrem Friseur sehen? Vertrauen Sie Ihrem Friseur und folgen gerne seiner Empfehlung? Oder denken Sie, dass Produkte, die Sie beim Friseur direkt kaufen, teurer sind als Produkte in Drogeriemärkten und schrecken daher vor dem Kauf zurück? Mit diesen Gedanken haben Sie bereits zwei Punkte, die Sie in Ihre Antwort einbinden können. In der Tabelle finden Sie weitere Vor- und Nachteile.

Vorteile	Nachteile
• Verkauf im relevanten Umfeld im Salon (Friseur > Haare > Haarpflege) • Friseur fungiert als Experte, dessen Empfehlung der Kunde vertraut • Meist exklusiver Vertrieb, da keine Konkurrenzmarken	• Friseur und sein Team müssen zunächst überzeugt werden • Neben dem eigentlichen Friseurbetrieb evtl. wenig Zeit für Beratung und Verkauf • Ausweitung der Distribution schwierig, da Friseure bereits exklusive Vertriebspartner einer bestimmten Marke sind

Die fachlichen Fragen, die Ihnen im Vorstellungsgespräch begegnen, können sehr unterschiedlich sein. Es lassen sich jedoch einige allgemeingültige Tipps zur Vorbereitung formulieren. Beherzigen Sie diese, wenn Sie sich fit machen für Ihre Interviews, dann werden Sie sehr viel sicherer und souveräner in Ihre Gespräche gehen können.

squeaker.net-Tipps zur Vorbereitung auf Interviews im Bereich Marketing und Vertrieb:

- Vor Ihrem Gespräch mit Managern aus der Fachabteilung sollten Sie in Erfahrung bringen, wer das Gespräch mit Ihnen führt. Für welche Marke und welche Produkte arbeitet diese Person? Wie und wo wird dieses Produkt vertrieben? Welche Marken sind direkte Wettbewerber? Was sind die Herausforderungen dieser Marke? Denken Sie sich anhand dieser Fragen in die »Welt« des Interviewers hinein. Interviewer schöpfen Ihre Fragen gerne aus Ihrem eigenen Arbeitsalltag.

- Suchen Sie einen Verkaufspunkt auf und erleben Sie die Marke und die Produkte aus Konsumentensicht! Wie werden die Produkte im Regal und eventuell in Zweitplatzierungen (Bodenaufsteller, Gondelplatzierungen, ...) präsentiert? Welche Wettbewerber nehmen Sie wahr? Wie ist die Preispositionierung im Vergleich zum Wettbewerb? Wer mag der typische Verwender sein? Und wer kauft die Konkurrenzmarken? Wo sehen Sie Schwierigkeiten? Was könnte man besser machen?

- Stellen Sie sich vor, Sie bestehen das Interview und erhalten den Job. Sie sind nun verantwortlich für eine bestimmte Produktkategorie der Marke und müssen einen Marketingplan fürs kommende Jahr entwickeln. Werden Sie kreativ und entwickeln Sie Ideen! Je konkreter Sie werden, desto einfacher wird es Ihnen im Gespräch fallen, Fragen dieser Art zu beantworten. Unter der üblichen Nervosität im Gespräch sind Sie vielleicht nicht entspannt genug, kreative Ideen zu entwickeln. Also nutzen Sie Ihre Vorbereitungszeit. Was Sie sich einmal überlegt haben, können Sie auch schnell wieder abrufen.

- Führen Sie Gespräche mit Freunden und Bekannten, die im Marketing oder Vertrieb des Unternehmens oder zumindest in der gleichen Branche arbeiten. Sie haben meistens gutes Insider-Wissen, das Ihnen als Hintergrundwissen im Gespräch helfen wird. Nutzen Sie auch das Insider-Wissen der squeaker.net-Community auf squeaker.net.

> **Insider-Tipp**
>
> »Vor dem Gespräch unbedingt mit den Produkten am POS (point-of-sale) auseinandersetzen: Was kosten die Produkte? Welche Konkurrenzangebote gibt es? Wodurch unterscheiden sie sich? Ergänzen sollte man dies durch eine Recherche im Internet und auf der Firmenhomepage.«
> *Produktmanagerin,*
> ***L'Oréal***

Nachfolgend möchten wir Ihnen weitere häufig gestellte Fragen aus Vorstellungsgesprächen nennen. Die Fragen beziehen sich zum einen auf Ihr Studium und Ihren beruflichen Werdegang, zum anderen auf Ihr Privatleben.

Fragen zum Studium und zum beruflichen Werdegang:
- *Welche Vertiefungsfächer haben Sie gewählt? Warum haben Sie diese gewählt? Was hat Sie daran besonders interessiert?*
- *Warum haben Sie sich für bestimmte Praktika in bestimmten Branchen entschieden? Was haben Sie während dieser Praktika gelernt?*
- *Was haben Sie in Ihrer bisherigen Position gemacht? Was war Ihr Verantwortungsbereich? Warum möchten Sie Ihren Job wechseln?*

Fragen zu Ihrem Privatleben:
- *Welche Hobbies haben Sie? Wie intensiv betreiben Sie diese?* – Zeigen Sie Begeisterung für Ihre Hobbies, aber schweifen Sie nicht ab. Sprechen Sie nur über Hobbies, die Sie ernsthaft betreiben und bei denen Sie sich auskennen. Ihr Gesprächspartner könnte das gleiche Hobby ausüben und Sie mit einer Fachfrage aufs Glatteis führen. Wenn Sie zwei Mal auf einer Driving Range abgeschlagen haben, sind Sie noch lange kein Golfer. Ein bisschen Fachsimpelei verbindet, achten Sie jedoch darauf, dass Sie nicht vom Bewerbungsgespräch abgelenkt werden. Im Zweifel finden Sie dezent selbst wieder zum Thema zurück, z. B. mit einer geschickten Überleitung wie dieser: »Das Segelfliegen bietet eine Vogelperspektive auf die Welt – ähnlich wie Sie in Ihrer Position das Unternehmen überblicken müssen.«
- *Wie machen Sie Urlaub? Wo haben Sie Ihren letzten Urlaub verbracht?* – Sie müssen diese Frage nicht beantworten! Allerdings können Sie bei dieser Frage wertvolle Details über Ihre Persönlichkeit verraten. Geben Sie sich ein Profil! Bevorzugen Sie Individual- oder Pauschalreisen? Machen Sie lieber einen Aktiv- oder einen Passivurlaub? Vielleicht haben Sie ein schönes Urlaubserlebnis, von dem Sie berichten möchten – aber halten Sie sich kurz!
- *Sie geben »Lesen« als Hobby an. Was haben Sie denn zuletzt gelesen?* – Auch bei dieser Frage können Sie viel über sich verraten. Wenn Sie »Lesen« als Ihr Hobby angegeben haben, dann sollten Sie allerdings nicht lange überlegen müssen, was Sie derzeit lesen und was Ihre Lieblingslektüre ist. Wenn Sie ausschließlich Liebesromane lesen, könnte an Ihrem Interesse an aktuellem Zeitgeschehen gezweifelt werden. Lesen Sie allerdings nur Fachzeitschriften, laufen Sie wiederum Gefahr, wie ein übereifriger Kandidat zu wirken. Die gesunde Mischung bringt Sie hier sicherlich am weitesten.
- *Wie werden Sie von Ihren Freunden eingeschätzt?* – Der »Umweg über die Freunde« erlaubt dem Gesprächspartner tatsächlich etwas über Ihre Selbsteinschätzung herauszufinden. Beschränken Sich bei Ihrer Antwort auf die drei wesentlichen, selbstverständlich positiven Eigenschaften.

Bei der Beantwortung dieser Fragen ist es wichtig, konsistent zu antworten und nachvollziehbare Beispiele zur Illustration zu verwenden. Verlieren Sie sich jedoch nicht im Detail. Bestimmte Fragen müssen Sie wegen rechtlicher Unzulässigkeit überhaupt nicht beantworten. Dazu gehören Fragen zu Krankheiten, Vorstrafen, Vermögensverhältnissen, Schwangerschaft, Heirats- oder Familienwunsch, sexueller Orientierung sowie die Zugehörigkeit zu Parteien oder Gewerkschaften.

Gerade in Bewerbungsgesprächen mit potenziellen Nachwuchsführungskräften werden oft Fragen gestellt, die versuchen, das Verhalten des Bewerbers in kritischen Situationen zu ergründen. Bei diesen verhaltensorientierten Interviews geht man davon aus, dass man vom Verhalten in vergangenen Situationen auf das zukünftige Leistungspotenzial schließen kann. Eine typische Frage dieser Art ist: »*Schildern Sie eine Herausforderung, bei der Sie einmal nicht weiter wussten. Was haben Sie gemacht, um die Situation zu lösen?*«

Wann sind Sie auf eine große Hürde gestoßen und was haben Sie getan, um diese zu überwinden? Zur Beantwortung dieser Fragen empfiehlt sich eine klare Struktur:

a) Schildern Sie die Situation und welche Hürde zu meistern war.
b) Dann beschreiben Sie, welche Maßnahmen Sie ergriffen haben, um die Situation zu lösen.
c) Einen perfekten Abschluss Ihrer Antwort bildet das Ergebnis, das Sie erreicht haben.

- *Erzählen Sie mir von einem Projekt, das Sie bereits durchgeführt haben. Wie sind Sie an dieses herangegangen?* – Gehen Sie strukturiert vor oder bleiben Sie eher spontan und kreativ bis flexibel? Binden Sie Ihr Team mit ein oder pushen Sie das Projekt selbst? Schildern Sie, wie Sie ein gelungenes Projekt geplant und durchgeführt haben. Ein gewisses Maß an Struktur und planvollem Vorgehen sollten Sie demonstrieren können. Gleichzeitig sind Sie jedoch auch flexibel genug, um auf unvorhergesehene Ereignisse reagieren zu können. Vielleicht können Sie ein Beispiel für ein Projekt schildern, in dem Sie sowohl sehr strukturiert gearbeitet und dennoch flexibel reagiert haben.
- *Wie gehen Sie mit Konflikten im Team oder mit Ihrem Vorgesetzten um?* – Sind Sie diplomatisch oder sprechen Sie ein Machtwort? Gehen Sie auf die Menschen zu und sprechen Konfliktpunkte offen an oder ziehen Sie sich eher zurück? Regeln Sie Konflikte selbst oder schalten Sie Vorgesetzte ein? Schildern Sie einen beispielhaften Konfliktfall aus Ihrer Vergangenheit und zeigen Sie auf, wie Sie diesen gelöst haben.
- *Wie überzeugen Sie Skeptiker oder Nörgler im Team?* – Können Sie sich in die Perspektive von Kollegen hineinversetzen und versuchen Sie, zunächst ihre Argumente zu verstehen? Oder beharren Sie

sofort auf Ihrer Meinung und lassen keine andere zu? Versuchen Sie es im Alleingang oder schmieden Sie Allianzen? Versuchen Sie zu klären oder zu ignorieren? Als zukünftige Führungskraft erwartet man von Ihnen eine gesunde Mischung aus Empathie und Durchsetzungsvermögen.

Dieser Fragenkatalog ist sehr umfangreich, allerdings sollten Sie die Bedeutung nicht unterschätzen. Nehmen Sie sich ausreichend Zeit, um sich gründlich auf diese Fragen vorzubereiten. Nur dann wissen Sie genau, was Sie zu bieten haben, was Sie wollen, und warum genau Sie der richtige Mitarbeiter sind. Mit einer soliden Vorbereitung werden Sie jedes Vorstellungsgespräch souverän meistern.

Informationsphase: Arbeitsbedingungen, Vertragliches
Nachdem Sie die eigentliche Interviewphase absolviert haben, in denen Ihnen auf den Zahn gefühlt worden ist, geht das Gespräch über in die sogenannte Informationsphase. Hier stellt Ihnen der Interviewer das Unternehmen, die Abteilung und Ihre zukünftigen Aufgaben detaillierter vor. Sie sollen einen Überblick erhalten, was auf Sie zukommen würde, damit auch Sie die Entscheidung treffen können »Passt dieser Job zu mir?«. Stellen Sie hier ruhig Nachfragen, wenn Punkte für Sie offen geblieben sind. Schließlich möchten Sie ein klares Bild von Ihrem zukünftigen Beruf haben, bevor Sie den Arbeitsvertrag unterschreiben. Hören Sie aufmerksam zu und notieren Sie sich die wesentlichen Punkte stichwortartig. So dokumentieren Sie Interesse und Professionalität.

Ihr Gesprächspartner wird Sie in dieser Phase auch über die geltenden Einstiegsbedingungen informieren. Viele Unternehmen senden Ihnen nach einem bestandenen Gespräch einen Arbeitsvertrag zu, dem Sie die Details zu den Einstiegsbedingungen entnehmen können. Bei Fragen, die sich hiernach ergeben, steht Ihnen in der Regel die Personalabteilung zur Verfügung, mit der Sie Details besprechen können. Scheuen Sie sich nicht und klären alle Ihre Fragen, bevor Sie einen Arbeitsvertrag unterzeichnen.

Diskussionsphase: Fragen des Bewerbers, offenes Gespräch
Generell gilt, dass Sie jederzeit sofort nachfragen, wenn Sie etwas nicht wissen oder genau verstanden haben. Dennoch gibt es am Schluss eines fast jeden Gesprächs einen Punkt, an dem der Interviewer Ihnen anbietet, noch offene Fragen Ihrerseits zu platzieren. Ihr Gesprächspartner erkennt an der Qualität Ihrer Fragen, ob Sie sich bereits im Vorfeld des Interviews um Informationen bemüht haben. Daher sollten Sie vermeiden, banale Fragen zu stellen, die Ihnen jede Firmen-Homepage hätte beantworten können. Es gibt viele

weitere Fragen, die geeignet sind, um Ihre Kompetenz und Ihr großes Interesse an der Position gleichermaßen zu verdeutlichen:

- *Fragen zur Unternehmensstrategie, zum Unternehmensbereich, zur Organisation oder zum Produktportfolio* - Bringen Sie Ihr Wissen um die strategische Ausrichtung des Unternehmens und der Wettbewerber ein und zeigen Sie, dass Sie mit der Branche und dem Unternehmen vertraut sind. Lernen Sie gleichzeitig etwas über die persönliche Einschätzung Ihres Gegenübers, indem Sie gezielt nach dieser fragen.
- *Was sind die Schwerpunkte des Aufgabenbereiches dieser Position?* - Dokumentieren Sie Ihr Interesse an den zukünftigen Aufgaben und Tätigkeiten und bringen Sie Details über Ihre zukünftige Funktion in Erfahrung. Je mehr Sie im Vorfeld wissen, desto leichter können Sie sich für oder gegen eine Stelle entscheiden bzw. mehrere Angebote gegeneinander abwägen.
- *Mit welchen internen Schnittstellen arbeitet diese Abteilung hauptsächlich zusammen? Wie groß ist das Team und wie ist es organisiert?* - Mit der ersten Frage zeigen Sie Ihr Wissen um die starke Vernetztheit im Marketing- und Vertriebsbereich. Weiterhin demonstrieren Sie Ihr Interesse an Teamarbeit und an Ihren potenziellen zukünftigen Kollegen. Durch die Frage nach den Schnittstellen und die Team-Organisation erfahren Sie etwas über die Vernetzung und Zusammenarbeit dieser mit anderen Abteilungen und können sich weiterhin ein klareres Bild davon machen, in welche Struktur Ihre Position eingebunden ist und welche Rolle Sie in Zukunft spielen werden.
- *Werde ich an Sie direkt berichten?* - Diese Frage eignet sich für das erste Gespräch mit der Fachabteilung, bevor die weiteren Gespräche mit höheren Hierarchien im Unternehmen geführt werden. Auch durch diese Frage machen Sie sich ein Bild vom Aufbau der Abteilung und der Organisation sowie den Verantwortlichkeiten.
- *Ist es möglich, dass ich den zukünftigen Arbeitsplatz vorher einmal anschauen und das Team schon kennen lernen könnte?* - Da diese Frage zu selbstsicher wirken kann, sollten Sie sie nur stellen, wenn das Gespräch sehr positiv verlaufen ist und Sie den Eindruck haben, das Unternehmen ist auch an Ihnen interessiert. Hierdurch zeigen Sie neben Ihrem Interesse an Ihren zukünftigen Kollegen, dass Sie wirklich eine gute Grundlage für Ihre Entscheidung haben möchten und dass es auch Ihnen darum geht zu klären, ob Sie beide gut zusammen passen.
- *Welche sind Ihre besten, welches Ihre ernüchterndsten Erfahrungen in Ihrem Haus gewesen?* - Jeder Mensch freut sich, wenn er nach seinen persönlichen Erlebnissen und Erfahrungen gefragt wird und hat mit Sicherheit etwas zu berichten. Lernen Sie vom Bericht Ihres

Gesprächspartners und erfahren Sie auf diese Weise auch etwas Typisches vom Unternehmen und der in ihm gelebten Kultur.

Schlussphase: Zusammenfassung, Verbleib
Die wichtigsten Abschnitte Ihres Bewerbungsgesprächs haben Sie bereits absolviert, doch bleiben Sie bis zur Verabschiedung konzentriert und bei der Sache. Neben einem gelungenen Beginn des Gesprächs ist ein starker Abgang ebenso wichtig. In der Psychologie gibt es den so genannten Primacy-Effekt und den Recency-Efffect, nach denen der erste und der letzte Eindruck besonders Ausschlag gebend sind, da Ihr Interviewer diese am besten erinnert.

Im Rahmen der Verabschiedung kann es Ihnen passieren, dass noch weitere Fragen gestellt werden. Nehmen Sie diese unbedingt ernst. Solche Fragen könnten Ihnen nun begegnen:
- Wie zufrieden sind Sie mit Ihrer bisherigen Leistung?
- Wie haben Sie sich im Bewerbungsprozess bisher gefühlt?
- Was war gut und was sollten wir Ihrer Meinung nach verändern?
- Wie beurteilen Sie Ihre Chancen?

> **Tipp**
> Behalten Sie folgenden Gedanken jederzeit im Hinterkopf: Ein Bewerbungsgespräch ist ein gegenseitiges Kennenlernen. Nicht Sie sind in der Verhörposition, sondern Unternehmen und Bewerber stellen sich gegenseitig vor, um zu überprüfen, ob Sie zueinander passen. Mit dieser positiven Haltung werden Sie einen souveränen und professionellen Eindruck vermitteln.

Sie sollten Ihre Leistung selbstkritisch, aber auch selbstbewusst einschätzen. Oft gibt es an dieser Stelle eine kurze Einschätzung von Ihrem Gesprächspartner. Selbst, wenn Sie bereits positive Signale erhalten, sollten Sie souverän bleiben und sich bedeckt halten. Natürlich können Sie Ihre Freude über eine hoffentlich positive Antwort äußern. Doch bleiben Sie Ihrer Rolle treu, schließlich sitzen Sie als Bewerber immer noch auf dem Präsentierteller. Sie können sich noch nicht entspannen, sondern sollten weiterhin wachsam bleiben. Am Ende bedanken Sie sich für das interessante Gespräch und die Zeit, die Ihr Gesprächspartner sich für Sie genommen hat. Halten Sie dabei Blickkontakt. Ihr Händedruck bei der Verabschiedung ist angenehm kräftig und demonstriert Souveränität.

Sollten Sie eine Absage des Unternehmens erhalten, so raten wir Ihnen unbedingt, dass Sie nach Feedback zum Gespräch bitten. Viele Unternehmen bieten dies von sich aus an. Falls nicht, sollten Sie proaktiv danach fragen und die Chance nutzen, aus der Rückmeldung des Unternehmens etwas für zukünftige Gespräche zu lernen. Starten Sie jedoch keine Diskussion über die Ablehnungsgründe oder versuchen sich zu rechtfertigen und vermeintliche Missverständnisse zu klären. Die Entscheidung des Unternehmens ist gefallen und Sie werden sie an dieser Stelle nicht mehr ändern. Hier geht es nun lediglich darum, dass Sie etwas für sich mitnehmen, was Sie in zukünftigen Bewerbungsgesprächen verbessern können.

> **Tipp**
> Wer sich als Kandidat im Interview mit den potenziellen Kollegen und Vorgesetzten unwohl fühlt, sollte ehrlich zu sich selbst sein. Wenn Sie Ihre persönlichen Ambitionen für einen Moment zurückstellen, erkennen Sie vielleicht, dass Sie in diesem Unternehmen wahrscheinlich nicht glücklich werden würden. Treffen Sie Ihre Jobentscheidung wohlüberlegt!

DOs	DONTs
Mit Smalltalk zu Beginn lockern Sie die Gesprächsatmosphäre auf. Eine positive Wortwahl ist förderlich.	Sie stöhnen über das Wetter, den Stau, etc. Ihre Wortwahl ist generell negativ.
Sie sprechen Ihren Gesprächspartner mit Nachnamen (und evtl. auch akademischem Titel) an und lächeln beim Sprechen.	Sie verkrampfen und schauen an Ihrem Gesprächspartner vorbei an die Wand. Sie verfallen in einen saloppen Umgangston.
Sie stellen interessierte Zwischenfragen.	Sie unterbrechen Ihren Gesprächspartner.
Sie antworten ruhig und strukturiert. Falls nötig, erbitten Sie einen Augenblick Bedenkzeit.	Sie reagieren unverhüllt auf provozierende Fragen und lassen sich aus der Ruhe bringen.
Der Interviewer spricht die Gehaltsfrage an. Sie haben sich im Vorfeld über die üblichen Gehaltsspannen informiert.	Sie fragen detailliert nach Essenszuschüssen, Firmenwagen und weiteren Annehmlichkeiten statt nach Ihren zukünftigen Aufgaben.
Sie bringen eine gut vorbereitete Mappe mit: Briefkorrespondenz, Bewerbungsunterlagen, Anfahrtsskizze, Imagebroschüre und Geschäftsbericht des Unternehmens.	Sie erscheinen unvorbereitet ohne Ihre Bewerbungsunterlagen und Schreibmaterial. Sie vergessen, Ihr Mobiltelefon auszuschalten.

3. Weitere Tipps für die Gespräche

Die vorausgehenden Kapitel haben Ihnen vermittelt, auf welche Inhalte es in Bewerbungsgesprächen ankommt. Da jedoch nicht nur die Inhalte zählen, sondern auch Ihr Auftreten, Ihre Körpersprache und einige weitere Details, geben wir Ihnen in diesem Kapitel das nötige Wissen an die Hand, damit Sie den besten Eindruck hinterlassen können.

(Ver-)Kleidungstipps

»Kleider machen Leute!« Diese viel zitierte Redensart ist sehr wahr. Denn es ist unbestritten, dass das äußere Erscheinungsbild einen Eindruck hinterlässt. Nutzen Sie Ihre Chance und hinterlassen Sie einen guten ersten Eindruck, in dem Sie Ihre Kleidung mit Bedacht wählen. Die Grundregel für den ersten Kontakt mit dem Unternehmen bei Bewerbungsgesprächen oder Assessment Center lautet: »Lieber zu viel als zu wenig.« im Sinne von lieber zu viel als zu wenig Förmlichkeit. Um auf der sicheren Seite zu sein, sollten Sie also den klassischen Business Dresscode wählen. Als Mann tragen Sie Anzug und Krawatte, als Frau Hosenanzug oder Kostüm. Auch wenn dies im späteren Arbeitsalltag nicht mehr die Regel sein wird.

Wenn Sie im Arbeitsalltag wichtige Kundentermine haben, so ist die Kleiderordnung natürlich etwas strikter. Vor allem im Vertrieb ist der Kundenkontakt regelmäßig, hier wird also eine gepflegte, repräsentative Garderobe erwartet. In den Marketingabteilungen kann die Kleiderordnung in vielen Fällen etwas legerer sein, sofern keine Kundenkontakte oder externe Besucher angekündigt sind. Je nach Unternehmen sind selbst Jeans und Polo-Shirt möglich. Grundsätzlich gilt allerdings, dass Sie sich während der ersten Zeit eher korrekt kleiden. Beobachten Sie den Dresscode im Unternehmen und nehmen Sie ihn erst mit der Zeit an – wenn Sie denn wollen. Selbst, wenn Ihre Kollegen eher lässig im Büro erscheinen, heißt das nicht, dass Sie das auch müssen. Im Spannungsfeld zwischen Business-Etikette, Unternehmenskultur und Ihrer eigenen Persönlichkeit entwickeln Sie Ihren eigenen Stil!

> **Tipp**
>
> Behalten Sie im Hinterkopf, dass Ihre Kleidung im besten Fall Ihr angenehmes Auftreten unterstützt. Daher sollte diese nicht dominieren. Natürlichkeit und Ungezwungenheit sind die grundlegenden Anforderungen an Ihr äußeres Erscheinungsbild. Wählen Sie daher auch Kleidung, in der Sie sich wohl und nicht verkleidet fühlen.

DOs	DONTs
Damen: Hosenanzug oder Kostüm, dezente und wenig aufdringliche Kleidung, gedeckte und seriöse (dunkle) Farben	**Damen:** tiefes Dekolleté, Spaghetti-Träger und Tanktops, keine Strumpfhose, offene Schuhe, aufdringlicher Lippenstift
Herren: klassischer Business-Dresscode, gedeckte Anzugfarben (anthrazit, dunkelblau, schwarz), weißes/helles Hemd, ruhiges Krawattenmuster (oder sogar uni)	**Herren:** Motivsocken/-krawatten, Krawattennadel, kurzärmelige Hemden, auffallend farbiger Anzug, zerknittertes Hemd
Damen & Herren: gepflegte, dezente Erscheinung, gepflegte Fingernägel und Hände, geputzte Schuhe	**Damen & Herren:** protzige Accessoires und übertriebenes Parfüm, dreckige Fingernägel, Diskostempel auf dem Handrücken, übertrieben gestylte/gegelte Frisuren

Die Wahl der richtigen Kleidung ist jedoch nicht alles. Sie können den teuersten Anzug tragen – wenn die Schuhe nicht geputzt sind, ist der Gesamteindruck missglückt. Ihre Fingernägel sollten ebenfalls gepflegt, bei Männern unbedingt auch gekürzt sein. Für Damen gilt beim Make-up »Weniger ist mehr« – es sei denn, Sie bewerben sich als Make-up-Artist. Für Managementpositionen merken Sie sich »dezent«.

Auch mit Accessoires können Sie gewisse Signale setzen und den Eindruck steuern, den man von Ihnen gewinnt. Überlegen Sie selbst: Wie wirkt es, wenn Sie mit einem Werbekugelschreiber schreiben, womöglich noch von einer Konkurrenzfirma? Und wie wirkt ein hochwertiger Füller? Welchen Eindruck machen Sie mit einem Öko-Papier-Abrissblock? Und welchen mit einer gebundenen Kladde? Es müssen nicht der Montblanc und das ledergebundene Heft sein. Vor allem nicht, wenn Sie gestern noch Student waren, würde dies protzig wirken. Doch überlegen Sie genau, mit welchen Elementen Sie sich ins richtige Licht rücken können.

Körpersprache

Das gesprochene Wort macht nur einen geringen Anteil unserer Kommunikation aus. Mimik, Gestik und Stimme transportieren weitaus mehr als das, was wir tatsächlich sagen. Machen Sie sich bewusst, dass auch Ihre Körpersprache »kommuniziert« – ob Sie nun wollen oder nicht. Der beste maßgeschneiderte Anzug kann Ihnen auf dem Weg zum gewünschten Beruf im Wege stehen, wenn Ihr Auftreten unpassend und Ihre Blicke unsicher wirken.

Behalten Sie im Hinterkopf, dass für Marketing und Vertrieb extrovertierte, kommunikationsstarke Persönlichkeiten gesucht werden. Wenn Sie während des Vorstellungsgesprächs sehr beherrscht und in unveränderter Körperhaltung auf Ihrem Stuhl sitzen bleiben und in monotoner Stimme sprechen, wird der Interviewer Sie nicht für eine besonders dynamische und begeisterungsfähige Person halten. Andererseits sollten Sie jedoch auch darauf achten, dass Sie nicht hektisch oder chaotisch wirken. Ihre Erzählungen dürfen aber unterhaltsam und Ihre Gestik lebendig sein. Halten Sie Blickkontakt mit Ihrem Gesprächspartner und lächeln Sie offen und freundlich.

Einen Grundsatz möchten wir Ihnen mit auf den Weg geben: Bleiben Sie sich selbst treu – seien Sie authentisch! Versuchen Sie nicht, sich eine lebendige Gestik anzueignen, weil diese womöglich gut bewertet wird. Wenn Sie eine eher zurückhaltende Person sind, dann würden Sie künstlich oder gar komisch wirken, wenn Sie versuchen, plötzlich besonders extrovertiert aufzutreten. Ihr Gesprächspartner könnte misstrauisch werden. Sie sollten sich jedoch auch nicht zu viele Gedanken machen, sondern Vertrauen in sich selbst haben.

Fachvokabular & Reizwörter

Auch wenn ein Großteil der Kommunikation nonverbal stattfindet, so sollten Sie dennoch auch auf Ihre Sprache und Ihr Vokabular achten. Sie werden einen umso besseren Eindruck machen, wenn Ihre Sprache exakt und die von Ihnen verwendeten Worte dem individuellen Sprachmuster und den Erfahrungen Ihres Gesprächspartners entsprechen. Je mehr Sie »seine Sprache sprechen«, desto eher entsteht Sympathie und beim Interviewer das Gefühl »Dieser Bewerber passt zu unserem Unternehmen.« Sie bewerben sich für eine Position im Marketing oder Vertrieb in der Konsumgüterindustrie, also sollten Sie Ihr Vokabular idealerweise auch an dieser Branche und dem Funktionsbereich ausrichten. Folgende Fachbegriffe sollten sie nonchalant und routiniert ins Gespräch einfließen lassen können:

POS (point-of-sale), Buzz Marketing, Media Spendings, Zielgruppe, Marktanteil, USP (unique selling proposition), Share of Voice, Consumer Insight, Social Media, Branding, Produktmix, Produktportfolio, B2C (Business-to-Consumer), Zweitplatzierung, SKU (stock keeping unit), MaFo (Marktforschung), Benefit, Agenturpitch, Reason Why, Advertisement, Preispositionierung, Sell-in, Sell-out, Sortimentsoptimierung, Evoked Set, Relevant Set, Wiederkaufrate, Packaging, ...

Um im Umgang mit diesen und weiteren Fachbegriffen Sicherheit zu gewinnen, empfehlen wir Ihnen, dass Sie zur Vorbereitung Fachzeitschriften wie z. B. Lebensmittelzeitung, Absatzwirtschaft oder Horizont lesen (weitere Leseempfehlungen finden Sie im Anhang). Setzen Sie diese Begriffe und Abkürzungen bei Übungen im Assessment Center sowie im Vorstellungsgespräch ein. Verwenden Sie diese Begriffe allerdings nur dann, wenn Sie sich ihrer Bedeutung sicher sind. Außerdem sollten Sie Fachbegriffe - vor allem englischsprachige - wohldosiert einsetzen. Die Verwendung der Worte sollte natürlich und selbstverständlich wirken, nicht aufgesetzt. Viele Begriffe sind auch typisch für das ein oder andere Unternehmen. Sollten Sie z. B. in einem Praktikum Begriffe kennen gelernt haben, so setzen Sie nicht voraus, dass diese in einem anderen Unternehmen gleichermaßen zum Sprachgebrauch gehören.

Neben der Verwendung von Fachbegriffen können Sie sich weiterhin in ein gutes Licht rücken, indem Sie negative Reizworte vermeiden. Zu diesen Reizworten gehören z. B. die Begriffe Krise, Problem, Konflikt oder Schwäche. Sprechen Sie stattdessen von einer Herausforderung, die es zu meistern gibt, oder von einer »persönlichen Baustelle«. Damit signalisieren Sie statt eines negativen Zustandes eine Entwicklung, eine Verbesserung. Auf diese Art signalisieren Sie eine optimistische Haltung und der Interviewer wird darauf schließen, dass Sie Probleme, Verzeihung: Herausforderungen nicht einfach so hinnehmen ohne an diesen zu arbeiten. Üben Sie also positive Formulierungen und nehmen damit automatisch einen Einfluss auf die Gesprächsatmosphäre im Interview.

Smalltalk

Smalltalk ist eine Fähigkeit, die in keinem Anforderungsprofil genannt wird, jedoch längst zu den so genannten Soft Skills gehört. Beim Smalltalk geht es um eine leichte und lockere Konversation, die keinen großen Tiefgang hat. Smalltalk verhindert das Entstehen von peinlich empfundenen Momenten des Schweigens. Gerade im Marketing und Vertrieb ist diese Fähigkeit sehr wertvoll. Durch Smalltalk können Sie zwischen Ihren Kollegen, Geschäftspartnern und Ihnen schnell Sympathie herstellen, eine gute Basis aufbauen und so Ihr Netzwerk knüpfen und pflegen. Auch in der Bewerbungssituation selbst eignet sich Smalltalk für den lockeren Plausch im Aufzug, bevor das eigentliche Interview beginnt.

squeaker.net-Grundregeln für erfolgreichen Smalltalk

Wir empfehlen Ihnen die squeaker.net-Grundregeln für erfolgreichen Smalltalk, damit Sie für das lockere Gespräch die richtigen Themen und das richtige Maß an Interesse Ihrem Gesprächspartner gegenüber finden:

- Die Grundvoraussetzung erfolgreichen Smalltalks ist, dass Sie aufmerksam und aktiv zuhören, so dass sich Ihr Gesprächspartner ernst genommen fühlt – selbst bei scheinbar belanglosen Themen.
- Als Einstieg ins Gespräch eignen sich Themen wie die Anreise zum Bewerbungsgespräch, ein gerade gehörter Vortrag oder ein unverfängliches Erlebnis im AC, das Wetter oder die Region. Ein zentraler Erfolgsfaktor für ein gelungenes Gespräch ist, schnell einen gemeinsamen Nenner zu finden. Wenn Sie z. B. wissen, dass Ihr Gesprächspartner in dem Land gearbeitet hat, in dem Sie Ihr Austauschsemester verbracht haben, ist das ein exzellenter Anknüpfungspunkt.
- Fragen Sie Ihren Gesprächspartner nach seiner Meinung, seinem Rat oder Urteil zu einem Thema, auch wenn dieses nur von beiläufigem Interesse ist. Sowohl Ihre Fragen zur Meinung und Einschätzung als auch Ihre Bereitschaft zuzuhören, tragen entscheidend dazu bei, dass das Gespräch auch von Ihrem Gegenüber als angenehm empfunden wird. Damit sammeln Sie automatisch Pluspunkte.
- Das Gespräch halten Sie am Laufen, indem Sie in Ihre Antworten zusätzliche Informationen einfließen lassen. Auf die Frage »Wie war ihr Flug?« antworten Sie besser nicht mit einem knappen »Gut.«, sondern mit »Viel besser als das letzte Mal ...«. Nicht der Austausch von Information steht an erster Stelle, sondern das Reden an sich.
- Wenn Sie sich sicher fühlen im Führen von Smalltalk, dann beziehen Sie auch Umstehende ins Gespräch ein. Damit demonstrieren Sie Ihre Kontaktfähigkeit und Ihre Offenheit für andere Menschen. Gerade in den Pausen zwischen den AC-Übungen sind die meisten Bewerber dankbar, wenn sie sich einer Gruppe anschließen können. Außerdem wird ein Gespräch mit mehreren Personen lebhafter, neuen Themen fließen ein und Sie knüpfen gleichzeitig neue Kontakte.

Natürlichkeit und authentisches Verhalten sind unabdingbar. Und auch Humor ist in aller Regel förderlich. Sie sollten darauf achten, dass Sie nicht zu kumpelhaft werden. Und derber Humor ist natürlich auch tabu! Tasten Sie sich mit Fingerspitzengefühl vor. Nicht alle Themen eignen sich für Smalltalk, insbesondere solche nicht, die Menschen persönlich berühren oder leicht verletzen sowie kontroverse Diskussionen nach sich ziehen können. Folgende Themen sollten Sie meiden: Geld & Vermögen, Politik, Kirche & Religion, Krankheiten sowie persönliche und intime Details. Besonders letzteres würde Sie als nicht vertrauenswürdige und indiskrete Person entlarven.

Für Smalltalk geeignete Gesprächsthemen sind neben den generellen Themen wie die Anfahrt und bisherigen Gespräche im Unternehmen, vor allem die Interessen und Hobbies, denn jeder redet gerne über das, womit er seine Freizeit verbringt: Ski fahren, Segeln, Bergsteigen, Essen gehen oder Theater- und Opernbesuche. Weiterhin eignen sich Reiseerlebnisse sowie Urlaubspläne oder aktuelles Zeitgeschehen. Vielleicht haben Sie kürzlich auch einen spannenden Artikel gelesen, dessen Inhalte Sie teilen können. Achten Sie jedoch darauf, dass Sie beim Smalltalk immer locker und unterhaltsam bleiben statt zu sachlich und belehrend zu sein.

Themen, die sich gut für Smalltalk eignen	Themen, die Sie unbedingt vermeiden sollten
• Städte, Landschaften & Reisen	• Gehalt, Geld, Vermögen
• Kultur (Musik, Konzerte, Theater, Oper, …)	• Politik
• Essen und Trinken	• Kirche & Religion
• Aktuelles Zeitgeschehen aus den Medien (Achtung, ohne Politik!)	• Krankheiten
• Sport	

Kapitel E: Insider-Erfahrungsberichte aus der Konsumgüterindustrie

Das Insider-Wissen der squeaker.net-Community bildete eine wichtige Grundlage für unsere Recherche zu diesem Buch. Viele Mitglieder haben uns ausführlich von ihren Erfahrungen bei den Top-Unternehmen der Konsumgüterindustrie berichtet. Nachfolgend finden Sie eine Auswahl aktueller Erfahrungsberichte. Nutzen Sie den Einblick in den Bewerbungsprozess und die Interviewpraxis zur Vorbereitung Ihrer Bewerbung und zum Üben!

Weitere Erfahrungsberichte und alle Informationen zu Ihrem Wunschunternehmen finden Sie auf squeaker.net. Nach Ihrem Interview für ein Praktikum oder einen Jobeinstieg können Sie unter squeaker.net/report selbst einen Erfahrungsbericht eingeben und Ihre Erfahrungen anderen squeaker.net-Mitgliedern zur Verfügung stellen. Vorher zu wissen, welche Fragen im Bewerbungsgespräch oder Assessment Center gestellt werden, verschafft Ihnen und allen squeaker.net-Mitgliedern den entscheidenden Wettbewerbsvorteil im Bewerbungsprozess.

Ein Wort der Vorsicht: Die folgenden Erfahrungsberichte müssen trotz mehrmaliger Überprüfung der Angaben nicht mit dem tatsächlichen Ablauf Ihres Bewerbungsgespräches übereinstimmen. Die Erfahrungen sind subjektiv geprägt und hängen von der individuellen Situation des Interviewers und Bewerbers ab. Darüber hinaus kann sich das Bewerbungsverfahren in der Zwischenzeit geändert haben.

QR-Code

Folgender QR-Code führt Sie direkt zu den Erfahrungsberichten von erfolgreichen Bewerbern auf squeaker.net. Nutzen Sie die Erfahrungsberichte, um sich gezielt und anhand von Insider-Infos auf Bewerbungsgespräche bei einem bestimmten Unternehmen vorzubereiten.

Beiersdorf: Einstieg als Trainee

Bewerbungsprozess

Der Bewerbungsprozess für das Traineeprogramm *Beyond Borders* (Marketing & Sales) von Beiersdorf umfasst mehrere Stufen: Online-Bewerbung, Online-Test, Telefoninterview und Vorstellungsgespräch. Nach der Online-Bewerbung über das Bewerbungstool der Beiersdorf-Homepage erhalten interessante Kandidaten eine Einladung zum Online-Test. Dieser muss innerhalb von drei Tagen zuhause bearbeitet werden und besteht aus vier Teilen: ein verbal-logischer, ein numerischer, ein Logiktest und abschließend ein Fragebogen zur Selbsteinschätzung. Jeder der vier Testabschnitte beansprucht etwa 15 Minuten Bearbeitungszeit. Im verbal-logischen Abschnitt müssen die Bewerber Verständnisfragen zu kurzen Texten beantworten, der Logiktest prüft das Erkennen von Regeln und Zusammenhängen. Ist diese Hürde erfolgreich gemeistert, bittet Beiersdorf seine Bewerber zum einstündigen Telefoninterview, in dem hauptsächlich allgemeine Fragen zu Lebenslauf, Karriereplanung und Personal Fit gestellt werden, vor allem zu Stärken und Schwächen. Nach einigen Wochen bekam ich die Einladung für den Auswahltag.

Verlauf des Interviews

Weitere vier Hürden erwarteten mich und die anderen Kandidaten am Auswahltag: Ein Bewerbungsgespräch, zwei Gruppenarbeiten und die Lösung und Präsentation einer Case Study standen auf dem Programm. Der ganze Tag war jedoch kein AC-Marathon, sondern wurde vom Unternehmen bewusst eher als Kennenlernen inszeniert. Das Interview dauert etwa eine Stunde und wird von einem Manager aus dem jeweiligen Fachbereich geführt. Es bestand vor allem aus Standardfragen wie »Warum haben Sie sich für das Beyond Borders-Programm entschieden?« Beiersdorf bietet jedoch auch Möglichkeiten für einen interessanten Direkteinstieg.« Einige Fragen drehten sich auch um Branche und Handelsstrukturen, z. B.: »Welche Herausforderungen stellen sich für Beiersdorf im Bereich SCM?«. Am Folgetag erhielt jeder ein ausführliches Feedback und ggf. die Zusage.

Insider-Perspektive

Für den numerischen Teil des Online-Tests sollte man sich vorher einen Taschenrechner bereit legen und eingerostete Mathekenntnisse ein wenig auffrischen, um Tabellen und Diagramme schnell zu erfassen. Für Direkteinstiege und Praktika nutzt Beiersdorf andere Auswahlverfahren.

GlaxoSmithKline: Bewerbungsprozess für ein Praktikum

Verlauf des Interviews
Das Vorstellungsgespräch lief eher klassisch und in angenehmer Atmosphäre ab. Die Interviewer setzen den Bewerber nicht unter Stress, sondern bevorzugen ein freundliches Gespräch. Konkrete Fragen werden dabei vor allem zum Lebenslauf und der bisherigen Karriere gestellt. Auf Personal Fit-Fragen zu Charaktereigenschaften sollten Bewerber ebenso vorbereitet sein. Entscheidend ist außerdem, sich im Vorfeld mit den Produkten des Unternehmens auseinanderzusetzen. Dabei sollte man besonders darauf achten, wer das Bewerbungsgespräch führt und welche Marken dieser Mitarbeiter betreut.

Beschreibung der Arbeit
Die Arbeitszeiten hängen für Praktikanten stark vom persönlichen Einsatz ab. Ein typischer Praktikumstag begann für mich um halb 9 oder 9 Uhr und endete gegen 19 Uhr, freitags meist schon um 17 Uhr. An manchen Tagen verließ ich aber auch erst um 21 Uhr das Büro. Ohnehin war das eigene Engagement entscheidend dafür, einen echten Eindruck des Unternehmens zu bekommen und Teil des Teams zu werden. Wenn man sich einbringt, erhält man schnell Verantwortung und Raum für das selbständige Umsetzen eigener Projekte. Meine Aufgaben waren sowohl analytisch als auch kreativ. Auf Ideen und Fragen reagierten Kollegen und Vorgesetzte immer offen und hilfsbereit. Es wird viel Wert auf eine gemeinschaftliche Atmosphäre gelegt, in der sich die Mitarbeiter wohlfühlen können.

Insider-Perspektive
Wie viel jemand aus diesem Praktikum mitnimmt, hängt vor allem von dessen persönlichem Engagement ab und wie weit dieser sich in das bestehende Team einbringt. Verantwortung, eigene Projekte und die Möglichkeit, selbständig zu arbeiten, erhält man bei entsprechender Leistung hier schnell – genauso wie die Hilfe und das offene Ohr der Kollegen. Um sich im Unternehmen wohlzufühlen, sollte man interessiert, eigenständig, humorvoll, analytisch begabt und teamfähig sein. Eigene Ideen sind stets willkommen.

Henkel: Bewerbungsprozess für eine Einstiegsposition

Bewerbungsprozess

Ich kann jedem nur empfehlen, das Unternehmen im Vorfeld auf Recruitingveranstaltungen oder Hochschulmessen anzusprechen. Henkel macht sich bei solchen Gelegenheiten immer Notizen und so hat man den ersten Kontakt geknüpft. Auf die schriftliche Online-Bewerbung folgt ein Online-Test zu Haus am eigenen PC und ein in Englisch geführtes Telefoninterview von etwa 30 bis 45 Minuten Dauer. Im Anschluss folgen 2-3 Interviews mit Personalmanagern sowie insbesondere Führungskräften aus dem Fachbereich.

Verlauf des Interviews

Die Tests und Interviews sind ohne intensive Vorbereitung zu bewältigen. Im Telefoninterview wurden vor allem Standardfragen gestellt, wie »Warum interessieren Sie sich ausgerechnet für Henkel?«, »Wo sehen Sie sich in fünf Jahren?« Dass der Bewerber von seiner Persönlichkeit her ins Unternehmen passt und der Draht zu den Vorgesetzten stimmt, ist Henkel sehr wichtig. Beim Vorstellungsgespräch wird besonderer Wert darauf gelegt, dass sich beide Parteien kennen lernen. Weitere Fragen von Henkel waren folgende: »Warum begeistert Sie Marketing/Sales?«, »Inwiefern haben Sie schon mal Führung übernommen?«, »Haben Sie schon mal einen Konflikt gehabt und wie haben Sie diesen gelöst?« Beim 2. Interview mit dem Fachbereich geht es etwas mehr in die Tiefe und persönliche Eigenschaften und Interessen werden stärker erfragt, z. B. »Sind Sie analytisch oder kreativ?« Persönliche Erfahrungen wie Praktika oder Publikationen sind ebenfalls Thema. Es macht Sinn sich mit den Produktinnovationen der vergangenen Monate zu beschäftigen und die Social Media Auftritte von Marken, wie z.B. Schwarzkopf oder Persil etwas zu analysieren.

> **Insider-Tipp**
>
> In der Vorbereitung auf das Gespräch auf jeden Fall auch mit Henkel Produktinnovationen der vergangenen 6-12 Monate beschäftigen. Im Bereich Konzeptentwicklung sollte man die Vorgehensweise systematisch anhand von Beispielen erläutern können sowie auch Anforderungen in Emerging Markets oder Social Media erläutern können.

Insider-Perspektive

Im Unternehmen herrscht eine angenehme Atmosphäre, vor allem wenn man als Bewerber selbst locker und entspannt auftritt. Wert wird vor allem auf Leadership und Motivation Skills, Durchsetzungsvermögen sowie Internationalität und Teamfähigkeit gelegt. Warum man ausgerechnet für Henkel arbeiten will, sollte man sich vorher auf jeden Fall gut überlegen.

L'Oréal: Direkteinstieg als Produktmanager

Bewerbungsprozess
Auf meine Bewerbung über das Online-Formular folgte ein Anruf der Personalabteilung mit der Einladung zum Vorstellungsgespräch. Nachdem dieses erfolgreich gemeistert wird, erhält man die Einladung zum zweiten Auswahltag. Dieses zweite Gespräch wird in der Regel von Managern der jeweiligen Fachabteilung geführt und beinhaltet meist die Vorstellung des eigenen Lebenslaufs sowie oft eine SWOT-Analyse eines Produktes oder einer Marke. Zur Auswahlrunde gehören neben dem einstündigen Fachinterview das Lösen und Präsentieren einer Case Study. Auf AC wird bewusst verzichtet, weil L'Oréal Wert auf eine angenehme Atmosphäre beim Kennenlernen legt.

Verlauf des Interviews für das Praktikum
Wichtig ist für L'Oréal hauptsächlich, dass Bewerber als Typ zum Unternehmen passen: international, begeisterungsfähig, kreativ, engagiert und innovativ. Man muss die etwas chaotische Kultur mögen. Bei L'Oréal geht es mehr um Entscheidungen von Mitarbeitern als um Verfolgung bestimmter Prozesse. Im Vordergrund stehen bei den recht locker geführten Interviews der CV des Bewerbers sowie die Produkte und Marken von L'Oréal. Praxiserfahrung ist ein wichtiges Einstellungskriterium. Fragen wie diese wurden dazu gestellt: »Was unterscheidet Sie von anderen Kandidaten? Wo konnten Sie während eines Praktikums Kreativität zeigen?« Vorbereiten sollte man sich auch auf Fragen zu Zielgruppen, Produkten und zur Wettbewerbssituation.

> **Insider-Tipp**
>
> »Die akademischen Leistungen sind uns wichtig, aber am Ende des Auswahlprozesses entscheidet immer die Persönlichkeit.«
> *Eva Szreder,*
> *Talent Recruitment Director,*
> ***L'Oréal***

Beschreibung der Arbeit
Als Produktmanager trägt man bei L'Oréal die Verantwortung für eine komplette Produktkategorie. Mit anderen Abteilungen wie Vertrieb, Logistik, Controlling, Forschung, PR, Kundendienst usw. ergibt sich daher eine enge Zusammenarbeit. Diese war sehr lehrreich für mich, denn L'Oréal zeichnet sich aus durch junge und motivierte Teams, die etwas bewegen wollen und können. Eine meiner Haupttätigkeiten als Produktmanager war das Entwickeln und Planen von Marketingstrategien für ein gesamtes Jahr, zu der auch das Durchführen von Markt-, Produktpotenzial- und Zielgruppenanalysen gehörte. Analysen von Umsatzzahlen und Abverkäufen waren auch Teil meines Arbeitsalltages, um das Tagesgeschäft fortlaufend im Blick zu behalten. Ebenfalls zur Tätigkeit des Produktmanagers gehören die Entwicklung, Planung, Präsentation und Abwicklung von Verkaufsaktionen sowie Produkteinführungen. Diese Aufgaben wurden in engem Kontakt mit dem Internationalen Marketing in Paris verwirklicht, vor allem beim Lancieren eines neuen L'Oréal-Produktes. Verantwortung trug ich

außerdem für die Planung, Steuerung und Kontrolle des Jahresbudgets. Die durchschnittliche Arbeitszeit betrug 45-60 Stunden pro Woche. Das Unternehmen ist so aufgebaut, dass jeder Einsteiger von Beginn an viel Verantwortung trägt, denn durch das Entfallen von Assistent-Positionen liegen viele Aufgaben beim Produktmanager selbst. Eigeninitiative wird erwartet und auch belohnt.

Eine klassische Karriere im Marketing könnte wie folgt aussehen: Nach dem Einstieg als Junior-Produktmanager folgt der Schritt zum Produktmanager. Anschließend übernimmt man als Group Product Manager Verantwortung für ein kleines Team und eine Produktkategorie. Der nächste Schritt ist die Marketingleitung. Denkbar ist aber auch eine Entwicklung in andere Regionen oder Abteilungen. Gerade, wenn zu deinen späteren Karrierezielen die Übernahme der Geschäftsführung gehört, solltest du neben dem Marketing in jedem Fall auch andere Funktionsbereiche kennenlernen.

Insider-Perspektive
Locker, kollegial und gleichzeitig professionell ist die Unternehmenskultur bei L'Oréal. Die Kommunikation zwischen den Mitarbeitern ist sehr informell und oral geprägt. Daher solltest du eine extrovertierte Persönlichkeit sein, die gut und gerne Kontakt mit anderen Personen aufbauen und pflegen kann.

Peek & Cloppenburg: Bewerbung als Trainee

Bewerbungsprozess
Der Bewerbungsprozess für ein Traineeprogramm bei Peek & Cloppenburg besteht aus mehreren Schritten: eine schriftliche Bewerbung, in der Regel über die Online-Maske auf der Karriereseite, auf der man alle geforderten Dokumente wie Lebenslauf, Zeugnisse, Praktikumsbescheinigungen und Empfehlungsschreiben hochladen muss. Überzeugt man mit seiner Bewerbung, wird man per E-Mail zu einem Assessment Center eingeladen. Falls die HR-Abteilung interessiert, aber nicht hundertprozentig überzeugt ist, kann vor diesem Schritt ein Videointerview erfolgen. Dies habe ich von anderen Teilnehmern des AC erfahren. Wieder andere haben durch einen positiven Eindruck auf einer Karrieremesse überzeugt und dort auch ihre Bewerbungsunterlagen abgegeben.

Verlauf des Interviews und Assessment Centers
Die Stimmung beim AC habe ich als angenehm und sehr freundlich empfunden, vor allem von Seiten der Mitarbeiter von Peek & Cloppenburg. Die Teilnehmer wurden begrüßt und sollten sich dann vorstellen. Danach gab es eine Präsentation über das Unternehmen. Der Schwerpunkt bei den folgenden Tests lag im computerbasierten Teil vor allem auf mathematischen Aufgaben, für die man auf jeden Fall gut Kopfrechnen, Dreisatz und Logikaufgaben beherrschen sollte. Außerdem musste ich einige Fragen zur Selbsteinschätzung beantworten – sowohl Stärken und Schwächen als auch zu meinem Stil und meinem Verhältnis zum Thema Mode. Nach dem Mittagessen sollte man einen Stiltest zu Modefragen beantworten. Dieser Test besteht aus circa 40 Fragen zur Modewelt und zur aktuellen Außendarstellung von P&C. Die letzte Aufgabe war eine Case Study, in der zu klären war, ob ein neues Cashmere Label ins Sortiment aufgenommen werden sollte. Daraufhin folgte eine Q&A in der Gruppe zu dieser Fallstudie. Am Ende des Tages gab es sehr ausführliches und konstruktives Feedback.

Nach dem AC folgte ein Praxistag in einem Einkaufshaus. Ich konnte direkt in die Prozesse hineinblicken und auch Kunden beraten. Auf Anfrage durfte ich auch Verbesserungsvorschläge für die Abteilung abgeben. Abschließend folgte ein sehr ausführliches Interview, bei dem jede Station des Lebenslaufes genau besprochen wird.

Insider-Perspektive
Man sollte sich gut auf die mathematischen Aufgaben vorbereiten und sich mit dem Unternehmen auf verschiedenen Ebenen auseinandersetzen: aktuelle Werbung, Eigenmarken, Konkurrenten, aufstrebende Modelabels, Aufbau des Unternehmens. Das hilft bei den Stiltests und der Fallstudie. Für das Vorstellungsgespräch empfehle ich, sich noch einmal intensiv mit dem eigenen Lebenslauf auseinanderzusetzen.

Procter & Gamble: Bewerbungsprozess für ein Praktikum

Bewerbungsprozess
Das Auswahlverfahren bei Procter & Gamble wird auf der Website des Unternehmens erläutert: Es ist mehrstufig und verläuft immer nach demselben Schema. Insgesamt werden bei Interesse drei Gespräche geführt. Praktikanten werden immer projektbezogen eingesetzt. Im Vorfeld muss man u. a. online einen Persönlichkeitstest machen, in dem das Potenzial zum sogenannten »Success Driver« geprüft wird. Procter & Gamble kommuniziert auf seiner Homepage ganz offen, dass die »Success Driver« einen wesentlichen Bestandteil der Unternehmensphilosophie ausmachen. Wer diesen Test nicht »besteht«, hätte sich daher im Unternehmen vermutlich nicht wohl gefühlt. Der nächste Schritt ist dann der Reasoning Test, der numerisches, logisches und formbezogenes Denken beinhaltet. Verläuft dieser Test positiv, dann finden Interviews statt.

Verlauf des Interviews
In den Interviews müssen Bewerber anhand eigener Erfahrungen bestimmte Qualitäten, z. B. Führungsstärke, beweisen. Unerlässlich ist es deshalb, sich schon vor dem Gespräch mit der eigenen Persönlichkeit auseinanderzusetzen, genau zu wissen, wo Stärken und Schwächen liegen und womit man diese belegen kann. Keine Frage kam so unverhofft, dass man sich nicht auf sie hätte vorbereiten können.

Beschreibung der Arbeit
Der Arbeitsalltag war sehr abwechslungsreich und beinhaltete kaum Routineaufgaben. Als Praktikant arbeitete ich, wie bei P&G üblich, selbständig an einem Projekt, für das ich Verantwortung übernehmen und Entscheidungen treffen konnte und musste. Meine Aufgabe bestand u. a. darin, zwei Agenturen zu steuern, Marketing-Materialien für ein Pilot-Projekt zu erstellen und in einer Marktforschungsstudie zu überprüfen. Mit Kollegen aus mehreren internationalen Standorten musste ich täglich Termine planen und Meetings koordinieren. Reisen nach Spanien waren Teil des Projekts und ein erfreuliches Incentive.

Der sehr respektvolle, aber dennoch lockere Umgangston prägt die fast schon amerikanische Arbeitsatmosphäre der Firma. Solange die Leistung stimmt, lassen sich die Arbeitszeiten recht frei einteilen.

Die Ausstattung am Standort Genf, zu der ein Fitnessstudio und eine UBS-Filiale gehören, hat mich wirklich beeindruckt. Sogar Ruhe-Liegen für den Power Nap stehen den Mitarbeitern im Büro zur Verfügung. Zudem werden Weiterbildungs- und Trainingsmaßnahmen angeboten, was ich in dieser Form in keiner anderen Firma erlebt habe.

Trainieren

Die Zeit bei Online-ACs ist sehr knapp bemessen, daher sollten Sie die verschiedenen Aufgaben vorher üben. Ihr Insider-Dossier enthält einen Zugangscode zu Übungsaufgaben auf squeaker.net.

Insider-Tipp

Besonderen Wert wird auf »Ownership« gelegt, d. h. man ist für die Ergebnisse selbst verantwortlich. Alle Mitarbeiter nehmen engagiert Anteil an den Projekten der Kollegen, wenn z. B. andere Marken neue Produkte launchen.

Unilever: Einstieg als Praktikant/Trainee

Bewerbungsprozess

Auf der Suche nach einem Praktikum stieß ich auf die unkonventionelle Unilever-Anzeige mit dem Titel »Great things come to those who want more«. Auf der Anzeige habe ich bekannte Markennamen wie Axe, Dove, Lätta oder Langnese gesehen und war erstaunt, dass hinter all diesen Marken der Konzern Unilever steht. Ab diesem Moment war ich neugierig und habe mich online durch die Karriereseiten geklickt. Unter »Praktika« habe ich dann eine Ausschreibung entdeckt, die zu meinem Profil passte. Also habe ich mich auf dem Bewerbungsportal registriert und das Bewerbungsformular ausgefüllt. Bereits einige Tage nach dem Versenden meiner Bewerbung erhielt ich einen Anruf und eine Einladung zum Bewerbungsgespräch ins Unileverhaus nach Hamburg.

> **Traineeprogramm**
>
> »Selbstverständlich können sich auch AbsolventInnen für das Traineeprogramm bewerben, die bisher noch kein Praktikum bei Unilever absolviert haben – es besteht absolute Chancengleichheit.«
> *Fridtjof,*
> *Trainee,*
> **Unilever**

Verlauf des Interviews

Meine Interviewpartner kannten mein Profil schon sehr gut und gingen auch auf meine bisherigen Erfahrungen ein. Meinen Interviewpartnern war es wichtig herauszufinden, ob ich die nötige Leidenschaft für die Unilever-Markenwelt und die Kunden mitbringe. Schon am nächsten Tag wurde ich per Telefon über die Entscheidung informiert und hatte ein paar Tage später den Praktikumsvertrag im Briefkasten. Bei der Wohnungssuche gab es auch Unterstützung und so begann ich mein Praktikum kurz darauf in Heilbronn.

Beschreibung der Arbeit

Nach einer ausführlichen Einführung und mehreren Gesprächen mit Vorgesetzten und Kollegen aus anderen Bereichen konnte ich mich gleich an die ersten Projekte setzen. Während meines Praktikums wusste ich durch regelmäßige Feedbackgespräche, wo ich stehe und konnte so an meiner persönlichen Entwicklung arbeiten. Im finalen Feedbackgespräch haben wir über Lob und weitere Anregungen gesprochen. Mein Einsatz wurde am Ende mit einer Empfehlung fürs Unilever Future Leaders Programme, dem Unilever-Traineeprogramm, gekrönt.

Verlauf des Assessment Centers für das Trainee-Programm

Dadurch konnte ich den onlinebasierten Leistungstest, in dem u. a. kognitive Fähigkeiten abgefragt werden, direkt absolvieren. Eine separate Bewerbung und das obligatorische Telefoninterview entfielen. Nachdem ich den Online-Test bestanden hatte, erhielt ich eine Einladung zum eintägigen Assessment Center in Hamburg. An diesem Tag konnte ich gemeinsam mit 5 anderen Bewerbern meine Fähigkeiten in einer Vorstellungsrunde und verschiedenen Gruppen- und Einzelübungen noch einmal unter Beweis stellen. Nach dem arbeitsintensiven AC-Tag erhielt ich bereits am selben Abend die Zusage und konnte mich ab sofort zum Kreis der Unilever-Trainees zählen.

> **Insider-Tipp**
>
> »Im Assessment Center sollte man sich absolut natürlich und ungezwungen geben und einfach man selbst sein.«
> *Fridtjof,*
> *Trainee,*
> **Unilever**

Die ersten 100 Tage in der Konsumgüterindustrie

Sie haben einen guten Überblick über die Konsumgüterindustrie und die Top-Player der Branche erhalten. Vielleicht haben Sie die Bewerbungsphase auch schon hinter sich gebracht und einen Arbeitsvertrag in der Tasche. Dann zählt nun, die ersten Tage in Ihrem Job in der Konsumgüterindustrie mit Bravour zu meistern. Denn wie überall im Leben gilt auch und vor allen Dingen in der Berufswelt: Sie haben nur eine Chance, einen guten ersten Eindruck zu hinterlassen.

Die ersten 100 Tage eines Berufsanfängers sind eine harte Probe. Sie betreten völliges Neuland mit vielen unbekannten Gesichtern und Namen, neuen Strukturen, Begriffen und Abkürzungen, ungeschriebenen Gesetzen und last but not least einer Vielzahl von neuen Aufgaben. Es passiert nicht selten, dass man als Berufseinsteiger in Fettnäpfchen tritt oder einen typischen Anfängerfehler begeht. Manchmal sind es zwar nur Kleinigkeiten, doch auch diese können ausreichen, um Ihnen die ersten Schritte Ihrer Karriere zu erschweren, bevor diese überhaupt begonnen hat.

Berufseinsteiger haben häufig den Irrglauben, dass es allein auf die fachliche Leistung ankommt und verbeißen sich dadurch zu sehr in ihre Aufgaben. Unsere Interviews mit Personalern und Berufserfahrenen aus der Konsumgüterindustrie sowie aus vielen anderen Branchen zeigen allerdings das Gegenteil: In den meisten Fällen ist es nicht die Leistung, sondern das persönliche Verhalten von jungen Talenten, das Punktabzüge bringt. Denken Sie immer daran, dass Sie nicht nur Mitarbeiter in einem Unternehmen sind, sondern auch Mensch in einem Team. Natürlich muss Ihre Leistung stimmen, doch das, womit Sie zuerst und gleich vom ersten Tag an punkten können, sind Ihr Auftreten und Ihr Verhalten.

Es versteht sich von selbst, dass Sie höflich und interessiert statt überheblich und ignorant in das neue Unternehmen eintreten. Auch wenn eine Duz-Kultur vorherrscht, so machen Sie keinen Fehler, wenn Sie in den ersten Tagen mit dem »Sie« starten. In jedem Unternehmen gibt es Personen, die lieber gesiezt werden möchten, verscherzen Sie es sich mit diesen nicht. Um sicher zu gehen, befragen Sie einen Kollegen, zu dem Sie Vertrauen haben. So treten Sie in kein Du-Fettnäpfchen. Auch für die Kleiderwahl gilt, dass ein Mehr statt ein Weniger an Förmlichkeit und Korrektheit die sichere Wahl ist. Gehen Sie in den ersten Tagen und Wochen besser over- als underdressed ins Büro und nehmen Sie wahr, ob und was für einen Dresscode es an Ihrem Arbeitsplatz gibt. Nach und nach können Sie sich an diesen anpassen.

In den ersten Arbeitstagen und -wochen sollten Sie möglichst viel »aufsaugen«. Wir empfehlen Ihnen, dass Sie immer etwas zu schreiben bei sich haben und sich Notizen machen. Wenn Ihnen z. B. ein neuer Kollege vorgestellt wird, notieren Sie sich nach dem Kennenlernen – vielleicht während einer kurzen Aufzugfahrt – schnell seinen Namen. Nur einmal Gehörtes ist leicht wieder vergessen. Hören Sie Ihren Kollegen aufmerksam zu und beobachten Sie das Geschehen, um auch das Unausgesprochene »zwischen den Zeilen« zu verstehen. Welche Codes und Rituale gibt es im Unternehmen? Gibt es einen täglichen Teamlunch, so gehen Sie natürlich mit. Treffen sich die Kollegen regelmäßig zu einem Kaffee in der Kaffeeküche oder Cafeteria, dann schließen Sie sich an. Gerade an informellen Orten wie der Kaffeeküche gibt es viel zu erfahren und zu lernen. Zu Beginn ist es unerlässlich, dass Sie sich kontaktfreudig zeigen und möglichst schnell Anschluss im Team erhalten.

Nicht nur für die persönliche, sondern vor allem auch für die fachliche Ebene ist ein reger Austausch mit Ihren Kollegen wichtig. Berufseinsteiger unterschätzen oft die Bedeutung des Networkings im Konzern. Dabei haben Sie besonders in den Bereichen Marketing und Vertrieb mit vielen Schnittstellen zu tun und helfen sich selbst, wenn Sie von Anfang an um ein gutes Miteinander bemüht sind. Dieses wird Ihnen später den Arbeitsalltag erleichtern, schließlich tragen alle Abteilungen zum Erfolg der von Ihnen betreuten Produkte bei. Scheuen Sie es also nicht, proaktiv auf Kollegen zuzugehen. Sollte es nicht ohnehin schon im Einarbeitungsplan für Sie vorgesehen sein, dann bitten Sie um Gespräche mit den angrenzenden Abteilungen, um die Kollegen kennen zu lernen, mit denen Sie zusammen arbeiten werden. Das persönliche Gespräch ist durch nichts zu ersetzen, um einen guten zwischenmenschlichen Kontakt herzustellen, der sich positiv auf die zukünftige Zusammenarbeit überträgt. Arbeiten Sie an diesen frischen, sozialen Kontakten: Fragen Sie nach dem Wochenende und erzählen Sie auch etwas von sich. Durch kleine Gesten signalisieren Sie Ihr Interesse.

Mit diesen Tipps sind Sie gerüstet für das Ankommen als Mensch im Team. Aber Sie sind ja nicht nur »zum Spaß« da. Natürlich geht es vor allen Dingen um Ihren Job. Und natürlich wollen Sie sich schnell einarbeiten in Ihre Aufgaben. Bei der Komplexität der Marketing- und Vertriebsarbeit in der Konsumgüterindustrie werden Sie allerdings kein Unternehmen finden, das Ihnen am ersten Arbeitstag Guidelines in die Hände drückt, wie Sie Ihren Job zu erledigen haben. Sie müssen also fragen, fragen und nochmals fragen. Gerade ehrgeizige Personen versuchen oft, sich alles selbst zu erarbeiten, doch das kostet Sie auf der einen Seite zu viel Zeit und auf der anderen Seite machen Sie auf diese Weise schnell den Eindruck eines verbissenen Einzelkämpfers. Also scheuen Sie sich nicht und bitten Ihre Kollegen um Hilfe! Sie müssen keine Angst haben, die anderen von der Arbeit abzuhalten. Eher ernten Sie Unverständnis, wenn Sie keine Fragen stellen. Sie sind neu im Job, Sie können einfach noch nicht alles wissen. Jeder Ihrer Kollegen war selbst einmal Einsteiger und wird Ihnen gerne helfen.

Insider-Tipp

»Fragen stellen! Am schnellsten kommt man in den Job hinein, wenn man jeden Kollegen mit Fragen löchert. Gerade am Anfang sind alle Leute bereit, einem neuen Kollegen mit Rat und Tat zur Seite zu stehen. Diese wertvollen Ressourcen sollte man nutzen.«
Prdouktmanager,
L'Oréal

Allerdings sollten Sie die Fragen so früh wie möglich stellen. Wenn Sie sich erst nach Wochen trauen, wird man sich fragen, was Sie in der Zwischenzeit gemacht haben. Wenn Sie mit Fragen auf Ihre Kollegen zugehen, wirkt das sympathischer als wenn Sie sich hinter Ihrem Schreibtisch verschanzen und versuchen, alles auf eigene Faust zu lösen.

Ein hoher Anspruch an die eigene Leistung in allen Ehren, doch genau dieser kann Ihnen zum Verhängnis werden, wenn Sie zu perfektionistisch an Ihre Aufgaben herangehen. Sie bauen sich mit einem hohen Anspruch ein enormes Arbeitspensum auf, welches auf Dauer nicht zu bewerkstelligen ist. Gekoppelt an diese Arbeitshaltung ist der Glaube, dass man keine Fehler machen darf. Doch Fehler geschehen im schnellen Arbeitsalltag in der Konsumgüterindustrie. Manche Unternehmen werfen Jobeinsteiger sogar bewusst »ins kalte Wasser« und gehen davon aus, dass Sie Fehler machen werden – erwarten aber auch, dass sie aus ihnen lernen. Unsere Interviews mit Bewerbern, Berufseinsteigern und Personalern zeigen, dass von Ihnen als Hochschulabsolvent und neuem Kollegen keine Wunder erwartet werden. Wichtiger ist, dass Sie schnell ins Team hineinwachsen und zunächst lernen, lernen und nochmals lernen. Wenn Ihnen also Fehler passieren ist es wichtig, dass Sie kein Drama aus ihnen machen, sondern gleich lösungsorientiert reagieren und versuchen, den Fehler bestmöglich wieder auszubügeln. Natürlich sollten Sie den gleichen Fehler nicht zwei Mal machen.

Um die Vielzahl von Aufgaben zu managen, ist es absolut notwendig, dass Sie sich von Anfang an gut organisieren. Eine strukturierte Arbeitsweise ist auch im kreativen Umfeld essenziell, damit Ihnen die Aufgaben nicht über den Kopf wachsen. Ob Sie Ihre Aufgaben in to-do-Listen in Outlook, Excel oder handschriftlich festhalten, ist Ihren persönlichen Vorlieben überlassen. Wichtig ist, dass Sie die für Sie passende Organisation finden und immer den Überblick behalten. Neben Ihrem Organisationstalent benötigen Sie also auch die Fähigkeit, Prioritäten richtig einzuschätzen. Sollte Ihnen dies am Anfang schwer fallen, so bitten Sie Kollegen oder Ihren Vorgesetzten um Unterstützung. Mit der Zeit werden Sie selbst ein gutes Gespür dafür entwickeln, was wichtig und dringend ist und welche Aufgaben auch eine Weile auf Sie warten können. Beherzigen Sie auch die 80/20-Regel: Mit 20 % Aufwand können Sie oft schon 80 % des Ergebnisses erreichen. Für die fehlenden 20 % Ergebnis benötigen Sie allerdings die verbleibenden 80 % Ihrer Zeit und Energie. So sind Ihre Ressourcen meist nicht gut eingesetzt. In den ersten Wochen und Monaten werden Sie ohnehin intensivere Arbeitszeiten haben als die routinierteren Kollegen. Also seien Sie realistisch: Wie viel Anspruch ist zielführend und wie viel Details kosten ein Zuviel an Zeit?

Ein wesentlicher Baustein für eine schnelle Einarbeitung in Ihren Aufgabenbereich im Marketing und Vertrieb ist, den Markt kennen zu lernen. Sie müssen sowohl zum Experten für Ihre eigenen Produkte werden als auch die Konkurrenz im Blick behalten. Zeigen Sie Interesse und Begeisterung für den Markt, indem Sie den ständigen »Draht nach draußen« suchen. Während Sie als Vertriebsmitarbeiter tagtäglich Kontakt zum Markt und den Kunden haben, sind Sie als Marketingmanager etwas weiter entfernt. Suchen Sie immer nach Möglichkeiten, Ihr Ohr am Puls des Marktes zu haben. Nehmen Sie sich Zeit, sich mit den Augen eines Endverbrauchers am Point-of-Sale zu bewegen. Wenn es nicht ohnehin schon zum angebotenen Training-on-the-job bei Ihrem Arbeitgeber gehört, dann suchen Sie auf eigene Initiative die Möglichkeit, den Außendienst bei seinen Kundenbesuchen zu begleiten. Je näher Sie dran sind am Markt und den dort arbeitenden Personen, desto mehr Insights und kreative Impulse erhalten Sie für Ihre Arbeit.

Als Neuling in einem Unternehmen werden Ihnen viele Dinge auffallen, bei denen Sie denken »Das kann man doch besser machen!«. Es ist durchaus positiv, wenn Sie engagiert und proaktiv an die Dinge heran gehen und wenn Sie Verbesserungspotenzial wahrnehmen. Doch seien Sie vorsichtig: Jeder noch so gute Verbesserungsvorschlag kann als ein vorwurfsvolles »Bisher habt Ihr das nicht gut genug gemacht!« verstanden werden. Sie machen sich unbeliebt, wenn Sie als neues Teammitglied gleich Kritik üben, sei sie noch so konstruktiv. Wenn Sie in einem Umfeld arbeiten, indem Ihre Kollegen sehr offen für kritische Anmerkungen sind, so halten Sie Ihre Beobachtungen nicht zurück. Seien Sie dennoch vorsichtig, wie Sie sie formulieren. Ein vorsichtiges »Wäre es nicht besser, wenn ...« kommt besser an als ein bestimmendes »Das müssen wir in Zukunft ganz anders machen!«. Gleiches gilt für Ihr gesammeltes Hochschulwissen. Nur, weil Sie Marketing studiert haben, wissen Sie noch lange nicht, wie die Praxis funktioniert. Versuchen Sie erst zu verstehen, wie die Abläufe im Unternehmen heute sind, bevor Sie Verbesserungsvorschläge für morgen machen und Gefahr laufen, als Besserwisser abgestempelt zu werden.

Um nicht als überengagiert und zu fordernd zu gelten, treten Sie in den ersten Wochen am besten bescheiden auf. Viele Personaler und erfahrene Manager raten Ihnen, sich nicht sofort um die großen und schillernden Aufgaben zu reißen, sondern zunächst den von Ihnen geforderten Beitrag zum Team- oder Projektergebnis zu leisten. Wenn Sie diese ersten Aufgaben erfolgreich meistern, wird man Ihnen anspruchsvollere Tätigkeiten anvertrauen und Ihr Verantwortungsbereich wird sich mit der Zeit automatisch erweitern. Die große Kunst ist, dass Sie die Goldene Mitte finden. Sie sollten weder zu leise und genügsam, noch zu fordernd und überengagiert an Ihren Job heran gehen.

Unabdingbar für Ihre weitere Karriere ist es allerdings, die anfängliche Zurückhaltung nach einer Phase der Einarbeitung abzulegen und mit dem ersten geernteten Respekt ein eigenes Profil zu entwickeln. Diesen »Wendepunkt« erkennen Sie daran, dass Sie für die ersten Projekte und Aufgaben, die Sie erfolgreich unterstützt und durchgeführt haben, Anerkennung und Zuspruch erhalten. Warten Sie diesen Punkt geduldig ab, bevor Sie Abläufe hinterfragen und konstruktiv Kritik üben. Sobald Sie sich jedoch eingearbeitet und Ihre Aufgaben routiniert im Griff haben, wird auch Eigeninitiative von Ihnen erwartet. Damit gewinnen Sie die notwendige Profilschärfe, um während Ihrer weiteren Karriere aus der Masse von Mitarbeitern herauszuragen.

squeaker.net-Tipps für den Jobeinstieg auf einen Blick

- Treten Sie höflich auf. Siezen Sie Ihnen fremde Personen zunächst und warten Sie ab, bis Ihnen das Du angeboten wird.
- Bemühen Sie sich von Anfang an um gute persönliche Kontakte. Gehen Sie offen auf Ihre Kollegen zu, zeigen Sie Interesse an ihnen und finden Sie möglichst schnell Anschluss im Team.
- Für die Kleiderwahl gilt: besser over- als underdressed. Nehmen Sie wahr, was für einen Dresscode herrscht und passen Sie sich an.
- Nehmen Sie möglichst viele Informationen auf: Namen, Strukturen, ungeschriebene Gesetze, etc. Seien Sie aufmerksam und machen sich Notizen, bevor Sie in der Flut des Neuen Dinge vergessen.
- Stellen Sie Fragen über Fragen! Sie können nicht alles von Anfang an wissen, daher fragen Sie Ihre Kollegen. Das macht Sie sympathischer als wenn Sie verbissen versuchen, alles alleine zu erledigen.
- Bleiben Sie ehrgeizig, aber setzen Sie sich nicht unter zu großen Druck. Ein zu großer Perfektionismus kann Ihnen zum Verhängnis werden und lässt Sie im schlimmsten Fall »karrieregeil« und unsympathisch wirken.
- Wenn Ihnen Fehler passieren, dann verzweifeln Sie nicht. Wichtig ist, dass Sie sofort lösungsorientiert agieren und in der Zukunft zeigen, dass Sie aus Ihren Fehlern gelernt haben.
- Mit der Zeit werden Ihre Aufgaben mehr anstatt weniger. Daher sollten Sie sich von Anfang an organisieren und eine Arbeitsstruktur für sich finden. Egal ob am PC oder handschriftlich – Hauptsache organisiert!
- Üben Sie sich im Einschätzen von Prioritäten! Fällt Ihnen dies anfangs schwer, so bitten Sie um Hilfe bei der Einschätzung, bis Sie selbst ein Gefühl für Wichtigkeit und Dringlichkeit entwickelt haben.
- Werden Sie Experte in Ihrem Gebiet! Lernen Sie den Markt kennen und eignen Sie sich die Marktzahlen Ihrer Produkte an: Absatz in Stück, Umsatz in € und Marktanteile sollten Sie im Schlaf aufsagen können.
- Prahlen Sie nicht mit Ihrem Hochschulwissen. Die Praxis hat ihre eigenen Regeln. Versuchen Sie zunächst, die aktuellen Arbeitsweisen im Unternehmen zu verstehen, bevor Sie Kritik üben.
- Jeder noch so gute Verbesserungsvorschlag kann als vorwurfsvolle Kritik verstanden werden. Wählen Sie Ihre Formulierungen mit Bedacht – lieber als Frage statt als »Ich weiß wie's besser geht.«
- Treten Sie in der ersten Zeit bescheiden auf, fordern Sie nicht zu viel. Die großen und schillernden Aufgaben erhalten Sie nicht als Berufseinsteiger. Beweisen Sie sich zunächst durch Ihren Beitrag zum Teamergebnis.
- Sobald Sie sich eingearbeitet haben, legen Sie Ihre anfängliche Zurückhaltung ab und bringen sich mit neuen Ideen und Verbesserungsvorschlägen ein. Jetzt wird Eigeninitiative erwartet.

Sie sind nun gerüstet für einen erfolgreichen Jobeinstieg. Wir wünschen Ihnen viel Erfolg – auch im Namen unserer Partnerunternehmen. Wir empfehlen Ihnen, sich bei Ihrer Bewerbung auf das jeweilige Unternehmensprofil in diesem Insider-Dossier zu beziehen. So zeigen Sie, dass Sie sich im Vorfeld ausführlich informiert und bestens vorbereitet haben.

Kapitel F: Unternehmensprofile ausgewählter Konsumgüterunternehmen

Die folgenden Unternehmensprofile von ausgewählten Top-Adressen der Konsumgüterindustrie verschaffen Ihnen einen Überblick über die Top-Player der Branche.

Wir bedanken uns bei den teilnehmenden Unternehmen und ihren Mitarbeitern für ihre wertvollen Angaben und Insider-Tipps. Alle Unternehmensangaben wurden für diese Auflage komplett überarbeitet. Darüber hinaus bedanken wir uns für die finanzielle Unterstützung in Form der Anzeigenschaltungen. Damit das »Insider-Dossier« auch weiterhin der aktuellste und umfassendste Ratgeber zum Bewerbungsprozess in der Konsumgüterbranche bleibt, wird regelmäßig eine neue Auflage erscheinen. Dieser »redaktionelle Luxus« einer regelmäßigen Aktualisierung des Buches wäre ohne die Unterstützung der Unternehmen nicht möglich.

Erwähnen Sie in Ihrer Bewerbung, dass Sie sich über squeaker.net bzw. mit dem Insider-Dossier informiert haben – so zeigen Sie, dass Sie Ihre Bewerbung ernst nehmen und sich gründlich vorbereitet haben.

Darüber hinaus möchten wir auf weitere und stets aktuelle Unternehmensprofile auf squeaker.net verweisen. Hier finden Sie zu vielen Unternehmen ergänzende Angaben, aktuelle News, neue Erfahrungsberichte und Insider-Interviews.

Hinweis: Zugunsten der einfacheren Lesbarkeit verwenden wir in den Profilen die männliche Substantivform. Alle Unternehmen haben uns versichert, dass sie sich natürlich gleichermaßen über weibliche wie männliche Bewerber und Kollegen freuen.

Douwe Egberts Retail Germany

Douwe Egberts Retail Germany GmbH
Edmund-Rumpler-Str. 6
51149 Köln
Tel.: +49 (0)2203 9798-0
www.DEMB1753.com

Seit der Trennung vom amerikanischen Sara Lee Konzern im Juli 2012, fokussiert sich D.E Master Blenders 1753 mit Sitz in Amsterdam und Notierung an der Amsterdamer Euronext Börse rein auf das weltweite Kaffee- und Teegeschäft.

Als reines Kaffee und Tee Unternehmen ist es somit unser großes Ziel, die Nr. 2 auf dem weltweiten Kaffeemarkt zu werden. Deshalb repräsentieren rund 7.500 Mitarbeiter mit ihrem Engagement, Wissen und ihrer Leidenschaft unsere rund 30 Marken rund um den Kaffee- und Teegenuss.

Seit 1753 bieten wir den Menschen als »Master Blender« den besten Kaffee und Tee. Die Leidenschaft für unsere Produkte führt uns in die ganze Welt, wo wir uns von anderen Kulturen und Geschmäckern inspirieren lassen. Daraus schöpfen wir die Energie und Ideen, die es uns ermöglichen, den besten Kaffee und Tee in mehr als 45 Ländern zu kreieren.

Mit den 70 Mitarbeitern der Douwe Egberts Retail Germany GmbH aus den Abteilungen Marketing, Sales, Supply Chain, Finance & Controlling und Human Resources vertreten wir von Köln aus einen der wichtigsten Märkte des weltweiten Kaffeegeschäfts des niederländischen Konzerns D.E Master Blenders 1753.

Unsere Stärke sind über 250 Jahre Kaffee-Erfahrung und die Liebe zum Kaffee, die uns immer wieder zu Verbesserungen und Innovationen führen. Mit den Marken SENSEO® und natreen vertreten wir im deutschen Lebensmittelhandel starke und beliebte Marken.

Karrieremöglichkeiten

Für Studenten bieten wir regelmäßig Praktika an und auch für Hochschulabsolventen haben wir jährlich / alle zwei Jahre startende Traineeprogramme. Diese beginnen in Abhängigkeit von den Erfahrungen, die ein Bewerber bereits durch Praktika oder Werkstudententätigkeit sammeln konnte, entweder direkt als Traineeship oder mit einem 1-6 monatigen Praktikum, woran sich dann das Traineeprogramm mit größeren Verantwortlichkeiten nahtlos anschließt. Traineeprogramme bieten wir v.a. im Sales und Marketing, Supply Chain und HR an. Für das Jahr 2013 haben wir 5 neue Trainee Stellen.

Bei uns gibt es keine klassischen Karrierewege im Sinne von vorgezeichneten Karrierepfaden. Da wir lokal ein mittelständisches Unternehmen sind, haben wir die flachen Hierarchien und die Flexibilität, individuell auf unsere Mitarbeiter, ihre Potentiale und Wünsche einzugehen.

Wir unterstützen und fördern unsere Mitarbeiter durch individuelle Entwicklungspläne und verschiedenste Trainingsangebote von Fremdsprachen- und IT-Trainings über fachspezifische Trainings bis hin zu Leadership Workshops für unsere Führungskräfte und Nachwuchsführungskräfte.

Außerdem haben wir ein Programm für unsere besonders talentierten Mitarbeiter entwickelt, in dem es voll und ganz um die eigene Person, um individuelle Werte und Motive sowie die dazu passenden weiteren Karriereschritte geht.

Von neuen Mitarbeitern erwarten wir je nach Position Erfahrung aus der Konsumgüterbranche und natürlich positionsabhängige fachliche Erfahrung. Daneben spielen aber auch »soft skills« eine wichtige Rolle. Wir suchen begeisterte und begeisternde Menschen, die mit Leidenschaft bei der Arbeit sind.

Da wir ein niederländischer Konzern sind, der international agiert, sind natürlich zudem gute Englischkenntnisse erforderlich.

Wenn Sie eine Karriere in einer ambitionierten Organisation anstreben, dann lassen Sie uns dies bei einer Tasse Kaffee oder Tee besprechen und gemeinsam schauen, wie wir die Zukunft unseres Unternehmens und die nächsten Schritte Ihrer Karriere gestalten können.

Wir bieten verschiedene Möglichkeiten der Gesundheitsförderung: Von Kooperationen mit Fitnessstudios über Gesundheitstage und die Initiative D.E Master Sports, bei der sich die Mitarbeiter bei verschiedenen Sportarten nach Feierabend gemeinsam auspowern können. Daneben steht allen Mitarbeitern frisches Obst zur Verfügung.

Da uns nicht nur die berufliche Entwicklung unserer Mitarbeiter wichtig ist, haben wir in verschiedenen (Lebens-)Bereichen attraktive Angebote für unsere Mitarbeiter. Durch unsere Kooperation mit dem pme Familienservice unterstützen wir unsere Mitarbeiter auch bei der Kinderbetreuung und der Betreuung pflegebedürftiger Angehöriger. Zudem ermöglichen wir vielen unserer Mitarbeiter in Teilzeit (in Elternzeit oder auch darüber hinaus) zu arbeiten.

Natürlich müssen auch die Zahlen stimmen. Deshalb orientieren wir uns in Gehalts- und Bonussystem an branchenüblichen Gehältern und gute Leistung zahlt sich aus, indem sie sich in den jährlichen Gehaltserhöhungen und Bonuszahlungen niederschlägt. Daneben sorgen wir für die Zukunft unserer Mitarbeiter, indem wir im Rahmen der betrieblichen Altersvorsorge einen monatlichen Beitrag einzahlen und die Mitarbeiter zusätzlich einen Teil ihres Entgelts wandeln können.

> »Die Auszeichnung als »Great Place to Work 2012« zeigt das hohe Commitment der Mitarbeiter und die tolle Kultur, die wir im Unternehmen leben.«
> *Alexandra Dittrich, Country HR Director,*
> **Douwe Egberts Retail Germany**

Wir suchen Bewerber, die wie unsere Mitarbeiter innovative Ideen haben, andere inspirieren und mitreißen und ihren Fußabdruck hinterlassen wollen. Unsere Mitarbeiter sollen offen sein für Veränderungen und über eine positive Ausstrahlung verfügen.

Sind auch Sie ein »Master Blender«? Finden Sie heraus, was Sie über Kaffee und Tee wissen: quiz.demasterblenders1753.com

Bewerbungsverfahren

Bewerber-Kontakt
Alexandra Dittrich
Country HR Director
+49 (0)2203 9798-0
startyourcareer@demb.com
www.demasterblenders1753.com/Careers

Bewerbungen erhalten wir bevorzugt über unsere Karriereseite. Meist laden wir direkt ohne vorheriges Telefoninterview interessante Bewerber zu einem ersten persönlichen Gespräch ein. In seltenen Fällen wird bereits danach eine Entscheidung getroffen, in der Regel folgt ein zweites weiteres Gespräch.

Neben Ihren fachlichen Qualifikationen, die wir natürlich im Gespräch prüfen möchten, ist es unser Ziel Ihnen und uns zu ermöglichen, abzuschätzen wie gut die gegenseitige Passung ist.

In jeder Abteilung sind andere Kriterien wichtig. Im Allgemeinen ist es positiv wenn ein Bewerber bereits Erfahrung in der Konsumgüterbranche sammeln konnte und somit den Markt kennt.

Natürlich ist nicht nur das fachliche Know-How relevant, sondern genauso wichtig sind die Soft Skills. Wir suchen Individuen mit unternehmerischem Geist, Enthusiasmus und Leidenschaft für unsere Produkte und ihre Aufgaben.

Überzeugen Sie uns mit Ihrem Elan und Ihrer Begeisterung davon, dass Sie genau der Visionär sind, den wir für unsere ambitionierten Ziele suchen.

Wenn ein herausforderndes Arbeitsumfeld in einem ambitionierten Unternehmen das Richtige für Sie ist, dann freuen wir uns auf Ihre Bewerbung!

Erfahren Sie mehr unter demasterblenders1753.com/Careers. Dort können Sie sich auch für unseren Job Alert registrieren, so dass Sie immer über neue, passende Stellen informiert werden.

Insider-Perspektive

Mehr Insider-Informationen unter squeaker.net/douwe-egberts

Bei uns können sich schnell verschiedenste Karrierewege eröffnen, man kann nach kurzer Zeit Verantwortung übernehmen und man erlebt eine Menge spannender Ereignisse.

Kein Arbeitstag gleicht sich – wenn man sich proaktiv einbringt warten jeden Tag neue Herausforderungen. Die einzige Konstante ist der morgendliche Gang zur Kaffeemaschine.

Die Douwe Egberts Retail Germany GmbH ist Teil der niederländischen D.E Master Blenders 1753, die auf eine über 250 Jahre lange Kaffeetradition und -expertise zurückblickt. Millionen von Verbrauchern in Deutschland und Österreich genießen täglich unsere bekannten Marken SENSEO® und natreen®. Um dieses Konsumerlebnis jeden Tag auf's Neue einmalig zu gestalten engagieren sich ca. 60 Mitarbeiter der Douwe Egberts Retail mit ihren Ideen und ihrer Leidenschaft. Durch unsere Kaffeeexpertise und die Technikexpertise unseres Partners Philips haben wir 2001 durch die Einführung der Padmaschine den Kaffeemarkt revolutioniert und wollen dies weiter tun.

Wir suchen ganzjährig im Marketing/Vertrieb/Supply Chain/Human Resources für unsere Marken SENSEO® & natreen®

PRAKTIKANTEN & TRAINEES (M/W)

die
- sichere Englischkenntnisse besitzen,
- kommunikativ, teamfähig, analytisch und kreativ sind,
- selbstständig, strukturiert und verantwortungsbewusst arbeiten und
- Engagement sowie Energie ausstrahlen.

Wir bieten:

Dank flacher Hierarchien und der Leidenschaft für unser Business bieten wir Ihnen vielfältige Möglichkeiten, Ihre Karriere aktiv zu steuern und Ihren Arbeitsbereich mit Spaß und hoher Eigenverantwortung voranzutreiben und zu gestalten. Mit dem international operierenden Konzern im Rücken bieten sich Karrierewege nicht nur lokal, sondern auch international – sei es in befristeten Projektarbeiten, Auslandsentsendungen für eine bestimmte Zeit oder einer dauerhaften Beschäftigung in einem unserer Länder.

Wollen auch Sie Teil unserer Erfolgsgeschichte werden? Dann bewerben Sie sich online unter:
http://www.demasterblenders1753.com/en/careers/jobs

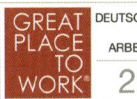

Lesen Sie mehr auf unserer Karriereseite!

Besuchen Sie auch die Homepage von: **SENSEO**® und **natreen**®

Henkel

HENKEL AG & Co. KGaA
Henkelstraße 67
40589 Düsseldorf
www.henkel.de

»Henkelaner« aus über 50 Nationen bieten im Düsseldorfer Headquarter ein Arbeitsumfeld, das durch Teamgeist und den gemeinsamen Anspruch an Spitzenleistungen geprägt ist.

Weltweit führende Marken und Technologien

Weltweit führende Marken, wie Schwarzkopf, Persil oder Loctite sind nur einige Beispiele, die als Ergebnis für den Ehrgeiz und den ausgeprägten Teamgeist bei Henkel stehen. Wer bei Henkel Verantwortung übernimmt, denkt und handelt global. Offenheit und Engagement sind stets gefragt und Neugierde ist die Voraussetzung für unsere Innovationsfähigkeit. Das stärkste Potenzial dafür bilden die Menschen – auch darum setzt Henkel wie kaum ein anderer Dax-30-Konzern auf die Vielfalt, Ausbildung und Förderung seiner Mitarbeiter. Als Fortune Global 500 Unternehmen mit über 130-jähriger Tradition eines Familienunternehmens vereint Henkel auf ganz besondere Weise Dynamik, Innovationskraft und Nachhaltigkeit. Von rund 47 000 Mitarbeitern sind 80 Prozent außerhalb Deutschlands tätig und dies in 125 Ländern. Als Global Player der Konsumgüterindustrie bietet Henkel leistungsorientierten, unternehmerisch denkenden Talenten exzellente Karriereperspektiven – und dies auf fünf Kontinenten.

Karrieremöglichkeiten

Verantwortung von Beginn an

Training on the job und Verantwortung übernehmen vom ersten Tag an – dies steht bei Henkel weit oben auf der Agenda. Den Mut haben, immer wieder neue Wege zu gehen und stetig auf neue Marktsituationen zu reagieren, ist wichtiger Schlüssel für die Innovationskraft von Henkel. Maßgeblich hierbei ist die unternehmerische Einstellung der Mitarbeiter. Die Führungskräfte fördern und fordern dies aktiv ein. So werden die Mitarbeiter systematisch unterstützt, ihr volles Potential zu entfalten und sich kontinuierlich weiter zu entwickeln. Wer entsprechend Talent und Leistungsbereitschaft zeigt, wird überdurchschnittlich honoriert und kann bei Henkel schnell eine internationale Karriere realisieren.

»Go global – Triple Two Philosophy«

Henkel legt bei der Talentenwicklung großen Wert auf Jobrotationen und den damit einhergehenden Perspektivenwechsel. Ein zentraler

Baustein der Karriereentwicklung ist die Triple-Two-Philosophy. Führungskräfte sollen im Laufe ihrer Karriere Erfahrungen in mindestens zwei Funktionen, in zwei Ländern und in zwei Unternehmensbereichen sammeln. Damit werden sie auf die Anforderungen des höheren Managements vorbereitet. Mit dieser Erweiterung des On-the-Job-Trainings unterstützt Henkel die fachliche und persönliche Weiterentwicklung der Mitarbeiter und stärkt dabei insbesondere die internationale Unternehmenskultur. Mobilität ist eine Voraussetzung, um im Konzern Karriere zu machen. Zur Vorbereitung für den jeweiligen Einsatz werden die Manager und auch deren Familien in interkulturellen Seminaren geschult.

Henkelaner

»Henkelaner« aus über 50 Nationen bieten im Headquarter ein Arbeitsumfeld, das durch Teamgeist und den gemeinsamen Anspruch an Spitzenleistungen geprägt ist.

Talente identifizieren und Potenziale entfalten

Mit unserem weltweit durchgängigen Talent-Management identifizieren wir frühzeitig unsere Talente und stellen eine gezielte Weiterentwicklung sicher. Die Basis bildet eine offene Feedback-Kultur und die Anerkennung von Leistung. Die Vorgesetzten beurteilen einmal jährlich gemeinsam mit dem Management-Team die Leistungen und das Potenzial ihrer Mitarbeiter. Fairness spielt dabei eine besondere Rolle, um die Akzeptanz unserer Mitarbeiter und Mitarbeiterinnen für ihre Bewertungen zu gewinnen. Für die talentiertesten Nachwuchskräfte hat Henkel die Global Academy, ein Netzwerk renommierter MBA-Schulen. Dazu gehören unter anderem die IESE Business School in Barcelona, die Thunderbird School of Global Management in Arizona sowie im Bereich der Top-Führungskräfteentwicklung auch Executive Education Courses an der Harvard Business School.

Ein viel versprechender Beginn – Praktika und Cases

Um die besten Nachwuchskräfte frühzeitig für uns zu begeistern, hat Henkel ein weltweites Netz mit Hochschulen und Professoren etabliert und kooperiert unter anderem sehr intensiv mit CEMS. Die vielfältigen Angebote an den Hochschulen wie Workshops, Fallstudien oder Vorlesungen bieten Studenten die Möglichkeit »erste Henkel Luft zu schnuppern«. Dies führt dazu, dass jährlich weltweit rund 1.500 Praktikanten den Henkel Spirit live in der Praxis erleben – deutschlandweit sind dies alleine rund 500 Studenten.

Ein Netzwerk zu Henkel-Managern sowie insbesondere das fachliche Coaching durch Mentoren aus dem Business steht auch bei der »Henkel Innovation Challenge« im Vordergrund. Bei der Innovation Challenge haben seit 2007 mittlerweile über 25.000 Studenten aus 5 Kontinenten teilgenommen und wertvolle persönliche Erfahrungen sammeln können. In dem internationalen Wettbewerb treten Teams von zwei Studenten gegeneinander an, entwickeln ihre Vision und den Businessplan für ein erfolgreiches Produkt in 2050. Ihre Idee präsentieren und verteidigen sie vor einer hochkarätigen Jury von Henkel Managern. Das Sieger-Team erhält als Preis ein »ticket around the world« sowie ein Treffen mit dem Henkel CEO. Mehr Details sowie Videos von den vergangenen Innovation Challenges finden Sie unter: www.henkelchallenge.com und www.facebook.com/henkelchallenge

Für die Besten: Der Henkel Career Track

Talente, die uns einmal überzeugt haben, lassen wir nicht einfach ziehen. Henkel hält mit den zahlreichen Praktikanten auch über das Praktikum hinaus Kontakt. Die Besten werden für den so genannten »Career Track« – das Henkel Praktikantenbindungsprogramm – nominiert. Hier werden den talentierten Studenten regelmäßig Seminare, Trainings und Workshops angeboten. Henkel fördert zum einen die Entwicklung ihrer persönlichen »Skills« und fordert zum anderen das aktive Mitwirken von ihnen. Wer zu diesem exklusiven Kreis gehören möchte, muss vom Mentor nominiert werden und überzeugt zuvor einen erfahrenen HR-Manager im persönlichen Gespräch sowie durch eine Projektpräsentation. Durch den intensiven Kontakt bauen sich die Studenten des Career Track ein Netzwerk zu Henkel-Mitarbeitern auf. Career Track Mitglieder wiederum treten an ihren jeweiligen Universitäten als Botschafter des Unternehmens auf. Auslandspraktika und eine intensive Betreuung ihrer Abschlussarbeiten sind weitere Meilensteine, die bei vielen »Trackies« nach ihrem Studium übergangslos zu einem erfolgreichen Einstieg bei Henkel führen.

Verantwortung übernehmen – Marktführer bleiben

Ist Ihnen aufgefallen, wie häufig in den letzten Jahren von dem Gebot der Nachhaltigkeit gesprochen wird? Oft ohne verbindliche Erklärung und ohne überprüfbare Ergebnisse. Nicht so bei Henkel. Wir sind dem Gedanken der Nachhaltigkeit bereits seit über 130 Jahren verpflichtet. Er ist einer unserer Unternehmenswerte und somit zugleich Teil unserer DNA.

Was wir unter Nachhaltigkeit verstehen, begreifen Sie sofort, wenn Sie zu Henkel kommen: Wir sorgen für die Sicherheit und Gesundheit unserer Mitarbeiter, schützen unsere Umwelt und achten die Lebensqualität der Menschen in unserem Umfeld. Mit unseren Marken und Technologien erfüllen wir die Bedürfnisse von Menschen – ohne dabei die Entwicklungsmöglichkeiten künftiger Generationen zu gefährden. Wir wirtschaften weltweit ökologisch nachhaltig und gesellschaftlich verantwortlich.

Was uns diese Strategie der Nachhaltigkeit bringt? Hören Sie sich um: weltweit genießen wir eine ausgezeichnete Reputation. Weltweit besetzen wir herausragende Marktpositionen. Weltweit entscheiden sich täglich Millionen Kunden für Henkel. Denn wir verknüpfen Nachhaltigkeit mit exzellenter Qualität. Mit diesem Wertbeitrag unterstützen wir den Klimaschutz, die Ressourcenschonung und den gesellschaftlichen Fortschritt. Das sind die strategischen Ziele unseres Unternehmens und unserer Mitarbeiter. Und – sind es auch die Ihren?

Life-Balance – Flexibilität und Eigenverantwortung

Im Wettbewerb um die besten Talente können sich nur solche Unternehmen durchsetzen, die ihren Mitarbeitern neben beruflichen auch persönliche Entfaltungsmöglichkeiten bieten. Henkel legt großen Wert darauf, den Mitarbeitern ein hohes Maß an Freiheit und Flexibilität bei der Organisation ihrer Arbeit zu ermöglichen. Letztlich zählt das Ergebnis und so treten Ort und Zeit dabei immer stärker in den Hintergrund. Henkel bietet Rahmenbedingungen, die es den Mitarbeitern ermöglichen, sich so zu organisieren, dass sie bei der Arbeit ihre beste Leistung abrufen können. Dazu zählen Angebote wie Kindertagesstätten, Home-Office und zahlreiche Arbeitszeitmodelle.

Bewerbungsverfahren

Erwartungen und Perspektiven

Ihre Persönlichkeit und Ihre soziale Kompetenz sowie erste praktische Erfahrungen sind uns mindestens so wichtig wie gute Studienleistungen. Henkel erwartet von Bewerbern, dass sie Neuem gegenüber aufgeschlossen sind und immer wieder nach innovativen Lösungen suchen. Wichtig sind dabei Kreativität und Eigenverantwortung. Sie sollten erste internationale Erfahrungen mitbringen und auch schon während des Studiums über den Tellerrand hinaus geschaut haben. Henkel schätzt Nachwuchskräfte, die frühzeitig unternehmerisch handeln oder sich auch sozial engagieren.

Wenn Ihre Schwerpunkte in den Bereichen Marketing, Handel, Vertrieb oder Kommunikation/Werbung liegen, dann finden Sie bei Henkel eine Vielzahl von unterschiedlichen Einstiegsmöglichkeiten. Ganz gleich ob Sie im B2B- oder B2C-Bereich Karriere machen wollen: Henkel bietet exzellente Perspektiven für ambitionierte Talente – und dies weltweit.

Natürlich bieten wir ebenso spannende Perspektiven in Bereichen wie Finance/Controlling/Audit, Einkauf, Forschung & Entwicklung oder auch der Produktentwicklung.

Jährlich stellt Henkel weltweit 500 Hochschulabsolventen aller Fachrichtungen ein. Bei Henkel läuft der Bewerbungsprozess ausschließlich über das Online-Bewerbungssystem, welches viele Vorteile für den Bewerber mit sich bringt. Eine erste Rückmeldung erfolgt nach drei bis vier Tagen, im schnellsten Fall kann ein Bewerber schon nach vier Wochen bei Henkel anfangen. Hochschulabsolventen erhalten als Einstiegsgehalt in Deutschland 44.200 Euro und können bei guter Performance zusätzlich einen attraktiven Bonus erzielen. Bei sehr guter Leistung und gutem Entwicklungspotenzial ist mit einer sehr attraktiven jährlichen Gehaltssteigerung zu rechnen.

Bewerber-Kontakt
Weitere Informationen sowie auch Videos von Mitarbeitern finden Sie unter:

henkel.de/karriere
facebook.com/HenkelCareers
twitter.com/HenkelJobs

Mehr Insider-Informationen unter squeaker.net/henkel

L'ORÉAL

L'Oréal

L'Oréal Deutschland GmbH
Georg-Glock-Str. 18
40474 Düsseldorf
Tel.: +49 (0)211 4378-251
www.loreal.de

L'Oréal ist eines der weltweit größten Konsumgüterunternehmen und Weltmarktführer in der Kosmetik. Das Engagement von L'Oréal, die Unterschiede zwischen den Verbrauchern weltweit zu respektieren, spiegelt sich in den 27 internationalen Marken wider, die die Gruppe unter einem Dach in 130 Ländern vereint. Seit über einem Jahrhundert ist die Forschung das Herzstück der Strategie von L'Oréal. Sie bildet die Grundlage für herausragende Innovationen und hat dazu beigetragen, dass L'Oréal seit vielen Jahren weltweit der Marktführer in der Kosmetik ist.

Die L'Oréal-Gruppe Deutschland wurde 1930 in Berlin gegründet. Heute ist L'Oréal an insgesamt vier Standorten in Deutschland vertreten: In Düsseldorf befindet sich die Zentrale. In Karlsruhe werden in dem einzigen deutschen Produktionszentrum der Gruppe Haar- und Hautpflegeprodukte für Deutschland und Teile Europas hergestellt. Darüber hinaus ist L'Oréal in Karlsruhe, Bruchsal und Kaarst mit Logistikzentren vertreten.

Deutschland ist für L'Oréal ein strategisch wichtiger Markt. Mit knapp 2.000 Mitarbeitern und einem Umsatz von 1,07 Mrd. Euro in 2012 ist L'Oréal auch hierzulande die Nummer 1 in der Kosmetik. Insbesondere in stark umkämpften Märkten wie Deutschland gilt es, durch noch effizientere und innovativere Produkte die Konsumenten von der Wirksamkeit und Qualität der Produkte zu überzeugen. Das bedeutet, Trends zu kreieren sowie Bedürfnisse schnell zu erkennen und zu nutzen. L'Oréal ist mit dieser Strategie sehr erfolgreich und konnte Deutschland zum viertwichtigsten Markt innerhalb der Gruppe entwickeln.

Zu den 27 globalen Marken der L'Oréal-Gruppe gehören u.a. Armani, Biotherm, Diesel, Garnier, Kérastase, Kiehl's, Maybelline/Jade, Lancôme, La Roche-Posay, L'Oréal Paris, L'Oréal Professionnel, Ralph Lauren, Redken, Vichy und Yves Saint Laurent Beauté. Nicht nur die Kosmetikmarken und -produkte sind auf die unterschiedlichen Bedürfnisse der Verbraucher ausgerichtet, auch die Vertriebswege entsprechen den vielfältigen Ansprüchen der Konsumenten. Auf den Vertriebskanal zugeschnittene Marken und Produkte der L'Oréal-Gruppe werden in Friseursalons, in Verbrauchermärkten, Apotheken, Drogerien, Parfümerien, Kaufhäusern und Duty-free-Shops, über den Versandhandel sowie im Internet angeboten.

Karrieremöglichkeiten

L'Oréal bietet fortlaufend Direkteinstiegspositionen für Absolventen und Young Professionals in den Bereichen Marketing/Brand Management, Controlling, Vertrieb & Key Account Management, Supply Chain Management und Einkauf an. Wir stellen jährlich ca. 70 Absolventen und Young Professionals ein.

Im Marketing und Vertrieb verbringen Sie als Jobeinsteiger die ersten Monate im Außendienst und betreuen eigenständig einen Verkaufsbezirk.

Über aktuelle Angebote für Praktika und Direkteinstiege sowie über Jobinhalte informieren Sie sich bitte unter karriere.loreal.de. Bewerbungen nehmen wir online über unsere Website entgegen.

Sie sollten Ihr Studium überdurchschnittlich erfolgreich abgeschlossen haben. Noch wichtiger ist Ihre Persönlichkeit: Wir suchen Unternehmertypen und innovative Denker, Menschen, die etwas gestalten und bewegen wollen - Meinungen und Energie mitbringen. Sie haben eine Affinität für die Dynamik unserer Branche und haben Talent darin, andere von Ihren Ideen zu überzeugen.

Praktische Erfahrung setzen wir voraus. Außerdem verfügen Sie durch Auslandspraktika und/oder -studium über erste internationale Erfahrung.

L'Oréal bietet attraktive Entwicklungs- und Karrieremöglichkeiten: Mit unserer Vielzahl an Marken und Aufgabenfeldern ergeben sich vielfältige Karrieremöglichkeiten in unterschiedlichen Abteilungen, Marken und Geschäftsbereichen. Auch der Schritt ins Ausland ist möglich: entweder in eine der L'Oréal Ländergesellschaften oder in unsere Konzernzentrale in Paris. L'Oréal verfügt zudem über ein umfassendes Programm an Weiterbildungsmaßnahmen - ein Trainings- und Entwicklungsplan wird individuell für jeden Mitarbeiter erstellt.

Wir bieten Praktika in verschiedenen Bereichen an wie z.B. Marketing/ Brand Management, Controlling, Vertrieb /Key Account Management, Supply Chain Management, Category Management, Marktforschung, Human Resources. Von Beginn an werden Sie in ihr Team eingebunden und übernehmen Verantwortung für eigene Projekte. Wir suchen ganzjährig Praktikanten für eine Dauer von drei bis sechs Monaten. Praktika sind möglich während des Bachelors, Masters und dazwischen.

Unser FIT-Programm (Follow-up & Integration Track) ist ein Einarbeitungsprogramm für alle neuen Mitarbeiter. Im Rahmen dieses Programmes erhalten neue Mitarbeiter einen individuellen Einarbeitungsplan, zugeschnitten auf die berufsspezifischen Anforderungen. In den ersten Wochen findet ein zweitägiger Welcome Day statt. Hier wird den neuen Kollegen die Struktur und Kultur von L'Oréal näher gebracht. Desweiteren bekommen neue Mitarbeiter einen Mentor an ihre Seite

Insider-Tipp

»Wir suchen Kandidaten, die langfristig zu L'Oréal passen. Kriterien für die Auswahl von Mitarbeitern: eine intrinsische, stark ausgeprägte Motivation, etwas zu bewegen und im Geschäftsleben erfolgreich zu sein – Persönlichkeiten mit Ideenreichtum, Mut und Meinungen – Kandidaten, die ausgezeichnete Kommunikationsfähigkeiten und Überzeugungskraft mitbringen.«

Eva Szreder,
Talent Recruitment Director,
L'Oréal

gestellt, einen erfahrenen L'Oréaler. Ebenfalls in den ersten Wochen sind Produktschulungen und ein Besuch unseres Logistikzentrums und der Fabrik Teil des Programms. Des Weiteren finden regelmäßig Business Lunches mit den jeweiligen Geschäftsführern und der Personalabteilung statt, die einen regen Austausch ermöglichen.

Zweimal pro Jahr führen wir Leistungs- und Entwicklungsgespräche mit unseren Mitarbeitern. Daraufhin wird ein individueller Trainings- und Entwicklungsplan erarbeitet, um unsere Mitarbeiter bestmöglich zu fördern und in ihren Aufgaben zu unterstützen.

Soziale Leistungen

L'Oréal bietet seinen Mitarbeitern eine Vielzahl von Leistungen an u.a. betriebliche Altersvorsorge, Profit Sharing Programm, Unfallversicherung sowie einen Betriebskindergarten.

Bewerbungsverfahren

Bewerben Sie sich online unter karriere.loreal.de. Anschreiben und Lebenslauf reichen vorab völlig aus. Im Falle einer positiven Bewertung laden wir Sie zu einem ersten Bewerbungsgespräch mit der Personalabteilung ein.

Teilweise führen wir vorab auch Telefoninterviews. Nach erfolgreichem Erstkontakt folgen weitere Gespräche mit der jeweiligen Fachabteilung. Das Bewerbungsgespräch sehen wir als gegenseitiges Kennenlernen. Uns ist es wichtig, den Menschen und seine Persönlichkeit zu entdecken, herauszufinden, ob er zu unserem Unternehmen passt, welchen Beitrag er zum Erfolg von L'Oréal leisten kann. Gleichzeitig bringen wir dem Bewerber das Unternehmen, mögliche Funktionen und Aufgaben sowie die L'Oréal-Kultur näher.

Wir erwarten hohe Motivation und sehr gute Vorbereitung. Wir diskutieren gerne mit Bewerbern über Marken und Märkte, bauen in Interviews kleine Fallstudien ein, in denen Sie die Chance haben, zu zeigen, dass Sie analytisch, wirtschaftlich aber auch kreativ denken. Außerdem ist die Fähigkeit, sich von Anfang an gut in die Mechanismen unserer Branche einzudenken, Kundenbedürfnisse klar zu verstehen und »ein Auge fürs Detail« zu haben besonders wichtig.

Idealerweise bewerben Sie sich mit einem Vorlauf von ca. 4 Monaten. Wir nehmen natürlich auch kurz- oder längerfristige Bewerbungen an. Weiter Informationen finden Sie auf unserer Karriere-Webseite: karriere.loreal.de

---

Bewerber-Kontakt

Jobs
Eva Szreder

Praktika
Marvin Taiwo

Bewerbungen sind ausschließlich online möglich. Bewerber können sich bei allgemeinen Fragen an die Mailadresse humanresources@de.loreal.com bzw. an die Hotline Tel.: +49 (0)211 4378 -251 wenden.

www.karriere.loreal.de

Mehr Insider-Informationen unter squeaker.net/loreal

Pernod Ricard Deutschland

Die Gruppe Pernod Ricard mit Hauptsitz in Paris ist der zweitgrößte Spirituosen- und Weinkonzern weltweit mit führender Marktposition auf allen Kontinenten. Die Fusion der französischen Unternehmen Pernod und Ricard legte 1975 den Grundstein für eine erfolgreiche Zukunft. Mit heute 19.000 Mitarbeitern vertreibt Pernod Ricard seine Premiummarken in über 70 Ländern.

> **Pernod Ricard Deutschland GmbH**
> Habsburgerring 2
> 50674 Köln
> Tel.: +49 (0)221 430909-0
> www.pernod-ricard.de

Auf dem deutschen Markt wird die Gruppe durch die Pernod Ricard Deutschland GmbH mit Sitz in Köln repräsentiert. Als deutsche, dezentral organisierte Tochtergesellschaft des internationalen Spirituosen- und Weinkonzerns vermarktet Pernod Ricard Deutschland auf dem hiesigen Markt ein Portfolio von bekannten Premiumspirituosen. Das Sortiment umfasst unter anderem die Marken Ramazzotti, Havana Club, ABSOLUT, Ballantine´s, Chivas Regal, Jameson, The Glenlivet, Malibu und Lillet. Mit 184 Mitarbeitern konnte Pernod Ricard Deutschland im Geschäftsjahr 2011/12 einen Bruttoumsatz von 570 Millionen Euro und einen Absatz von 27,6 Millionen Litern verzeichnen und damit seine Marktführerposition weiter ausbauen. Der Internationale Spirituosen Wettbewerb ISW zeichnete Pernod Ricard Deutschland zum »Spirituosen-Importeur des Jahres 2012« aus.

Auch in Zukunft wollen wir unseren Fokus auf die zunehmende Premiumisierung unserer Marken richten und bis 2015 weltweiter Marktführer werden.

Besonders der Bereich Corporate Social Responsibility (CSR) wurde in den letzten Jahrzehnten in der Spirituosenbranche stark von uns geprägt. Unsere CSR-Maßnahmen haben beim Thema Alkohol folglich keinen kommerziellen Charakter, sie orientieren sich ausschließlich an dem Ziel, Missbrauch zu bekämpfen. Wir sind natürlich stolz auf die Premiumqualität unserer Marken, mit denen wir Lebensfreude kreieren. Aber als Architekt der Lebensfreude haben wir auch die gesellschaftliche Verantwortung, für einen vernünftigen und maßvollen Genuss von Alkohol zu sorgen.

Dabei ist nachhaltiges Engagement unser Anspruch. Dies gilt für die Umwelt, unsere Mitarbeiter und die allgemeine Prävention.

Zu den Maßnahmen des Unternehmens gehören die Hinweise auf verantwortungsvollen Genuss auf allen Werbemitteln. Darüber hinaus befolgt Pernod Ricard Deutschland einen strengen, internen Kommunikationskodex. Die Botschaft »Kein Alkohol am Steuer« wird sowohl auf Markenebene thematisiert als auch auf Events durch einen eigenen Shuttle-Service umgesetzt. Zudem befindet sich auf allen Flaschen von Pernod Ricard Deutschland der Warnhinweis für schwangere Frauen. In Zusammenarbeit mit der »Stiftung für das behinderte Kind« der Charité Berlin wies Pernod Ricard Deutschland in einer großen Printaktion auf die Problematik von Alkohol in der Schwangerschaft hin. Unter dem Motto »Mein Kind will keinen Alkohol« macht sich das Unternehmen unter anderem mit Sophie Schütt, Bettina Zimmermann, Franziska Knuppe und Liz Baffoe für den Verzicht auf Alkohol während der Schwangerschaft stark.

Karrieremöglichkeiten

What will you do with your talents?
Pernod Ricard Deutschland ist ständig auf der Suche nach engagierten, hochmotivierten Mitarbeitern und bietet daher fortlaufend Einstiegspositionen in den folgenden Bereichen an:
- Brand Management & Market Research
- Sales & Key Account Management
- HR
- Finance

Ihr Profil
Ihre guten Studienleistungen werden durch weiterführende, praktische Erfahrungen abgerundet. Außerdem setzen wir als weitverzweigtes internationales Unternehmen sehr gute Englischkenntnisse voraus. Als perfekter Kandidat besitzen Sie eine hohe Sozialkompetenz, Kommunikationsstärke, eine sehr gute Auffassungsgabe, außerordentliches Engagement, sowie eine Hands-On-Mentalität. Durch Ihre Teamkompetenz, Ihre offene Art und Ihre Lebensfreude fügen Sie sich nahtlos in unser Unternehmen ein und folgen unserem Leitsatz: »Finde jeden Tag einen neuen Freund.« (Paul Ricard)

Aufgrund der weltweiten Ausrichtung von Pernod Ricard ist auch eine internationale Karriere eine Chance für Sie.

Unsere aktuellen nationalen und internationalen Vakanzen sowie die entsprechenden Anforderungen und Ansprechpartner finden Sie auf unserer Homepage unter: www.pernod-ricard.de.

Trainee-Programm
Wir bieten ein zweijähriges Trainee-Prgramm an, das die Bereiche Sales und Marketing gleichermaßen umfasst.

Das Programm ist in vier Abschnitte eingeteilt, die dazu dienen, die verschiedenen Abteilungen ausführlich kennen zu lernen. Dabei werden u.a. die Bereiche Brand-, Category- und Key Account Management sowie das Trade Marketing und der Vertriebs-Außendienst in das Programm eingebunden, sodass eine generalistische Ausrichtung im Marketing und Vertrieb ermöglicht werden kann.

Abschließend kann ein Auslandsaufenthalt bei einer der Tochtergesellschaften bzw. Brand Owner von Pernod Ricard in das Traineeprogramm integriert werden.

Praktikanten und Werkstudenten

Um Pernod Ricard Deutschland bereits während Ihres Studiums kennenlernen zu können und wertvolle Erfahrungen zu sammeln, bieten wir ganzjährig die Möglichkeit an, ein sechsmonatiges Praktikum in einer unserer Abteilungen zu absolvieren. In dieser Zeit werden Sie aktiv in das Tagesgeschäft eingebunden und lernen so frühzeitig, Verantwortung für eigene Projekte zu übernehmen. Sie sollten dafür mindestens die ersten Fachsemester Ihres Studiums erfolgreich abgeschlossen haben und erste praktische Erfahrungen für den von Ihnen angestrebten Fachbereich mitbringen.

Natürlich besteht ebenso die Möglichkeit, unser Unternehmen als Werkstudent zu unterstützen. Dazu können individuelle Arbeitszeitmodelle, welche sich mit Ihrem Studium ergänzen, ermöglicht werden. Aktuelle Informationen zu unseren Angeboten für Werkstudenten und Praktikanten finden Sie unter www.pernod-ricard.de.

Ihre Entwicklungsmöglichkeiten

Um jeden Mitarbeiter entsprechend seiner Potenziale entwickeln zu können, führen wir einmal jährlich Mitarbeitergespräche durch. Diese geben uns immer wieder Anlass dazu, gemeinsam über weiterführende Möglichkeiten nachzudenken. Dazu bieten wir umfangreiche Weiterbildungs- und Trainingsmaßnahmen für alle unsere Mitarbeiter an, um die persönliche und fachliche Entwicklung zu unterstützen.

Bewerbungsverfahren

Sie starten das Bewerbungsverfahren, indem Sie sich auf eines unserer Stellenangebote bewerben. Dazu übersenden Sie uns Ihre gesamten Bewerbungsunterlagen, bevorzugt per E-Mail, die im besten Fall aus Anschreiben, Lebenslauf, allen relevanten Zeugnissen, sowie weiteren Nachweisen über Ihre Qualifikation bestehen.

Sie erhalten daraufhin umgehend eine Eingangsbestätigung. Ihre Unterlagen werden in einem weiteren Schritt von der Personalabteilung gesichtet und an die zuständige Fachabteilung weitergeleitet. Nach einer umfassenden Prüfung Ihrer Qualifikation durch beide Abteilungen werden wir unaufgefordert auf Sie zurückkommen. Wir bitten Sie daher um ein wenig Geduld, da wir Ihnen einen qualitativ hochwertigen Auswahlprozess garantieren möchten. Im Falle einer Entscheidung zu Ihren Gunsten werden wir Sie zu einem ersten Gespräch in unser Unternehmen einladen. Nach einem erfolgreichen

Bewerber-Kontakt
jobs@pernod-ricard-deutschland.com

www.pernod-ricard.de

Erstkontakt erfolgt anschließend ein weiteres Gespräch mit der zuständigen Fachabteilung und der Personalabteilung.

Grundsätzlich verstehen wir ein Gespräch mit einem Bewerber als gegenseitiges Kennenlernen. Daher stehen Sie und Ihr Werdegang für uns im Mittelpunkt. Zudem sollten Sie sich vorab mit dem Unternehmen Pernod Ricard auseinander gesetzt haben, da wir gerne mehr über Ihre Motivation, für und mit uns zu arbeiten, erfahren möchten.

Insider-Perspektive

Pernod Ricard Deutschland: Einstieg als Praktikant im Marketing
Bewerbungsprozess
Auf der Suche nach einem interessanten Praktikum im FMCG-Umfeld bin ich auf das Stellenangebot von Pernod Ricard Deutschland aufmerksam geworden. Marken wir Ramazzotti, Havana Club oder ABSOLUT Vodka sowie die vielfältigen Aufgaben haben mich davon überzeugt, meine Bewerbungsunterlagen einzureichen. Nachdem ich mit meinem Profil das Interesse des Unternehmens wecken konnte, wurde ich zu einem Gespräch in die Firmenzentrale von Pernod Ricard Deutschland nach Köln eingeladen. Dieses wurde von einem HR-Mitarbeiter und einem Mitarbeiter aus dem Marketing gemeinsam geführt.

Das Bewerbungsgespräch ist mit ein wenig Vorbereitung sehr gut zu meistern. Der Fokus liegt im Gespräch auf der eigenen Persönlichkeit und dem dazugehörigen Werdegang. Wichtig ist, sich gut damit auseinandergesetzt zu haben, um tiefergehende Fragen zur eigenen Laufbahn souverän beantworten zu können. Grundsätzlich wird viel Wert auf eine persönliche und entspannte Atmosphäre gelegt. Neben einer für die Position passende Qualifikation ist es Pernod Ricard besonders wichtig, dass Mensch und Unternehmensphilosophie harmonieren. Daher gehört zu einer guten Vorbereitung auch, sich mit dem Unternehmen, seinen Produkten und seinen Werten zu beschäftigen. Fragen wie: »Was ist denn Ihr Lieblingscocktail?« oder ähnliches sollte man einkalkulieren. Diese entscheiden zwar nicht über den Erfolg der Bewerbung. Es zeigt aber, dass Pernod Ricard potentielle Mitarbeiter in ihrer Ganzheitlichkeit betrachtet.

Insider-Perspektive
Pernod Ricard Deutschland ist ein tolles Unternehmen, um sich schnell einzuarbeiten und wohlzufühlen. Es herrscht eine sehr kollegiale und wertschätzende Umgangsweise. Besonders die flachen Hierarchien ermöglichen es einem, viele Kontakte zu knüpfen und ein großes Netzwerk aufzubauen. Dies zeigt auch der monatlich stattfindende Conviviality-Lunch. Dazu werden alle Mitarbeiter eingeladen, an einem gemeinsamen Mittagessen teilzunehmen, um Networking zu betreiben

Wir sind die Nummer 1 der Spirituosenunternehmen in Deutschland und suchen nach Ihrem Talent für unser weiteres Wachstum!

Zur Verstärkung unserer Teams bieten wir Praktika in den folgenden Bereichen an:

- Brand Management & Market Research
- Key Account, Category Management & Trade Marketing
- HR
- Finance

WIR BIETEN

- Ein 6-monatiges Praktikum in einem der oben genannten Bereiche
- Ein dynamisches und abwechslungsreiches Arbeitsumfeld mit spannenden Marken
- Verantwortung für eigene Aufgaben und Projekte
- Eine leistungsgerechte Vergütung
- Erfahrung als Marktführer der Spirituosenbranche, die wir gerne an Sie weitergeben
- Eine konviviale Unternehmenskultur

IHR PROFIL

- Erfolgreicher Abschluss des ersten Studienabschnitts
- Sicherer Umgang mit dem MS-Office-Paket
- Gute Englischkenntnisse in Wort und Schrift
- Idealerweise erste Erfahrung im FMCG-Umfeld
- Eine sehr gute Auffassungsgabe sowie Kommunikations- und Teamfähigkeit

Wenn wir Ihr Interesse geweckt haben, senden Sie Ihre aussagefähigen Bewerbungsunterlagen, bevorzugt per E-Mail, bitte an unsere Personalabteilung: **jobs@pernod-ricard-deutschland.com**

Pernod Ricard Deutschland GmbH
Habsburgerring 2
50674 Köln
Tel.: 0221/43 09 09 - 0

www.pernodricard.de
www.genuss-mit-verantwortung.de

und einen unserer Unternehmenswerte, nämlich Conviviality (zu Deutsch: Geselligkeit), zu leben.

Positiv hervorzuheben ist der hochmoderne Bürokomplex und die damit verbundene Ausstattung am Arbeitsplatz. Für Pausen oder kreative Meetings steht eine offen gestaltete Lounge zur Verfügung.

Ein klassischer Arbeitstag beginnt in der Regel zwischen sieben und neun Uhr, dies ist jedem Mitarbeiter freigestellt, und endet von Montag bis Donnerstag entsprechend nach neun Arbeitsstunden. Daraus ergibt sich die sehr angenehme Regelung, dass freitags grundsätzlich nur vier Stunden gearbeitet werden und sich das Wochenende dadurch gefühlt verlängert. Als Praktikant erhält man von Anfang an die Chance, voll einzusteigen und Verantwortung zu übernehmen. Die eigenen Ideen werden ernst genommen und, wenn möglich, verwirklicht. Wer offen ist, unternehmerisches Denken besitzt, Interesse zeigt und alle gebotenen Möglichkeiten nutzt, kann dadurch wertvolle und für die Berufspraxis relevante Erfahrungen sammeln.

Beschreibung der Arbeit
Die Arbeitstage als Marketingpraktikant im Havana Club Team sind spannend und häufig mit neuen Herausforderungen verbunden. Meine Hauptaufgabe besteht darin, den Brand Manager im Tagesgeschäft zu unterstützen. Ich koordiniere dabei verschiedene Promotions und stehe mit Agenturen in persönlichem Kontakt, um die kreative Gestaltung der jeweiligen Promotion abzustimmen. Natürlich gehören ebenso Markt- und Wettbewerbsanalysen zu meinem Tätigkeitsfeld. Da das Brand Management eng mit dem Market Research verknüpft ist, arbeite ich häufig mit der Abteilung zusammen und habe so die Möglichkeit, weitere Bereiche kennenzulernen.

> Mehr Insider-Informationen unter squeaker.net/pernod-ricard

Appendix

Lösungen zu den Testaufgaben

Mathematische Testaufgaben

1. Dreisatz

Aufgabe 1:
- i) Tagesproduktion: 36m^3
- ii) Wochenproduktion: 252m^3
- iii) Anzahl Flaschen:
  60 % · 1 l Flaschen <-> 151,2m^3 = 151.200 l
  40 % · 0,5l Flaschen <-> 100,8m^3 = 100.800 l abgefüllt in 0,5l
  ergibt 201.600 Flaschen à 0,5l, somit insg. 352.800 Flaschen

Aufgabe 2:
2.500 · 20 = 50.000 Einheiten
50.000 Einheiten / 2 Wochen = x Einheiten / 26 Wochen
x = 25.000 · 26 = 650.000

Aufgabe 3:
LKW: 38 Europaletten à 56 Pakete »Jumbo Pack« à 15 kg
Gewicht 1 Europalette: 56 · 0,015t = 0,84 t
x / 30 = 1 / 0,84 >> x = 30 / 0,84 = 35,7 Paletten
also 35 Paletten

Aufgabe 4:
0,75 € / 5t = x / 29,4 t
(0,75 / 5) · 29,4 = x
x = 4,41 € / km · 175 km = 771,75 Euro

Aufgabe 5: x = 8/3

Aufgabe 6: x = 17.500

Aufgabe 7: x = 8

Aufgabe 8: 3 / 1 = 4,5 / x <-> 1,5 Packungen Kaffee

Aufgabe 9: 30 · 16 = x · 48 <-> x = 10 Arbeiter

Aufgabe 10: 330 / 1,99 = 500 / x <-> x= 3,02 Euro

2. Prozentrechnung

Aufgabe 1: 0,6 · 0,15 = 0,09 <-> 9 % Erfolg durch Männer
Aufgabe 2: 0,15 / (0,15+0,25) = 0,375 entspricht 37,5 % der guten Ergebnisse durch Männer
Aufgabe 3: 384 € inkl. Rabatt versus 448 € (inkl. Aufschlag) daher 64 € Differenzbetrag
Aufgabe 4: 6 / 5 = 1,2 <-> somit 20 % Gewinn
Aufgabe 5: 18,6 Tonnen

3. Zinsrechnung

Aufgabe 1: 15.360 Euro
Aufgabe 2: 2,8 % (Jahreszins = 2.800 · 4 = 11.200)
Aufgabe 3: Bank A: 20 %, Bank B: 10 %, Bank C: 15 %
Aufgabe 4: 267 Tage
Aufgabe 5: Empfehlung für Angebot B: 256.000 Euro Zinsen, da dieses günstiger als Angebot A: 264.000 Euro ist.

4. Wechselkurse

Aufgabe 1: 18,75 Euro
Aufgabe 2: 254.669 Euro
Aufgabe 3: 4.897.518 Euro (0,24 Euro = 1 Zloty)
Aufgabe 4: Der polnische Standort liegt bei 105.360 Euro und ist damit günstiger als der deutsche Standort.
Aufgabe 5: 20.933.800 Yen

5. Räume und Flächen

Aufgabe 1: A = a · b und b = 1,5 a
A = a · 1,5a = 1,5a^2
216 = 1,5a^2 <-> a = 12 und
b = 18 <-> Länge = 30 m
Aufgabe 2: V = 3/1 · 3/2 · 3/4 = 27 / 8 m^3
= 27.000 / 8 Liter = 3.375 Liter
Aufgabe 3: 3. Wurzel aus 27 / 8 = 3/2 = 1,5 m
Aufgabe 4: 21 kg
Aufgabe 5: 0,52 m^2

Zahlenreihen und Zahlenmatrizen

Lösungen zu »Mathematisches Schema«

Aufgabe 1: − 3; + 10; ± 0
Aufgabe 2: : 2; +20; − 5
Aufgabe 3: − 3; − 3; · 2
Aufgabe 4: · 1; · 2; · 5
Aufgabe 5: + 10; +10; : 2

Lösungen zu »Fehlende Zahl«

Aufgabe 1: 50 (Zahlen werden immer durch 2 dividiert)
Aufgabe 2: 0 (es wird immer 5 addiert)
Aufgabe 3: 515 (es wird immer 15 subtrahiert)
Aufgabe 4: 24 (Zahlen werden immer mit 2 multipliziert)
Aufgabe 5: 96 (es wird immer 3 addiert)

Wochentage

Aufgabe 1: Sonntag
Aufgabe 2: Dienstag
Aufgabe 3: Sonntag
Aufgabe 4: Samstag
Aufgabe 5: Freitag
Aufgabe 6: heute
Aufgabe 7: Donnerstag
Aufgabe 8: Mittwoch
Aufgabe 9: Donnerstag
Aufgabe 10: Montag

Wort- und Sprachverständnis

1. Gleiche Wortbedeutung
Aufgabe 1: a)
Aufgabe 2: b)
Aufgabe 3: c)
Aufgabe 4: e)
Aufgabe 5: c)

2. Analogien
Aufgabe 1: e)
Aufgabe 2: a)
Aufgabe 3: d)
Aufgabe 4: b)
Aufgabe 5: b)

3. Textanalyse
Aufgabe 1: c)
Aufgabe 2: b)
Aufgabe 3: a)

Worteinfall

Tee, Tante, Tabelle, Taube, Tinte, Tonne, Tablette, Treue, Torte, Tiefe, Taxe, Tiere, Triebe, Trage, Tote, Toilette, Termine, Tore, Tänze, Teilnahme, Trauerweide, Tanzende, Trauernde, Telefone, Telefonie, Telepathie, Tiede, Türme, Tennessee, Torbole (Ort am Gardasee), Toblerone (Süßigkeit), ...

Flussdiagramme

1. Diagramm:
1) c) flüssig? – 2) b) Geschirrspülmittel? – 3) b) Produkt ist Tabs

2. Diagramm:
1) d) Entsorgung – 2) b) beschädigt? – 3) d) A-Produktion

Interpretation von Grafiken und Tabellen

Problem Solving Test
1 – C, 2 – A, 3 – C, 4 – D, 5 – B, 6 – C,
7 – C, 8 – C, 9 – E, 10 – D, 11 – B

Brainteaser

Aufgabe 1: Kugeln wiegen
Teilen Sie die neun Kugeln in Gruppen zu je drei Kugeln auf. Nehmen Sie nun zwei dieser Gruppen und wiegen Sie die Kugeln (drei zu drei).
　Möglichkeit 1: Die sechs Kugeln sind gleichschwer, also scheiden diese Kugeln aus. Aus den restlichen drei Kugeln kann in einem weiteren Wiegevorgang – eine zur Seite und die beiden anderen wiegen – die schwerste Kugel ermittelt werden.
　Möglichkeit 2: Die Waage schlägt in eine Richtung, somit ist die Kugel unter den drei Kugeln auf der schwereren Seite dabei. Unter diesen drei Kugeln kann analog zu oben in einem Schritt die schwerste Kugel ermittelt werden. Somit kann in jedem Fall die schwerste Kugel in zwei Schritten ermittelt werden.

Aufgabe 2: Wassermelone
Die Wassermelone wiegt 2.000 Gramm und hat einen Festgehalt von 1 %, also 20 Gramm. Wenn der Wassergehalt sinkt, dann steigt zwar der Festgehalt in Prozent, absolut betrachtet beträgt der Festgehalt bei der betrachteten Wassermelone jedoch immer noch 20 Gramm.

Wenn der Wassergehalt auf 98 % sinkt, dann bedeutet das, dass diese 20 Gramm Festgehalt jetzt 2 % des Gewichts ausmachen. Die Wassermelone wiegt also nach dem Wassergehaltsverlust mit 1.000 Gramm nur noch die Hälfte gemäß der Rechnung: 20 Gramm dividiert durch 2 %.

Aufgabe 3: Schnelles Altern
Heute ist der 1. Januar und Katharina hat am 31. Dezember Geburtstag: Vorgestern war der 30.12. und sie war 20 Jahre alt. Gestern war der 31.12. und Katharina hatte ihren 21. Geburtstag. Am 31.12. dieses Jahres wird Katharina 22 und am 31.12. im nächsten Jahr wird sie ihren 23. Geburtstag feiern.

Aufgabe 4: Ziffernblatt
Die Zeiger überkreuzen sich innerhalb von zwölf Stunden normalerweise elf Mal. Wenn die Zeiger zu Beginn des Zählvorganges jedoch genau übereinander liegen, also z.B. genau um 0:00 Uhr, überkreuzen sie sich nur zehn Mal.

Aufgabe 5: Hirtenkäse
Ein Gleichungssystem ist zwar möglich, aber unnötig kompliziert und aufwendig. Schneller und sicherer erreichen Sie das Ziel mit klarem und ruhigem Kopf. Bei 8 Stücken Käse und 3 Personen isst jeder 8/3 Stück Käse. Der erste Hirte hat 3 Stück Käse, also 9/3, isst davon 8/3 Stück selbst und gibt 1/3 Stück an den Wanderer. Die restlichen 7/3 Stück Käse bekommt der Wanderer demnach vom zweiten Hirten. Der erste Hirte hat also 1 Teil zur Mahlzeit des Wanderers beigetragen, der zweite Hirte 7 Teile, also bekommt der erste Hirte 1 Euro und der zweite Hirte 7 Euro.

Kreativitätsaufgaben/Brainteaser

Aufgabe 1: Spielgerät, Schuhsohlen, Gartenverzierung, Druckplatte, Bodenbelag, Fußmatte, Schwimmreifen, Puffer, Tennisplatzbelag, Blumenkübel, Eimer, Bein-/Armschoner, Bodenmatten, Sandkasten, Schlitten, ...

Aufgabe 2: Blumenvase, Kerzenhalter, Nachfüllflasche/Karaffe, Linse, Fenster, Mosaiksteinchen, Kleinaquarium, Flaschenpost, Bausteine, Musikinstrument, Sparbüchse, ...

Leseempfehlungen

In diesem squeaker.net Insider-Dossier geben wir Ihnen eingangs eine Einführung in die Konsumgüterindustrie. Um souverän ins Vorstellungsgespräch zu gehen, empfehlen wir Ihnen, dass Sie die Branche und Ihre Entwicklungen kennen und sich in Marketingthemen »zu Hause fühlen«. Daher sollten Sie über die Erläuterungen in diesem Insider-Dossier hinaus das Geschehen in der Branche verfolgen. Dazu eignen sich neben der aktuellen Wirtschaftspresse am besten Fachzeitschriften, von denen wir Ihnen im Folgenden einige vorstellen. Um noch tiefer in die Materie des Marketings einzutauchen, empfehlen wir Ihnen einige Bücher.

Zeitschriften und weitere Internetseiten

Absatzwirtschaft	absatzwirtschaft.de
Brand Eins	brandeins.de
Horizont	horizont.net
Lebensmittelzeitung	lebensmittelzeitung.net
Werben & Verkaufen	wuv.de

Auch auf den Internetseiten von Unternehmensberatungen, Marketingberatungen und Marktforschungsinstituten finden Sie spannende Inhalte rund um das Thema Marke und Marketing.

batten-company.com

gfk.com

interbrand.com

millwardbrown.com

»Was Kunden morgen wollen«,
McKinsey-Publikation: Akzente 01/12,
www.mckinsey.de/html/publikationen/akzente/2012/akzente_01_12.asp

»Riders on the Storm«,
OC&C Strategy Consultants-Publikation,
http://www.occstrategy.com/sites/default/files/
global_50_riders_on_the_storm.pdf

Bücher

Im Folgenden stellen wir Ihnen noch einige Bücher vor. Damit Sie diese nicht lange suchen müssen, bietet squeaker.net Ihnen in der Rubrik »Karriere – Consumer Goods« eine Übersicht der Leseempfehlungen. Für alle empfohlenen Bücher finden Sie dort Links, über die Sie die Bücher mit wenigen Klicks bestellen können.

Thema Marketing

Aaker, David A. und Joachimsthaler, Erich:
»Brand Leadership«, Simon & Schuster, 2009

Riesenbeck, Hajo und Perrey, Jesko:
»Mega-Macht Marke«, Redline Verlag, 2010

Underhill, Paco:
»Why we buy: The Science of Shopping – Updated and Revised for the Internet, the Global Consumer, and beyond «,
Simon & Schuster, 2008

Thema Einstellungstests

Hesse, Jürgen und Schrader, Christian:
»Persönlichkeitstests. Verstehen – durchschauen – trainieren«,
Eichborn, 2008

Hesse, Jürgen und Schrader, Christian:
»Testtraining 2000plus: Einstellungs- und Eignungstests erfolgreich bestehen«, Eichborn, 2012

Hoi, Michael und Menden, Stefan:
»Das Insider-Dossier: Einstellungstests bei Top-Unternehmen:
Logik-, Analytik- und Intelligenztests meistern«, squeaker.net, 2010

Siewert, Horst H.:
»Persönlichkeitstests souverän meistern«, Moderne Industrie, 2005

Über die Autoren

Prof. Dr. Jan-Philipp Büchler
- Promotion zum Dr. rer. pol. an der Universität zu Köln zu einem Thema der strategischen Unternehmensführung in der Konsumgüterindustrie
- 8-jährige Praxiserfahrung in diversen Konsumgüterunternehmen, darunter 3M, Henkel, Procter&Gamble in Controlling-, Strategie- und Marketingfunktionen in Deutschland, Frankreich und Spanien
- Berufung auf die Professur für Allgemeine Betriebswirtschaftslehre und Global Business Management an der Fachhochschule Dortmund zum Wintersemester 2011/12
- Gründung und Leitung des Center for Applied Studies & Education in Management (CASEM) seit 2012 (www.casem.eu)
- Lehraufträge zum Marken- und Innovationsmanagement an der Universität zu Köln und der HEC Paris
- Profil und Beiträge von Prof. Dr. Büchler auf Twitter: twitter.com/JPBuechler

Anna Czerny
- BWL-Studium mit den Schwerpunkten Marketing, Organisation und Unternehmensentwicklung sowie Wirtschaftspsychologie an der Universität zu Köln (Dipl.-Kffr.) und an der Copenhagen Business School
- 5-jährige Praxiserfahrung im Marketing eines Global Players der Konsumgüterindustrie für vier Kosmetikmarken in zwei Ländern
- Seit 2 Jahren im Internationalen Produktmanagement im Consumer Electronics Bereich
- Praxiserfahrung in der Personalrekrutierung
- Laufendes Psychologie-Studium (berufsbegleitend)

Über squeaker.net

squeaker.net ist ein im Jahr 2000 gegründetes Online-Karriere-Netzwerk, in dem sich Studenten und junge Berufstätige über Karrierethemen austauschen. Dabei stehen Insider-Informationen wie Erfahrungsberichte über Praktika und Bewerbungsgespräche im Vordergrund. Die Community verfügt über eine umfassende Erfahrungsberichte-Datenbank zu namhaften Unternehmen und zahlreiche Möglichkeiten, Kontakte zu anderen Mitgliedern und attraktiven Arbeitgebern zu knüpfen. Ebenfalls zur squeaker.net-Gruppe gehören die folgenden themenspezifischen Karriere-Seiten:

> consulting-insider.com
> finance-insider.com

squeaker.net auf Facebook! Werden Sie Fan von squeaker.net auf Facebook. Als Fan sind Sie immer informiert über aktuelle Gewinnspiele, Karriere-Events und Jobs von Top-Unternehmen sowie über neue Erfahrungsberichte aus der Community. facebook.com/squeaker

Mit der Ratgeber-Reihe »Das Insider-Dossier« veröffentlicht squeaker.net darüber hinaus seit 2003 hochqualitative Bewerbungsliteratur für ambitionierte Nachwuchskräfte.

Presse-Stimmen zu den Insider-Dossiers

»Erfahrungsberichte nehmen das Lampenfieber vor dem Vorstellungstermin.« (Süddeutsche Zeitung)

»Niemand sollte sich bei McKinsey & Co. bewerben, bevor er dieses Buch gelesen hat.« (Handelsblatt)

Zur vertiefenden Vorbereitung auf Ihr Bewerbungsgespräch empfehlen wir Ihnen folgende Titel aus der Insider-Dossier-Reihe

Brainteaser im Bewerbungsgespräch

Wie schwer ist eigentlich Manhattan? Um Jobanwärter im Einstellungsgespräch und Assessment Center auf logisches Denken und Kreativität zu prüfen, setzen Personaler immer häufiger sogenannte Brainteaser-Aufgaben ein. »Wer sich auf die Fragen vorbereitet und in die Struktur der Brainteaser eingearbeitet hat, kann wesentlich entspannter in das Einstellungsgespräch gehen«, sagt Stefan Menden, Gründer des Karriere-Netzwerks squeaker.net und Herausgeber des Buches. »Das Insider-Dossier: Brainteaser im Bewerbungsgespräch - 140 Übungsaufgaben für den Einstellungstest« bereitet ideal auf Jobinterviews vor.
ISBN: 978-3-940345-39-4

Bewerbung bei Unternehmensberatungen

Die »Bewerber-Bibel« für angehende Unternehmensberater erläutert die wichtigsten Grundlagen und Konzepte der BWL für das Lösen von Fallstudien und übt deren Einsatz im Consulting Interview. Darüber hinaus trainiert es typische Analytik-, Mathe- und Wissenstests, Brainteaser-Aufgaben sowie Personal Fit-Fragen. Abgerundet wird das Buch durch ein umfassendes Branchen-Portrait, zahlreiche Experten-Tipps, Erfahrungsberichte und Profile der wichtigsten Player der Branche.
ISBN: 978-3-940345-28-8

Consulting Case-Training

30 Übungscases für die Bewerbung in der Unternehmensberatung
Dieses Insider-Dossier ist das erste reine Trainingsbuch für Consulting Cases im deutschsprachigen Raum. Es ist als ergänzendes Übungsbuch zur Vorbereitung auf das anspruchsvolle Case Interview besonders geeignet. Das Buch bietet 30 interaktive Interview Cases mit zahlreichen Zwischenfragen zum Trainieren von analytischen, strukturierenden und quantitativen Fähigkeiten, spezielle Cases zum Üben zu zweit oder in der Gruppe, Einblicke in branchenspezifische Case-Knackpunkte uvm.
ISBN: 978-3-940345-19-6

Einstellungstests bei Top-Unternehmen

Immer mehr Arbeitgeber greifen auf standardisierte Einstellungstests in ihren Bewerbungsverfahren zurück, da es kein anderes Auswahlinstrument gibt, das den späteren Berufserfolg so präzise misst. Mit guter Vorbereitung kann man die Unwägbarkeiten dieser Tests minimieren und seine Chancen auf eine Einstellung deutlich erhöhen. Die Lektüre des Insider-Dossiers »Einstellungstests bei Top-Unternehmen« bereitet gezielt auf die Online Assessments, Logiktests, Intelligenz- und Persönlichkeitstests vor.
ISBN: 978-3-940345-11-0

Das Master-Studium

Nach der Hochschule einen Job in einem renommierten Unternehmen - mit schnellen Aufstiegschancen, viel Verantwortung und überdurchschnittlichem Gehalt? Dazu ist ein hochwertiges Masterstudium an einer der Top-Hochschulen unerlässlich. Das hält einige Herausforderungen für Sie bereit: Wie finden Sie das geeignete Programm unter knapp 20.000 Studiengängen in Europa? Wie setzen Sie sich anschließend gegen 2.000 Mitbewerber durch? Wie meistern Sie Bewerbungshürden wie den GMAT® Test? Mithilfe von Insider-Berichten von Absolventen der Top-Hochschulen gibt Ihnen dieses Buch Antworten auf alle Fragen rund um das Masterstudium.
ISBN: 978-3-940345-22-6

Praktikum bei Top-Unternehmen

Das Insider-Dossier für ambitionierte Studenten, die aus ihren Praktika das Maximum herausholen möchten. Wie spüren Sie die besten Praktika mit gezieltem Networking bei Workshops und Karrieremessen auf? Wie gewinnen Sie Top-Arbeitgeber bei der Bewerbung für sich? Für die Zeit während des Praktikums liefert das Buch praxiserprobte Tipps zur gelungenen Selbstpräsentation. Damit Sie aus der Masse hervorstechen und so den Grundstein für Ihren langfristigen Erfolg im Unternehmen legen. Insider-Berichte von Praktikanten und Arbeitgebern sorgen für direkte Einblicke in die Praxis.
ISBN: 978-3-940345-26-4

Weitere Titel aus der Insider-Dossier-Reihe

Unterstützen Sie unser Buchprojekt
Ihnen hat das Buch gefallen? Sie haben Ihr Ziel erreicht? Helfen Sie uns und anderen Bewerbern, indem Sie eine Rezension zum Buch auf Amazon schreiben.

Die Bewerbungs- und Karriere-Bücher aus der Insider-Dossier-Reihe von squeaker.net sind alle von Branchen-Insidern geschrieben, nicht von Berufsredakteuren. Dies ist Garant für inhaltliche Tiefe, Authentizität und wahre Relevanz. Sie beinhalten das geballte Insider-Wissen der squeaker.net-Community, unserer namhaften Partner-Unternehmen und der Branchen-Experten. Für Sie bedeutet dies einen echten Vorsprung bei der Bewerbung bei Top-Unternehmen.

Folgende Titel sind in der Insider-Dossier-Reihe im gut sortierten sowie universitätsnahen Buchhandel und unter squeaker.net/insider erhältlich:

- Brainteaser im Bewerbungsgespräch
- Consulting Case-Training
- Einstellungstests bei Top-Unternehmen
- Bewerbung bei Unternehmensberatungen
- Bewerbung in der Wirtschaftsprüfung
- Bewerbung in der Großkanzlei
- Bewerbung in der Automobilindustrie
- Die Finance-Bewerbung
- Der Weg zum Stipendium
- Praktikum bei Top-Unternehmen
- Das Master-Studium

Jetzt versandkostenfrei bestellen unter
squeaker.net/insider
Neu: Jetzt auch als E-Books erhältlich